植物景观设计

主　编　张秀华　杨文静　纪文娟

副主编　赵　静　陈　佳　陈亭礼　刘东兰

参　编　刘　毓　刘　冉　张广进　李园园　李法红

主　审　齐海鹰

北京理工大学出版社

BEIJING INSTITUTE OF TECHNOLOGY PRESS

内 容 提 要

本书编写紧紧围绕岗位需求和行业新技术发展，采用由简单到复杂、单一到综合的原则，循序渐进地组织教材内容，校企“双元”共同构建以工作任务为驱动的项目式结构。系统全面地阐述了植物景观设计方法，具体内容包括植物景观空间营造、植物设计图纸分类及表现、树木景观设计、花卉景观设计、道路及广场植物景观设计、建筑植物景观设计、水体植物景观设计、小环境植物景观设计等内容。

本书可作为高等职业教育风景园林设计、园林工程技术、园林技术、环境艺术设计、城乡规划和建筑等专业教材，也可作为行业专业技术人员的参考用书，同时还可以作为成人教育园林类专业的培训教学用书。

图书在版编目（CIP）数据

植物景观设计 / 张秀华，杨文静，纪文娟主编. --
北京：北京理工大学出版社，2024.2
ISBN 978-7-5763-3577-4

Ⅰ.①植… Ⅱ.①张… ②杨… ③纪… Ⅲ.①园林植物－景观设计－高等学校－教材 Ⅳ.①TU986.2

中国国家版本馆CIP数据核字（2024）第045650号

责任编辑：江 立　　文案编辑：江 立
责任校对：周瑞红　　责任印制：王美丽

出版发行 / 北京理工大学出版社有限责任公司
社　　址 / 北京市丰台区四合庄路 6 号
邮　　编 / 100070
电　　话 / (010) 68914026（教材售后服务热线）
　　　　　 (010) 68944437（课件资源服务热线）
网　　址 / http://www.bitpress.com.cn

版 印 次 / 2024 年 2 月第 1 版第 1 次印刷
印　　刷 / 河北鑫彩博图印刷有限公司
开　　本 / 889 mm × 1194 mm　1/16
印　　张 / 13
字　　数 / 364 千字
定　　价 / 98.00 元

前言
PREFACE

党的二十大报告提出：我们坚持绿水青山就是金山银山的理念，坚持山水林田湖草沙一体化保护和系统治理，全方位、全地域、全过程加强生态环境保护，生态文明制度体系更加健全，污染防治攻坚向纵深推进，绿色、循环、低碳发展迈出坚实步伐，生态环境保护发生历史性、转折性、全局性变化，我们的祖国天更蓝、山更绿、水更清。践行生态文明思想，推动城市绿色发展，植物的作用越来越凸显出来，植物景观设计已成为了现代景观设计的核心内容。

植物景观设计是以各类园林植物为主要材料，结合其他园林设计要素，以改善人类人居环境为目标的景观设计。本教材编写过程中紧扣立德树人根本任务，紧紧围绕提高学习者的艺术审美和人文素养，增强文化自信的主线，将思想价值引领贯穿教材的内容设计和教育教学全过程。本书编者教材根据植物景观设计师岗位要求，结合学生的认知规律和职业成长规律，采用由简单到复杂、单一到综合的原则，循序渐进地组织教材内容，校企“双元”共同构建以工作任务为驱动的项目式结构。以植物景观设计岗位典型工作任务为载体，同时引入企业一线的优秀设计理念和大量的经典案例，将理论和实践有机的结合在一起，达到学习者植物景观设计专业知识和专业综合能力的提升。

本书的特色与创新点主要体现在以下几个方面：

（1）遵循以工作过程为导向的开发思路。以岗位需求为基础，将岗位工作任务转化为学习任务，基于植物景观设计真实案例为载体，实现理论和实践相结合、教学过程与案例分析相结合。通过学习，使学习者在“做中学，学中做”中建构起专业能力、社会能力和可持续发展的能力。

（2）校企“双元”开发教材。本教材由教学经验丰富、实践能力强的专业教师和行业、企业一线专家共同设计教学项目和教学任务，并根据教学任务共同录制了丰富的教学微课、动画及案例资源，使教材内容贴合工作实际、形象生动和通俗易懂。

（3）将思政育人理念融入教材。深入挖掘课程思政元素，将中华美育、生态文明、工匠精神、家国情怀等思政育人理念融入教学任务。培养学习者崇尚真善美，树立正确的艺术观和创作观，具有传承中华优秀传统园林文化的意识，同时具备生态景观的国际视野。

（4）建设“互联网+”立体化教材。本教材除配套教学PPT、工作任务单和理论知识考核点外，还配套了微课、动画、典型案例视频等丰富的电子资源。学习者可以通过扫描二维码进行观看和学习，同时建设了课程资源库，保证教学资源的实时更新。

本书由山东城市建设职业学院张秀华、济南易顺市政园林工程有限公司杨文静和淄博市建筑设计研究院有限公司纪文娟担任主编，由济南大学赵静、滨州职业学院陈佳、青岛隆辉市政园林工程有限公司陈亭礼和福建农业职业技术学院刘东兰担任副主编，济南市园林和林业科学研究院刘毓、东营职业学院刘冉、山东城市建设职业学院李法红、张广进和李园园参与了本书的编写工作。全书由张秀华负责起草制定教材编写大纲，设计教材的内容体系，具体编写分工为：张秀华编写项目1、项目3、项目5中任务5.1、项目7和项目8；陈亭礼编写项目2中任务2.1；陈佳编写项目2中任务2.2；杨文静、刘冉编写项目4；赵静、张广进编写项目5中任务5.2；刘东兰编写项目5中任务5.3；刘毓、纪文娟编写项目6中任务6.1；李法红、李园园编写项目6中任务6.2。全书由山东城市建设职业学院齐海鹰教授担任主审。

教材编写过程中，参考并引用了大量网络、文献资料及部分设计单位的设计图纸，在此谨向有关作者、设计者表示衷心感谢。

由于编者水平有限，书中纰漏及不当之处在所难免，敬请广大读者品评指正。

编　者

2024 年 2 月

二维码清单

QR CODE LIST

续表

章目	类型	名称	页码	类型	名称	页码
项目6	微课	植物与建筑景观设计的相互作用	131	微课	植物与园林建筑及小品的景观设计	132
	微课	门、窗的植物景观设计	134	微课	墙、角隅的植物景观设计	135
	微课	室内植物景观设计的概念及功能	139	微课	室内环境条件	142
	微课	室内绿化植物的主要类型	146	微课	室内观叶植物	146
	微课	室内观花植物	147	微课	室内观果植物	147
	微课	室内芳香植物	147	微课	室内攀缘及垂吊植物	148
	微课	中国传统插花在室内的应用	150	微课	中国现代花艺在室内的应用	151
	微课	不同室内空间植物景观设计	153			
项目7	微课	水生植物材料的选择	166	微课	水面的植物景观设计	169
	微课	水边的植物景观设计	170	微课	驳岸的植物景观设计	173
	微课	堤、岛的植物景观设计	174			
项目8	微课	庭院的概念及类型	179	微课	住宅小庭院植物景观设计	180
	微课	公共建筑庭院和办公小庭院植物景观设计	181	微课	公共游憩小庭院植物景观设计	182
	微课	口袋公园的概念及分类	187	微课	口袋公园植物景观设计的原则	189
	微课	不同类型口袋公园的植物景观设计	190			

目录

CONTENTS

项目1 初识植物景观设计

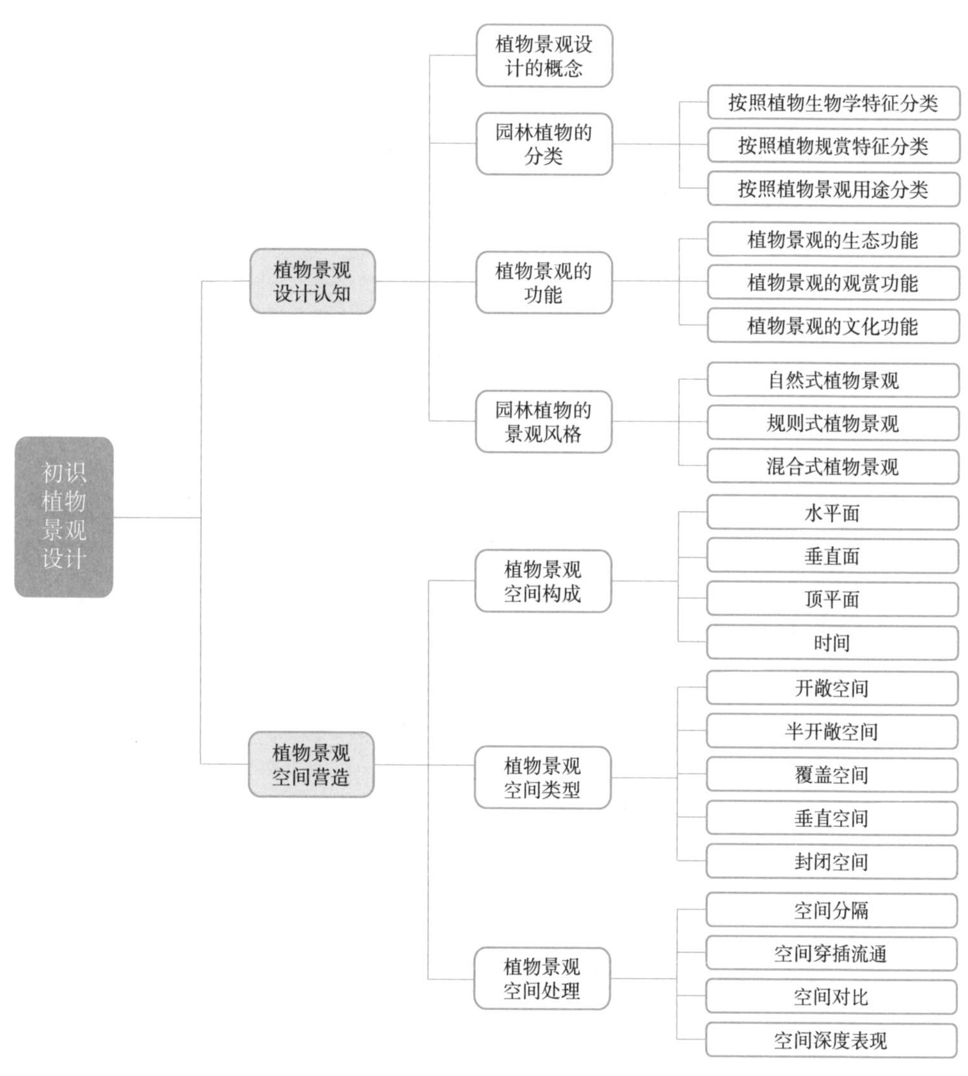

任务 1.1 植物景观设计认知

任务要求

通过公园绿地植物景观功能调查分析任务的实施，学习植物景观设计相关概念、园林植物的分类、植物景观的功能以及园林植物的景观风格等理论知识，达到本任务学习目标。

学习目标

➢ 知识目标

（1）了解植物景观设计发展脉络，理解植物景观设计的实质内涵。
（2）掌握植物景观设计功能，明确植物景观设计的应用范围。
（3）理解及掌握自然式、规则式及混合式植物景观风格特点。

➢ 技能目标

（1）能对城市绿地植物景观的功能进行分析。
（2）能根据园林绿地、场地风格确定植物景观设计风格。
（3）结合实际情况选择体现植物景观风格的植物类型。

➢ 素养目标

（1）明确生态伦理，树立人与自然和谐相处的生态文明观。
（2）培养园林文化自信心和传承本土文化的自觉性。
（3）提高对生命不同个性的感知力和欣赏力。
（4）提高独立思考和灵活解决实际问题的素质及团队合作精神。
（5）提高人际交往能力及心理素质。

任务导入

公园绿地植物景观功能调查分析

选择某一综合公园，对公园内的园林植物及其景观功能进行调查，全面分析公园内植物景观的功能。

● 任务分析

首先调查公园所在地的自然条件、社会条件、历史文化及植物的生长状况，并对公园内的植物种类及其景观功能进行调查和分析。

● 任务要求

（1）要求植物功能调查应反映不同的周边环境特征。

（2）植物选择以当地代表品种为主。

（3）完成调查分析报告（图文并茂）。

● **材料和工具**

绘图与测量工具等。

知识准备

1.1.1　植物景观设计的概念

微课：植物景观设计的概念

随着我国政治、经济和文化的不断发展，我国园林建设无论从内容、范围、风格和理念上均在不断发生变化，植物景观设计的概念也在不断发展，出现了植物配置、植物配植、种植设计等概念。植物配置强调对植物进行安排、搭配，更接近于现在的设计环节。植物配植强调一种种植措施，是对各类植物合理搭配栽植的环节。从历史的观点来看，植物配置和植物配植是传统园林相对较小尺度下园林植物布置的手法。

《风景园林基本术语标准》（CJJ/T 91—2017）中指出：种植设计是按植物生态习性、观赏特性和功能要求，合理配置各种植物的总和安排。种植设计涵盖了植物配置和植物配植的概念。

我国园林学家汪菊渊在《植物造景》一书序言中提出：植物造景，就是运用乔木、灌木、藤本及草本植物等题材，通过艺术手法，充分发挥植物的形体、线条、色彩等自然美（也包括把植物整形修剪成一定形体）来创作植物景观。

杨柳青在《植物景观设计》一书中指出：植物景观设计是运用乔木、灌木、藤本植物以及草本植物等素材，通过艺术手法，结合考虑环境条件的作用，充分发挥植物本身的形体、线条、色彩等方面的美感，创造出与周围环境相适应、相协调，并表达一定意境或具有一定功能的艺术空间活动。可以看出植物景观设计是将植物与其他景观提升到同一高度，只是通过人工选择将植物组合为一个独特的景观。

植物景观设计概念的发展，从最初强调植物的观赏特性及其景观美学价值，到后来强调植物设计的同时要考虑植物的生物学特性，直到近年来众多学者都认为植物设计必须同时兼顾生态效益、美学价值和景观功能。实际上反映了现代植物景观设计的特点与发展趋势。作为生物科学与艺术科学相结合的学科，优秀的植物景观设计不仅要考虑植物自身的生长发育特性及生态学因素，还要考虑艺术审美原则，同时满足景观及使用功能需求，以营造美观、舒适并可欣赏游憩的植物景观和园林空间。

植物景观设计是根据园林总体设计的布局需求，运用不同种类及不同品种的园林植物，按照科学性、艺术性和文化性的原则，结合其他园林设计要素，合理布置和安排各种植物种植类型的过程和方法。成功的植物景观设计既要考虑植物自身的生长发育规律、植物与生境及其他物种间的生态关系，又要满足景观功能需要，符合园林艺术构图原理及人们的审美需求，创造出各种优美、实用的园林空间环境，从而最大限度地发挥园林的综合功能。

1.1.2　园林植物的分类

园林植物是用于绿化、美化以及改善人居环境的所有植物的统称，是构成园林景观的主要素材之一。我国幅员辽阔，植物种类十分丰富，其中用于园林的植物也多种多样，为园林景观营造提供了有利条件。

1.1.2.1　按照植物生物学特征分类

按照植物的生物学特征园林植物可分为乔木、灌木、藤本植物、草本植物等。

1. 乔木

乔木是指树体高大的木本植物，通常高度在5 m以上，具有明显而高大的主干。乔木是植物景观营造的骨干材料，枝叶繁茂，绿量大，生长年限长，景观效果突出，在植物景观设计中占有重要地位。在很大程度上，熟练掌握乔木在园林中的造景方法是决定植物景观营造成败的关键。

2. 灌木

灌木是指树体矮小、主干低或无明显主干、分支点低的树木，通常在5 m以下。园林中应用的灌木通常具有芳香的花朵、色彩丰富的叶片或诱人可爱的果实等观赏性状，其种类繁多、形态各异。在园林植物群落中，灌木处于中间层，起着乔木与地面、建筑物与地面之间的连贯和过渡作用。

3. 藤本植物

藤本植物，也称攀缘植物，是指自身不能直立生长需要依附他物或匍匐地面生长的木本或草本植物。在植物景观设计中，藤本植物可以装饰建筑、棚架、山石，不但可以供人观赏，还可以遮挡夏日阳光，供人们休息乘凉。

4. 草本植物

草本植物，通常称为花卉，根据生长特征可分为一年生花卉、二年生花卉和多年生花卉。

（1）一年生花卉：在一个生长周期内完成其生活史的花卉，从播种、开花、结实到枯死均在一个生长季节内完成，故一年生花卉又称为春播花卉，如波斯菊、万寿菊、百日草等。

（2）二年生花卉：在两个生长季节内完成生活史的花卉。当年只生长营养器官，第二年开花、结实、死亡。一般在秋天播种，次年春夏开花，故称为秋播花卉，如三色堇、虞美人、羽衣甘蓝等。

（3）多年生花卉：个体寿命超过两年，能多次开花、结实的花卉。又因其地下部分的形态有变化，分为宿根花卉和球根花卉两类。

①宿根花卉：地下部分的形态正常，不发生变态肥大，如芍药、萱草、玉簪等。

②球根花卉：地下部分变态肥大者，储藏养分、水分，以度过休眠期的花卉。球根花卉主要分为鳞茎类、球茎类、块茎类、根茎类和块根类。

a. 鳞茎类：地下茎膨大呈扁平球状，由很多肥厚鳞片相互抱合而成的花卉，如水仙、风信子、郁金香、百合等。

b. 球茎类：地下茎膨大成块状，表面有环状节痕，顶端有肥大的顶芽，侧芽不发达的花卉，如唐菖蒲、仙客来、小苍兰等。

c. 块茎类：地下茎膨大呈块状，外形不规则，表面无环状节痕，块茎顶端有几个发芽点的花卉，如大岩桐、马蹄莲、彩叶芋等。

d. 根茎类：地下茎膨大呈粗长的根状，内部为肉质，外形具有分枝、有明显的节间，在每节上可发生侧芽的花卉，如美人蕉、鸢尾等。

e. 块根类：地下茎膨大呈纺锤体形，芽着生在根茎处，由此处萌芽而长成植株的花卉，如大丽花、花毛茛等。

1.1.2.2 按照植物观赏特征分类

根据观赏特性可以将植物分为欣赏植物形体的形木类植物、观赏叶形叶色的叶木类植物、观赏植物开花时花型和花色的花木类植物、果实有观赏价值的果木类植物，还有开花时能散发出独特芳香气味的芳香类植物（图 1-1-1）。

1.1.2.3 按照植物景观用途分类

根据景观用途园林植物可分为庭荫树、行道树、绿篱植物和攀缘植物等（图 1-1-2）。

形木类

芳香类

叶木类

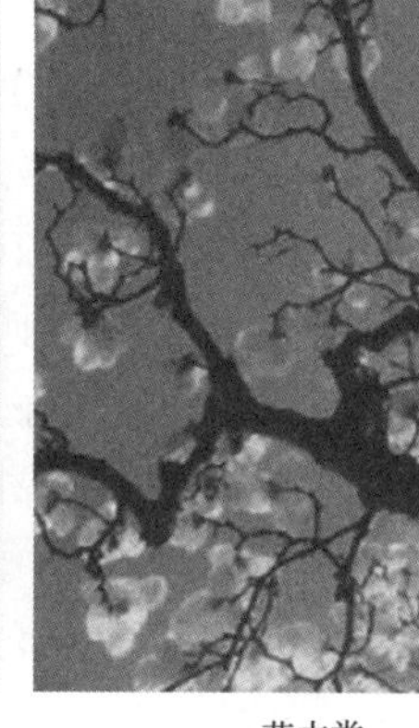

花木类

果木类

图 1-1-1　按照植物观赏特征分类

庭荫树

行道树

绿篱植物

攀缘植物

图 1-1-2　按照植物景观用途分类

1.1.3　植物景观的功能

1.1.3.1　植物景观的生态功能

植物的生态效益和环境功能是大众公认的。植物景观最具价值的功能就是生态环境功能，建设“生态园林”的观点也正是基于这一点提出的。植物是城市生态环境的主体，在改善空气质量、除尘降温、增湿防风、蓄水防洪以及维护生态平衡、改善生态环境中起着主导和不可替代的作用。植物在绿化中的生态功能主要体现在净化空气、改善城市小气候、降声减噪、保持水土和涵养水源、维持生物多样性等方面。

1

1. 净化空气

（1）维持碳氧平衡。绿色植物在进行光合作用时，大量吸收二氧化碳，放出氧气，是氧气的天然加工厂。据统计，1 hm^2 阔叶林在生长季节每天能吸收 1 t 的二氧化碳，释放 700 kg 的氧气。不同植物固定二氧化碳的能力不同，以 10 m^2 植物每天的二氧化碳固定量计算，阔叶大乔木可固定 0.9 kg 二氧化碳，小乔木和针叶乔木可固定 0.63 kg 二氧化碳，灌木可固定 0.24 kg 二氧化碳，多年生藤本可固定 0.10 kg 二氧化碳，草本及草地可固定 0.05 kg 二氧化碳。由以上数据可知，乔木固定二氧化碳的能力大约是灌木的 3.7 倍，是草花的 17.5 倍。

（2）吸收有害气体。植物不仅能调节小环境内氧气的含量，有些植物还能吸收空气中的有害气体。二氧化硫、氟化氢、氯气等有害物质是城市的主要污染物质，这些气体虽然对植物的生长是有害的，但在一定浓度下，有很多植物对它们亦具有吸收能力和净化能力。在以上气体中，二氧化硫的数量最多，分布最广，危害最大。绿色植物的叶片表面吸收二氧化硫的能力最强，在处于二氧化硫污染的环境里，有的植物叶片内吸收集聚的硫含量可高达正常含量的 5 ～ 10 倍。随着植物叶片的衰老和凋落，新叶的产生，植物体又可恢复吸收能力。

（3）吸滞粉尘。植物景观净化空气还体现在吸滞粉尘方面，空气中的粉尘一方面降低了太阳的照明度和辐射强度，削弱了紫外线；另一方面，飘尘随着人们呼吸进入肺部，会产生气管炎、尘肺等疾病。合理配置植物，可以阻挡粉尘飞扬，从而使大尘埃下降，不少植物的躯干和枝叶表面凹凸不平，或长有绒毛，或能分泌黏性物质等，都能对空气中的小尘埃有很好的黏附作用，沾满灰尘的叶片经雨水冲刷，又可恢复吸滞灰尘的能力。

据观测，有绿化林带阻挡的地段，比无树木的空旷地降尘量少 23.4% ～ 51.7%，飘尘量少 37% ～ 60%，铺草坪的运动场比裸地运动场上空的灰尘少 2/3 ～ 5/6。树木的滞尘能力与树冠高低、总叶面积、叶片大小、着生角度、表面粗糙程度等因素有关。常见的防尘效果较好的植物有刺楸、朴树、刺槐、臭椿、悬铃木、泡桐等。

（4）杀灭细菌。空气中有许多致病的细菌，闹市区每立方米空气中含有 400 万个病菌，绿色植物如樟树、黄连木、松树、白榆、侧柏等能分泌挥发性的植物杀菌素，可杀死空气中的细菌。此外，绿色植物能够阻隔、吸收部分放射性物质及射线。

2. 改善城市小气候

植物改善小气候的功能包括调节气温、调节湿度和防风等功能（图 1-1-3）。

（1）调节气温。植物景观可以调节气温。树木有浓密的树冠，其叶面积一般是树冠面积的 20 倍，太阳光照射到树冠上时，有 20% ～ 25% 的热量被反射回天空，35% 被树冠吸收，加上树木蒸腾作用所消耗的热量，树木可有效降低空气温度。据测定，有树荫的地方比没有树荫的地方一般要低 3 ～ 5 ℃。

垂直绿化对于降低墙面温度的作用也很明显。有研究表明，爬满爬山虎的外墙面比没有绿化的外墙面相比表面温度平均要低 5 ℃左右。

（2）调节湿度。植物的光合作用和蒸腾作用都会使植物蒸发或吸收水分，使得植物在一定程度上具有调湿功能，在干燥的季节里可以增加小环境的湿度，在潮湿的季节里又可以降低空气中的水分含量。据测定 1 hm^2 阔叶林一般比同面积裸露地面蒸发的水量高 20 倍，宽 10.5 m 的乔灌木林带可使近 600 m 范围内的空气湿度显著增加。

（3）防风。树木或灌木可以通过阻碍、引导、渗透等方式控制风速，亦因树木体积、树型、叶密度与滞留度，以及树木栽植地点而影响控制风速的效应。群植树木可形成防风带，其大小因树高与渗透度而异。一般而言，防风植物带的高度与宽度比为 1 ∶ 11.5 时，以及防风植物带密度在 50% ～ 60% 时防风效力最佳。

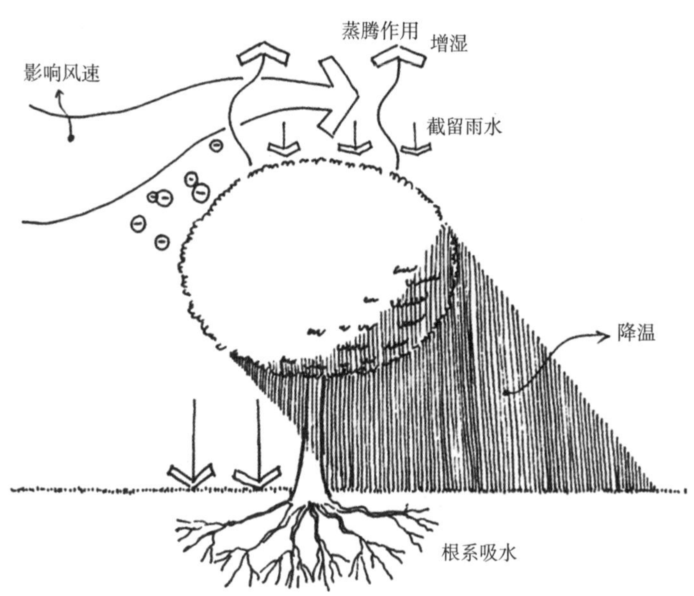

图 1-1-3 植物具有调节小气候的功能

3. 降声减噪

噪声作为一种污染，已备受人们关注。它不仅能使人心烦意乱、焦躁不安，影响正常的工作和休息，还会危及人们的健康，使人产生头昏、头疼和神经衰弱等病症。植物大多枝叶繁茂，对声波有散射、吸收的作用，能减弱噪声。减噪作用的大小取决于树种的特征。叶片大而有坚硬结构的或叶片像鳞片状重叠的防噪效果好；落叶树种在冬季仍留有枯叶的防噪效果好，如鹅耳枥、槲树等。据研究，高 6 ～ 7 m 的绿带平均能减低噪声 10 ～ 13 dB，对生活环境有一定的改善作用。

4. 保持水土和涵养水源

树木和草地对保持水土有非常显著的功能。植物通过树冠、树干、枝叶阻截天然降水，缓和天然降水对地表的直接冲击，从而减少对土壤的侵蚀。同时树冠还截留了一部分雨水，植物的根系能紧固土壤，这些都能防止水土流失。

济南是有名的泉城，最负有盛名的有趵突泉、珍珠泉、黑虎泉等。济南之所以形成众多的泉景，是因为地势南高北低，南山多为石灰岩，北面是花岗岩。南山的植被可以蓄积大量雨水、涵养水源，当地下水充裕时就会向地势低的北面流，碰到不透水的花岗岩，水只能冒出地面形成众多的泉。如果南山的植被遭到破坏，雨水就会随着地表径流流失，而渗不到地下，致使地下水缺乏，甚至枯竭，泉也变小甚至消失。为了让泉城名副其实，就要在南山造林，种植适宜在石灰岩中生长的侧柏、枣、荆条和榆科植物。种植面积至少要超过 30% ～ 50% 才能蓄积足够的降水，充实地下水。这一事例充分证明了植物涵养水源的重要意义。

5. 维持生物多样性

生物多样性是生物（动物、植物、微生物）与环境形成的生态复合体以及与此相关的各种生态过程的总和。植物在维护生物多样性方面起着至关重要的作用。植物多样性是营造生物多样性的重要基础，只有通过植物营建食物链，才能进一步建立生物链，从而逐步达到生物多样性的生态系统。多层次的植物群落，不仅提高了单位面积的绿量，比零星分布的植物个体更具观赏价值，同时物种之间形成了比较复杂的相互关系，塑造的生态环境更加稳定，对于维持生物多样性至关重要。

1.1.3.2 植物景观的观赏功能

意大利文艺复兴时期，伟大的诗人但丁在《神曲》中说：“我向前走去，但我一看到花，脚步就慢下来了……”植物的美在于其色、香、姿、韵。艺术心理学家认为视觉最敏感的是色彩，其次才是形体和线条。

1. 植物景观的色彩美

色彩是园林植物最引人注目的观赏特征。渲染园林色彩，表现园林季相特征是植物特有的观赏功能。植物的色彩还被看作情感的象征，直接影响着环境空间的气氛和情感。鲜艳的色彩给人以轻快欢乐的气氛，深暗的色彩则给人异常郁闷的气氛。由于色彩易于被人看见，因而它也是构图的重要因素。在园林中，植物的色彩是通过植物的各个部分呈现出来的，如叶片、花朵、果实、枝条以及树皮。

（1）花的色彩美。自然界中植物的花色多种多样，除了红色、黄色、蓝色、紫色、白色等单色外，还有很多植物的花具有两种甚至多种颜色；而经人类培育的不少栽培品种的花色变化更为丰富。鲜艳的花色给人最直接、最强烈的印象，花卉色彩能对人产生一定的生理和心理作用。

①红色。红色是令人振奋鼓舞、热情奔放的颜色，对人心理易产生强烈的刺激，具有极强的注目性、透视性和美感。在我国红色被视为喜庆、美满、吉祥和尊严，礼仪、庆典和各种民俗文化中多用红色和红花。自然界中 20% 的花属于红色系（图 1-1-4）。园林植物中红色系花种类很多，而且花色深浅不同、富于变化。红色系花有樱花、榆叶梅、石榴、合欢、凤凰木、扶桑、夹竹桃、红千层、牡丹、玫瑰、贴梗海棠、山茶、一串红、鸡冠花、千日红、矮牵牛、芍药、大丽花、红花酢浆草等。

石榴

贴梗海棠

一串红

图 1-1-4　红色系开花植物

②黄色。黄色给人庄严富贵、明亮灿烂和光辉华丽的质感，其明度高，诱目性强，是温暖的颜色（图 1-1-5）。开黄花的植物有蜡梅、迎春花、棣棠花、金缕梅、连翘、金钟花、黄蔷薇、金丝桃、金桂、黄杜鹃、黄刺玫、菊花、金盏菊、月见草、大花金鸡菊、麦秆菊、黄羽扇豆、金鱼草、美人蕉、黄菖蒲、萱草、万寿菊等。

蜡梅

迎春

棣棠

图 1-1-5　黄色系开花植物

③蓝色。蓝色为典型的冷色，有冷静、沉着、深远宁静和清凉之感。在园林中蓝色系的植物常用于安静处或老人活动区。常见的蓝色系花卉有瓜叶菊、风信子、蓝雪花、桔梗等。

④紫色。紫色乃高贵、庄重、优雅之色，明亮的紫色令人感到美好和兴奋，其优雅之美宜塑

造舒适的空间环境。园林中常见的紫色系花卉有紫藤、紫丁香、紫荆、紫茉莉、紫花地丁和美女樱等。

⑤白色。白色象征着纯洁和纯粹，给人以明亮、干净、朴素、纯洁、爽朗的感觉，但使用过多会有冷清和孤独之感。白色可使其他颜色淡化而有协调之感，如在暗色调的花卉中混入大量白花可使色调明快；色彩对比过强的花卉配置中，加入白色可使对比趋向于缓和。白色系开花植物主要有木绣球、白丁香、山梅花、玉兰、珍珠梅、广玉兰、栀子、茉莉、珍珠绣线菊、白杜鹃、白牡丹、日本樱花、白碧桃、刺槐、溲疏、红瑞木、石楠、鸡麻、女贞、海桐、石竹、霞草、百合等。

植物的花色除了有单一的花色外，还有杂色和花色的变化。矮牵牛、三色堇的同一植株、同一朵花甚至一个花瓣上的色彩也往往不同；绣球花的花色与土壤酸碱度有关，在土壤偏酸性时开蓝色花，土壤偏碱性时开红花，土壤中性的时候开混色花；二乔玉兰的花瓣外面紫色，里面白色，表现出“表里不一”的特征。

（2）叶的色彩美。植物除去花的色彩外，植物的叶色也具有极大的观赏性，这不仅因叶色变化丰富，更是因为叶色的群体效果显著，在一年中呈现的时间长，能起到良好的突出树形的作用。就观赏的角度而言，树木的叶色主要分为基本叶色和特殊叶色两类。

①基本叶色。树木的基本叶色为绿色，这是植物长期自然进化选择的结果，由于受树种及光照的影响，植物的绿色有墨绿、深绿、油绿、亮绿、蓝绿等复杂差异，且会随季节而变化。

②特殊叶色。植物的叶色除绿色外呈现的其他叶色。特殊叶色增加了园林景观的丰富性，给观赏者新奇之感。

根据变化情况，特殊叶色可分为以下几种类型：

a. 春色叶类：对春季新发生的嫩叶有显著不同叶色的，统称为“春色叶类”。如香椿、五角枫的春叶呈红色，黄连木的春叶呈紫红色。

b. 秋色叶类：凡是在秋季叶子有显著变化的树种，均称为“秋色叶类”。如秋叶呈红色的有枫香、鸡爪槭、黄连木、黄栌、乌柏、盐肤木、连香树、卫矛、花楸等；秋叶呈黄色的有银杏、金钱松、鹅掌楸、白蜡、无患子、黄檗等；秋叶呈古铜色或红褐色的有水杉、落羽杉、池杉、水松等。造园家历来重视秋色叶树种的应用。例如，唐代王维的辋川别业是一座建设在山林湖光之天然胜景中的山地园，园中共有 20 个景点，其中漆园就是以红叶树种漆树命名的。北京著名的“三山五园”中的静宜园和香山，不仅因为香山寺而成名，更因为漫山的秋色叶树种黄栌而著称（图 1-1-6）。苏州的网师园小山丛桂轩院落内，秋季以湖石花台中的桂花、南天竹、鸡爪槭、梧桐为主景，冬季以蜡梅、南天竹为主景。

图 1-1-6　北京香山公园秋景

c. 常年异色叶类：有些植物不必待秋季来临，叶色常年异色的称为“常年异色叶类”。全年叶色呈紫色的有紫叶小檗、紫叶李、紫叶桃等；全年叶色呈红色的有红枫、红羽毛枫；全年叶色呈黄色的有金叶鸡爪槭、金叶女贞、金叶假连翘、金叶水杉和中华金叶榆等。

还有些植物，其叶背和叶表有不同的色彩，被称为“双色叶类”，如红背桂、银白杨、胡颓子等。还有一类“斑色叶类”，其绿叶上有其他颜色的斑纹或斑点，如变叶木、桃叶洒金珊瑚、金边瑞香、银边海桐、金边女贞等。

在草本植物中，也有不少彩叶植物，其中最为著名的是彩叶草和五色苋。其他常用的还有羽衣甘蓝、金叶过路黄、银叶菊、红草五色苋、黄叶五色苋、花叶五色苋、血苋等。

（3）枝干的色彩美。枝干为构造植物的骨架，其色彩不如叶色、花色那么鲜艳和丰富，但也有多样的可赏性。尤其是冬季，乔灌木的枝干往往成为主要的观赏对象，同样构成了园林景观中一道亮丽的风景。

白色枝干的有白桦、垂枝桦、纸皮桦、银白杨、粉箪竹、白皮松、胡桃、柠檬桉、少花桉等（图 1-1-7）；黄色枝干的有美人松、金枝垂柳、金竹、黄金槐、多枝绢毛梾木、黄皮京竹、佛肚竹等；绿色枝干的有梧桐、毛竹、棣棠、迎春、青榨槭、桃叶珊瑚、枸橘、檫木、木香，以及大多数竹类植物；红色和紫红色枝干的有红桦、红瑞木、山桃、斑叶稠李、赤松、柽柳、红槭、云实、紫竹等。

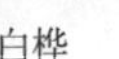

白桦

白皮松

图 1-1-7　白色枝干

（4）果实的色彩美。“一年好景君须记，正是橙黄橘绿时。”宋代文学家苏轼的这首诗描绘出的美妙景色正是果实的色彩效果。

果实的色彩在园林中所起的效应与花略同，能使园林色彩丰富。果实的颜色有着更大的观赏意义，自然界中许多树木的果实，都是在草木枯萎、花凋叶落、景色单调的秋冬季成熟，此时，果实累累，满挂枝头，给人以丰盛美满的感受，为园林景观增色添彩（图 1-1-8）。

平枝栒子

佛手

阔叶十大功劳

红瑞木

图 1-1-8　多彩的植物果实

常见的观果树种中，红色的有石榴、桃叶珊瑚、南天竹、铁冬青、山楂、紫金牛、朱砂根、柿树、樱桃、荚蒾、火棘、金银木、火炬树、花楸、枸杞、小檗、珊瑚树、花椒、卫矛、接骨木、天目琼花、石楠、冬珊瑚等；黄色的有柚子、佛手、柑橘、柠檬、梨、杏、木瓜、沙棘、枇杷、金橘等；白色的有红瑞木、湖北花楸、雪果等；紫色的有葡萄、紫珠、海州常山、十大功劳等。草本植物中，果色鲜艳，常用于观赏的有五色椒、乳茄、冬珊瑚、观赏南瓜、万年青等。

园林植物是园林色彩构图的骨干，也是最活跃的因素，运用得当，就能达到惟妙惟肖的境界。同时在造园要素中，只有植物是有生命的，植物的色彩会随着时间的变化而发生相应的变化，形成独特的四季景观。

2. 植物景观的芳香美

微课：植物景观的芳香美

一般艺术的审美感知强调的是视觉和听觉的感受，而只有植物中的嗅觉感受具有独特的审美效应。人们通过感赏园林植物的芳香，得以绵绵柔情，引发种种回味，产生心旷神怡，情绪欢愉之感。

“水晶帘动微风起，满架蔷薇一院香”描写了夏季蔷薇的清香之美；“疏影横斜水清浅，暗香浮动月黄昏”道出了玄妙横生、意境空灵的梅花清香之韵。宋代邓志宏赞桂花曰“清风一日来天阙，世上龙涎不敢香”；南宋著名女词人朱淑真有“最是午窗初睡醒，熏笼赢得梦魂香”来描写瑞香。

花香可以刺激人的嗅觉，从而给人带来一种无形的美感——嗅觉美。自然界中有大量植物的花具有芳香，具有香气和可供提取芳香油的栽培植物和野生植物被称为芳香植物。芳香植物的香气有浓有淡，给人不同的心理美感（图 1-1-9）。

茉莉之清香

桂花之甜香

含笑之浓香

玉兰之淡香

米兰之幽香

图 1-1-9　芳香植物

目前，芳香植物越来越受到重视，在园林植物造景和室内装饰中逐步得到了应用。熟悉园林植物的芳香种类，包括绿茵似毯的草坪芬芳、香远益清的荷香，尤其是设计好芳香植物开花的物候期，充分发挥嗅觉的感赏美，配置成月月芬芳满园、处处浓郁香甜的香花园，是植物造景的一个重要手段。

芳香植物不仅能散发芬芳气息，分泌芳香挥发性物质，同时还能改善环境质量。芳香植物造景特色主要体现在“香”上，可根据环境和造景的需要选用不同特色、芳香类型、芳香程度的种类。

（1）芳香植物的类群。芳香景观植物的类群没有统一的人为分类系统，可以根据芳香景观植物的生物学习性、芳香的部位、生态习性和园林景观特色及功能进行分类。

①根据生物学习性芳香植物可分为灌木类、乔木类、藤本类和草本类四大类芳香景观植物。

a. 灌木类芳香景观植物主要有黄刺玫、现代月季、四季米兰、九里香、山指甲（又名小蜡）、含笑、迷迭香、紫丁香等。可以应用灌木芳香植物布置庭院和道路；小型灌木也可以用来做室内和阳台布置。在小庭院或居住区的公共场所，配置灌木类芳香植物要特别注意香气的浓烈程度与居住场所的距离。部分种类的香气过于浓烈会影响居民的生活，要考虑与居住区保持一定的距离。

b. 乔木类芳香景观植物主要有白兰、梅花、樟树、柠檬桉、桂花、欧洲丁香等。乔木芳香景观植物在造景中常用于行道树和庭荫树。

c. 藤本类芳香景观植物是立体绿化和香化兼备的植物，在植物造景中，利用较广。常见的植物主要有迎春、藤本月季、使君子等。

d. 草本类芳香景观植物主要有香叶天竺葵、芸香、羽叶薰衣草、薄荷、藿香、荷花等。这类草本类芳香植物体量小，布置比较灵活，可用于室外的地被、花坛、花境和庭院造景，也可用于室内布置。

②根据芳香产生的部位芳香植物可分为叶香型、根香型、花香型和果香型。叶香型常见的植物主要有樟树、白千层、红千层和菖蒲等。根香型主要有香根草。花香型的植物种类很多，主要有海桐、蜡梅、栀子、荷花、玉兰、白兰、桂花、刺槐、流苏树、女贞、丁香等。果香型的主要有柑橘类的植物，它们的果实均具有浓郁的香气。

③根据生态习性芳香植物可分为阳生芳香景观植物、阴生芳香景观植物和中生芳香景观植物。阳生芳香景观植物主要有黄刺玫、千层金、结香、鹅掌楸、二乔玉兰、荷木、油橄榄、香茅等。阴生芳香景观植物主要有铃兰、香殊兰等。中生芳香景观植物主要有九里香、香叶天竺葵等。

④按照园林的景观特色和功能进行分类，芳香植物通常分为行道芳香景观植物、花坛花境芳香景观植物、地被芳香景观植物、庭院芳香景观植物、水体芳香景观植物和绿篱芳香景观植物。

同时，植物的芳香可以随着温度和湿度的变化而变化。一般而言，温度高、阳光强烈，则香味浓郁；但夜来香、晚香玉等在夜晚和阴雨天空气湿度大时才散发芳香。

（2）芳香植物的功能。

①美化及香化。我国许多著名园林都利用芳香植物创造了绝佳的景致。杭州西湖的“曲院风荷”，突出了“碧、红、香、凉”的意境美，即荷叶的碧、荷花的红、熏风的香、环境的凉，使夏日呈现出“接天莲叶无穷碧，映日荷花别样红”的景观（图 1-1-10）。苏州拙政园的“远香堂”“荷风四面亭”（图 1-1-11）、“玉兰堂”，网师园的“小山丛桂轩”，留园的“闻木樨香轩”（图 1-1-12）等，纷纷借用桂花、荷花、玉兰的香味来抒发某种意境和情绪。从形态美到意境美是园林艺术的升华。芳香植物创造了清香幽幽的园林，反映了自然的真实，让人感到自然是可以捉摸的、亲切和悦的，体现了哲学中“人与天地相和谐”的观点，同时也达到了“景有尽而意无穷”的园林意境美的至高境界。

图 1-1-10　杭州西湖“曲院风荷”景观

图 1-1-11　苏州拙政园“荷风四面亭”

图 1-1-12　苏州留园“闻木樨香轩”

②保健功能。芳香植物的药理作用很早就为人们所认识。我国早在盛唐时期，植物香薰就成为一门艺术，后来传入日本，是日本“香道”的起源。

③净化空气。有些芳香植物还能减少有毒有害气体、吸附灰尘，使空气得到净化。

④驱除蚊虫。薄荷、留兰香、罗勒、茴香、薰衣草、灵香草、迷迭香等芳香植物的香气还能驱除蚊蝇等昆虫。

（3）芳香植物的园林应用。

①芳香植物专类园。芳香植物在园林中的应用形式很多，很多芳香植物本身就是美丽的观赏植物，可以建立芳香植物专类园。配置时注意乔木、灌木、藤本、草本的合理搭配以及香气、色相、季相的搭配互补（图 1-1-13）。

②植物保健绿地。随着环保意识的增强，人们对所处生活环境的品质有了更高的要求，植物保健绿地应运而生，成为小区域内的“绿肺”，起到美化环境、净化空气的作用（图 1-1-14）。

③夜香园。夜香园因其静谧安详已成为人们喜爱的园林形式，尤其在炎炎夏日，夜香园成为人们消暑、纳凉的好去处。在这类园林中，常选用浅色系、夜间可开放、释香的植物，如月见草、茉莉、桂花、栀子花、含笑、瑞香、香叶天竺葵等。

图 1-1-13　芳香植物专类园

图 1-1-14　植物保健绿地

3. 植物景观的形态美

植物的外形，尤其是园林树木的树形是重要的观赏要素之一，对园林景观的构成起着至关重要的作用，对乔木树种而言更是如此。不同的树形可以引起观赏者不同的视觉感受，具有不同的景观效果，经合理配置，树形可产生韵律感、层次感等不同的艺术效果。园林植物的形态美主要体现在树形、花形、叶形和果形等方面。

（1）树形。植物的树形可以说是千变万化，不同形态的植物有不同的表现性质，通常称之为“形态的表情”，这种理解和说法实际上是尊重人的视觉和心理的需求。人们在欣赏植物景观时，常把个人的感情与植物相联系，从而体验不同的心理感受。形态的表情同方向这个要素关系极为密切，所谓方向，即各种姿态由于它的高、宽、深三个方向的尺度不同而具有的方向性。

植物的树形主要分为垂直方向类、水平展开类、无方向类以及垂枝类四类。

①垂直方向类。把上下方向尺度长的植物称为垂直方向的植物（图 1-1-15）。

图 1-1-15　垂直方向类植物示意

圆柱形、尖塔形、圆锥形，具有此类形态的植物具有显著的垂直向上性。通过引导视线向上的方式，突出空间的垂直面，能为一个植物群和空间提供一种垂直感和高度感，与低矮的圆球形或展开形植物形成强烈对比；但如在设计中用的数量过多，会造成过多的视线焦点，使构图跳跃破碎。常见的具有强烈的垂直方向性的植物有水杉、钻天杨等（图 1-1-16）。

水杉

钻天杨

图 1-1-16　垂直方向性植物

②水平展开类。前后、左右方向尺度比上下尺度长的为水平方向植物，具有水平方向生长的习性（图 1-1-17）。

图 1-1-17　水平展开类植物示意

偃卧形、匍匐形等姿态的植物都具有显著的水平方向性。需要注意的是，一组其他姿态的植物组合在一起，当长度明显大于宽度时，植物本身特有的方向性消失，而具有了水平方向性。常见的具有强烈水平方向性的植物有铺地柏、平枝栒子（图 1-1-18）等。

铺地柏

平枝栒子

图 1-1-18　水平方向性植物

这类植物有平静、平和、永久、舒展等表情。水平方向感强的水平展开类植物可以增加景观的宽广感，使构图产生宽阔感和延伸感，展开形植物还会引导视线沿水平方向移动。该类植物重复地灵活运用，效果更佳。在构图中，展开类植物与垂直类植物或具有较强的垂直性的灌木配置在一起，有强烈的对比效果。

水平展开类植物常形成平面或坡面的绿色覆盖物，宜作地被植物。展开类植物能和平坦的地形、开展的地平线和水平延伸的建筑物相协调。若将该类植物布置于建筑的周围，它们能延伸建筑物的轮廓，使其融汇于周围环境之中。

③无方向类。把各方向尺度大体相等，没有显著差别的植物称为无方向植物（图 1-1-19）。

图 1-1-19　无方向类植物示意

园林中的植物大多没有显著的方向性，如姿态为卵圆形、倒卵形、圆球形、丛枝形、拱枝形、伞形的植物，而圆球形为典型的无方向类。圆球形是植物类型中数量较多的种类之一，在引导视线方面既无方向性，也无倾向性，因此，在构图中可以随意使用，而不会破坏设计的统一性。圆球形植物外形圆柔温和，可以调和其他外形较强烈的形体，也可以和其他曲线形的因素互相配合、呼应。例如，黄杨球、枸骨球、馒头柳等。

④垂枝类。垂枝类通常具有明显的悬垂或下弯的枝条（图 1-1-20）。垂直向上类植物有一种向上运动的力，与垂直向上类植物相反，垂枝类植物有一种向下运动的力。在设计中它们能起到将视线引向地面的作用，不仅可赏其随风飘摇、富有画意的姿态，而且下垂的枝条引力向下，构图重心更稳，还能活跃视线，如河岸边常见的垂柳。

图 1-1-20 垂枝类植物示意

（2）花形。花的形态美表现在花朵或花序本身的形状，也表现在花朵在枝条排列的方式。花朵有各式各样的形状和大小，有些树种的花形特别优美。

花或花序着生在树冠上的整体表现形貌称之为花相。花相从开花时有无叶簇的存在可分为两种形式：一为“纯式”，是指在开花时，叶片尚未展开，全树只见花不见叶的类型；二为“衬式”，是指在展叶后开花，全树花叶相衬。花相主要有以下类型（图 1-1-21）。

独生花相（苏铁雌花） 独生花相（苏铁雄花）

干生花相（紫荆） 线条花相（迎春花） 星散花相（珍珠梅）

团簇花相（木绣球） 覆被花相（合欢） 密满花相（樱花）

图 1-1-21 花相

①独生花相，即花序一个，生于干顶，如苏铁。

②干生花相，即花或花序生于老茎上，如紫荆、槟榔、木菠萝等。

③线条花相，即花或花序较稀疏地排列在细长的花枝上，如连翘、迎春、蜡梅等。

④星散花相，即花或花序疏布于树冠的各个部分，如华北珍珠梅、鹅掌楸等。

⑤团簇花相，即花或花序大而多，密布于树冠的各个部位，具有强烈的花感，如木绣球、玉兰等。

⑥覆被花相，即花或花序分布于树冠的表层，如合欢、泡桐、金银木等。

⑦密满花相，即花或花序密布于整个树冠中，如毛樱桃、樱花等。

（3）叶形。园林植物叶的形状、大小以及在枝干上的着生方式各不相同。就大小而言，大的如棕榈类的叶片可长达五六米甚至 10 m 以上。植物中小的叶片仅几毫米，如侧柏、柽柳的叶长只有二三毫米。

叶片的基本形状主要有：针形，如油松、雪松；条形，如冷杉、红千层；披针形，如夹竹桃、柠檬桉；椭圆形，如柿树、白鹃梅；卵形，如女贞、梅花；圆形，如中华猕猴桃、紫荆；三角形，如加拿大杨、白桦等。而且还有单叶、复叶之别，复叶又有羽状复叶、掌状复叶、三出复叶等类别。

另有一些叶形奇特的种类，以叶形为主要观赏要素（图 1-1-22），如银杏呈扇形、鹅掌楸呈马褂状、琴叶榕呈琴形、槲树呈葫芦形、龟背竹形若龟背，其他如龟甲冬青、变叶木、龙舌兰、羊蹄甲等亦叶形奇特，而芭蕉、苏铁、旅人蕉、椰子等大型叶具有热带情调，可展现热带风光。

图 1-1-22　叶形

（4）果形。果实和种子的观赏特性主要表现在形态和色彩两个方面。果实的形态一般以奇、巨、丰为标准。

奇者，果形奇特也。铜钱树的果实形似铜币；腊肠树的果实形似香肠；秤锤树的果实形似秤锤；紫珠的果实宛若晶莹剔透的珍珠，其他果实奇特的植物还有佛手、黄山栾树和杨桃等（图 1-1-23）。

巨者，单果或果穗巨大也，如柚子单果径达 15 ～ 20 cm，重达 3 kg。其他如石榴、柿树、苹果等果实均较大，而火炬树、葡萄、南天竹虽然果实不大，但集生成大果穗。

丰者，指全株结果繁密，如火棘、紫珠、花楸和金橘等。

图 1-1-23　果形

1.1.3.3　植物景观的文化功能

我国古代人在造园中对于植物的运用独具匠心，创造了具有鲜明民族特色和独特文化意趣的植物景观。在我国园林景观中，植物已经成为一种重要的文化载体。植物景观的文化功能主要通过比德、比兴与象征、诗词歌赋、园林题咏等体现。

微课：植物景观的文化功能

1. 比德

在我国，植物文化的特点首先表现在人格化方面，在欣赏植物形象之美的基础上，借用植物之美比拟人格，托物言志。尤其是以孔子为首的儒家文化中的“比德”思想对我国的造园产生了很大影响。

比德是儒家的自然审美观，它主张从伦理道德（善）的角度来体验自然美，在植物景观中欣赏和体会到人格美。在“以儒化民”的文化氛围中，人们总会寻找到植物的某些内在特性，并赋予其文化的内涵，构成赏景、赏花与文化相关联的特有的传统审美方式。

如传统的松、竹、梅谓之“岁寒三友”，因为它们有共同的坚韧品格。松苍劲古雅，不畏霜雪风寒的恶劣环境，能在严寒中挺立于高山之巅，具有坚贞不屈，高风亮节的品格。《论语・子罕》有“岁寒，然后知松柏之后凋也。”《荀子》也有“岁不寒无以知松柏，事不难无以知君子。”把松柏的凌寒不凋比德于君子的坚强性格。苏轼《於潜僧绿筠轩》中“宁可食无肉，不可居无竹。无肉令人瘦，无竹令人俗。”对竹子的雅逸美表达到了极致。范成大赞美梅花曰“梅以韵胜，以格高”，正由于梅花具有雅逸美的气节秉性，因此最受文人雅士的喜爱。

2. 比兴与象征

植物渗透着人们的好恶，被称为某种精神寄托，这就是比兴。比兴是借花木形象含蓄地传达某

种情趣、理趣。比兴和比德不同，比德侧重于通过花木形象寄托，推崇某种高尚的道德人格，而比兴是借花木形象含蓄地传达某种情趣。比如牡丹代表富贵，古代人称之为“花王”；石榴有多子多福之意。

我国传统的花文化还赋予众多植物象征意义，如皇家园林中常用玉兰、海棠、迎春、牡丹、芍药、桂花象征“玉堂春富贵”。香椿象征着长寿，《庄子·逍遥游》有“上古有大椿者，以八千岁为春，八千岁为秋”，古代人称父亲为“椿庭”，祝寿为“椿龄”。柳树枝条细柔，随风依依，象征着情意绵绵，且“柳”与“留”谐音，故古人常以柳喻离别，《诗经·小雅》有“昔我王矣，杨柳依依”。

3. 诗词歌赋

中国历史悠久，文化灿烂，我国对园林植物的美感多以诗词表达其深远意境。从欣赏植物景观形态美到意境美是欣赏水平的升华。我国历代文人墨客留下了大量描绘花木的诗词歌赋。

唐代文学家刘禹锡吟咏栀子、桃花、杏花，唐代诗人杜牧常以杏花、荔枝为题。扬州琼花之名满天下，实因文人的大量咏颂而起。桂花花虽小，但花期长，香气浓郁，且有别于兰花的幽香、梅花的淡香、水仙的清香、荷花的微香，既是浓郁的，又是清淡的，让人记忆深刻，故古人赞之曰“清可绝尘、浓能溢远”。

古代人描写桂花的诗词很多，著名的有宋代邓肃的《木犀》诗“雨过西风作晚凉，连云老翠入新黄。清风一日来天阙，世上龙涎不敢香。”描写桂花开花时，连名贵的香料——龙涎也不香了。宋朝诗人杨万里还有“不是人间种，移从月里来。广寒香一点，吹得满山开。”这些诗词，使得桂花成为我国传统的著名香花植物。

梅花花开占百花之先，凌寒怒放，六朝时梅花便以花而著名，经过唐宋时期，则居于众花之首。描写梅花的诗词，较早的有南北朝时期何逊的“衔霜当路发，映雪拟寒开”，唐朝也留下了大量咏颂梅花的诗篇，而宋朝林逋“疏影横斜水清浅，暗香浮动月黄昏”和明朝杨维桢的“万花敢向雪中开，一树独先天下春”是梅花的传神之作，被千古传唱。

古代人歌颂荷花和兰花的诗词也很多。杨万里的“接天莲叶无穷碧，映日荷花别样红”描述的就是荷花的色彩美及观赏到此景时的心情。清朝诗人郑燮诗曰“兰草已成行，山中意味长。坚贞还自抱，何事斗群芳”则说明了幽兰在深山中独自芳香，不为喧闹烦恼。从以上诗中，可以看出古代人赏花追求自然天趣，更推崇物我两忘的赏花境界，以花自喻，以花抒情。

现代诗对植物的描写更多的是表达对人民的热爱。例如，对梅花诗词有“俏也不争春，只把春来报，待到春花烂漫时，她在丛中笑”；描述松的诗“大雪压青松，青松挺且直。要知松高洁，待到雪化时”；歌颂菊花有“秋菊能傲雪，风霜重重恶，本性能耐寒，风霜奈其何。”

4. 园林题咏

植物景观的文化功能还表现在园林题咏上，园林题咏就是运用匾额、楹联、诗文、碑刻等内容的提示来揭示植物景观更深层次的文化内涵，这些手法可称为“点景”，在艺术上起到画龙点睛、点石成金、锦上添花的作用。

匾额、楹联、诗文、碑刻等借助语言的表达功能，能够让欣赏者从眼前的物象，通过形象思维，展开自由想象升华到精神的高度，产生象外之象、景外之景、弦外之音的境界即意境。古典园林特别是私家园林，可以说主要是用这种手法来达到造园者对自然、社会、人生的深刻理解，并借此获得精神上的超脱与自由境界的目的。

1.1.4　园林植物的景观风格

微课：园林植物的景观风格

凡是一种文化艺术的创作，都有一个风格的问题。园林植物的景观艺术也不例外，无论它是自然生长或是人工创造，都表现出一定的风格。园林植物的景观风格是为园林绿地形式和功能服务的，是为了更好地表现园林景观的内容，它既是空间艺术形象，同时又受自然条件、植物材料、规划形式和各民族、地方历史、习惯等因素的影响。

园林规划形式决定了园林植物造景的景观艺术形式，从而产生了不同的植物景观风格。园林植物景观风格主要包含自然式植物景观、规则式植物景观和混合式植物景观。

1.1.4.1 自然式植物景观

自然式植物造景方式，多选外形美观、自然的植物种类，它强调变化，植物配置没有固定的株行距，充分发挥树木自由生长的姿态，不强求造型。植物配置以自然界生态群落为蓝本，将同种或不同种的树木进行孤植、丛植和群植等自然式布置，植物构图上讲究不等边三角形的构图原则。花卉以花丛、花群等形式为主，树木模拟自然苍老，反映植物的自然美，该风格具有生动活泼的自然风趣，令人感觉轻松、惬意，但如果使用不当会显得杂乱。自然式植物景观以中国自然山水园（图 1-1-24）与英国风景式园林（图 1-1-25）为代表。

图 1-1-24 中国古典自然山水园——苏州网师园

图 1-1-25 英国风景式园林——谢菲尔德花园

1. 中国自然山水园

中国自然山水园历来重视植物造景，精心选择，巧妙配置，师法自然，形成充满诗情画意和强烈艺术感染力的园林景观。皇家园林以北京颐和园、河北承德避暑山庄为代表，私家园林以苏州拙政园、苏州留园为代表。据我国著名风景园林学家朱钧珍总结，中国园林植物景观主要有借自然之物、仿自然之形、引自然之象、受自然之理和传自然之神等几个特点。

（1）借自然之物。借自然之物就是园林景物直接取之于大自然。如园林造园要素中的山、石、水体、植物本身，都是自然物，用以造园，可以说从古代的帝王宫苑直至文人园林，都是如此。如果“取”不来就借，纳园外山川于院内，成为“借景”。一座园林的面积和空间是有限的，为了扩大景物的深度和广度，造园者还常常用借景的手法，收无限于有限之中（图 1-1-26）。

常用的借景方法有以下几种：

①远借：把院外远处的景物借为本园所有，非常有名的就是河北承德避暑山庄远借棒槌山和北京颐和园远借玉泉塔。

②临借：借临近的景物，比如采用落地玻璃墙借外面的景物等。

③仰借：利用仰视借取高处景物。

④俯借：居高临下俯视低处景物。

⑤因时而借：借一年四季中春、夏、秋、冬自然景色的变化或一天之中景色的变化丰富园景。

⑥借形：主要采用对景、框景等构图手法把具有一定景观价值的远、近建筑物及山、石、花木等自然景物纳入画面。

⑦借声：自然界的声音多种多样，远借寺庙的暮鼓晨钟，近借雨打芭蕉，都可以为空间增添诗情画意。

⑧借香：草木的气息可使空气清新，烘托园林景致的气氛。

承德避暑山庄远借棒槌山

颐和园远借玉泉塔

图 1-1-26　借景

（2）仿自然之形。在市区一般很难借到自然的山水，而造园者挖池堆山，也要仿自然之形，因而产生了以“一拳代山”“一勺代水”“小中见大”的山水园。江南的私家园林大都是这种园林。

（3）引自然之象。中国园林的核心是景，景的创造常常借助大自然的日月星辰、雨雾风雪等天象。浙江杭州花港观鱼的“梅影坡”就是引“日之形”而成的“地之景”，就是根据阳光下投射下来的梅树倒影绘制而成的，并取宋代诗人林逋的咏梅诗句“疏影横斜水清浅，暗香浮动月黄昏”的意境，定名为“梅影坡”(图 1-1-27)。

河北承德避暑山庄的“日月同辉”，就是引“日”之象，造“月”之景。用叠石形成月牙形孔洞，光线穿洞投影水池，形成水中月，同天上的太阳一起倒映在池水中，便为日月同辉（图 1-1-28）。

图 1-1-27　浙江杭州花港观鱼“梅影坡”

图 1-1-28　河北承德避暑山庄“日月同辉”

（4）受自然之理。自然物的存在和变化都遵循一定的规律。山有高低起伏，植物有耐荫喜光、花开花落、季相色彩不同，这一切都符合植物的生长规律，遵循自然之理，充分利用种种自然因素，才能创造出丰富多彩的园林景观。在我国的古典皇家园林中，以建筑宫殿为主，力求山林气氛，多为松、柏类树种，古松、古柏苍劲挺拔，经风雪而不凋，可谓入画种类。

（5）传自然之神。中国自然山水园讲究源于自然高于自然，多是传达了自然的神韵，而不是绝对的模仿自然，故文人造园，多以景写情，寄托诗情画意。最典型的例子就是梅、兰、竹、菊被誉为“四君子”，松、竹、梅被誉为“岁寒三友”。植物拟人化的作用在中国古典园林中的运用较为突出，运用比拟和联想，以少胜多，多用在建筑题名、题咏、楹联和名胜古迹。

2. 英国风景式园林

英国风景式园林的植物多采用疏林草地的形式。英国北部为山地和高原，南部为平原和丘陵，属温带海洋性气候，雨量充沛，气候温和，使得这个高纬度地区有着适宜植物生长的自然条件。

1.1.4.2 规则式植物景观

规则式植物景观在西方园林中经常被采用，在现代城市绿化中使用也比较广泛。规则式的植物造景强调成行等距离排列或做有规律的简单重复，对植物材料也强调整形、修剪成各种几何图形。规则式植物景观以意大利台地园和法国宫廷园林为代表，给人整洁明朗和富丽堂皇的感觉。

意大利台地园的造园模式是自上而下，借势建园，建筑建在顶部，向下形成多层台地，有明显对称的中轴线，常设多级喷泉、跌水、水池等水景，两侧对称布置整形修剪的植物，并点缀富有特色的花钵、动物雕塑等园林小品。台地园给人的整体感受是居高临下，富有气势。意大利境内多丘陵，花园别墅造在斜坡上，花园顺地形分成几层台地，在台地上按中轴线对称布置几何形的水池，用黄杨或柏树组成花纹图案的植坛，很少用花。意大利台地园重视水的处理，借地形修渠道将山泉水引下，层层下跌，或用管道引水到平台上，形成喷泉。跌水和喷泉是花园里很活跃的景观。外围的林园是天然景色，树木茂密。主建筑物通常建在较高或最高层的台地上，可以俯瞰全园景色和观赏四周的自然风光（图 1-1-29）。

法国园林具有典型的古典主义气质，通常气势宏大，多为庄园或宫廷式花园，构图形式为规整的几何对称式，有明显的中轴线。法式园林的植物种植大多修剪为各种整齐的几何造型，大片整形植坛围合形成中心花园区，气势恢宏（图 1-1-30）。

图 1-1-29 意大利台地园

图 1-1-30 法国规则式植物景观

1.1.4.3 混合式植物景观

混合式植物造景方式介于规则式和自然式之间，即两者的混合使用，这种风格在现代园林中使用广泛（图 1-1-31）。在植物配置时规则式地段采用规则式种植方式，自然式景观配合自然式植物种植方式，两种栽植方式互相结合，形成了和谐生动的环境。在造景时需要综合考虑周围环境、园林风格、设计意向、使用功能等，做到与其他构景要素相协调。

图 1-1-31　混合式植物景观

任务实施

（1）外出调查前需要分配好小组，现场调查时以小组为单位。

（2）调查公园所在地的自然条件及植物生长状况。

（3）了解当地群众对植物类型的需求。

（4）调查、收集当地的历史、文化方面的信息。

（5）拍照留存现场信息，撰写调查报告（图文并茂）。

巩固训练

校园绿地植物功能调查分析

对校园内植物及其景观功能进行调查，分析校园植物景观的功能，并完成校园植物功能分析报告。

评价与总结

通过学习和完成任务，进行自我评价、小组互评及教师评价，具体见表 1-1-1。

表 1-1-1　植物景观设计认知评价表

评价类型	考核点	自评	互评	师评
理论知识点评价（20%）	植物景观设计的概念，园林植物的景观风格及植物景观的功能			
过程性评价（50%）	植物景观功能分析能力（20%）			
	植物识别能力（10%）			
	工作态度（10%）			
	团队合作能力（10%）			
成果性评价（30%）	报告观点清晰，新颖（10%）			
	报告的完整性（10%）			
	报告的规范性（10%）			
任务总结				

任务1.2 植物景观空间营造

任务要求

通过公园绿地植物景观空间营造调查分析任务的实施，学习植物景观空间构成、植物景观空间类型以及植物景观空间处理等相关知识。

学习目标

➢ 知识目标

（1）掌握植物景观空间构成要素。

（2）识记植物景观空间的类型。

（3）理解植物景观空间处理方法。

➢ 技能目标

（1）能够对不同植物景观空间的构造进行分析和评价。

（2）能够熟练运用植物进行不同植物景观的空间设计。

➢ 素养目标

（1）提升景观空间鉴赏能力。

（2）培养敬畏自然、尊重自然、顺应自然和保护自然的生态价值观以及建设美好家园的情怀。

（3）提高独立思考和灵活解决实际问题的素质及团队合作的精神。

（4）提高人际交往能力及心理素质。

任务导入

公园绿地植物景观空间营造调查分析

选择附近某一公园，根据周围环境、公园的位置及其功能，对该公园的植物景观空间设计方法及效果进行分析及评价。

● **任务分析**

首先需要了解该公园的周围环境、绿地的服务功能和服务对象，调查公园所在地的自然条件、社会条件、历史文化及植物的生长状况，在此基础上对公园的植物景观空间设计方法和效果进行分析和讨论。

● **任务要求**

（1）选取的公园绿地应该具备多种空间类型，并具有代表性。

（2）以小组为单位，对公园进行空间调查，完成调查报告。

（3）不允许出现随意攀折花木、践踏草坪等不文明行为。

（4）出行要注意安全，禁止个人单独行动。

● **材料和工具**

照相机、笔记本、笔、皮尺等。

知识准备

1.2.1 植物景观空间构成

微课：植物景观空间构成

园林空间通常是由山、水、建筑、植物等诸多要素所构成的大小不同、景象各异的多种形式的空间组合。同时，园林空间根据时间的变化而相应地产生改变，因此园林空间不是人们看到的三维空间，而是一个包含时间的四维空间，这主要表现在植物的季相变化方面。园林植物景观空间主要由水平面、垂直面、顶平面和时间四个维度构成。

1.2.1.1 水平面

美国著名人本主义城市规划理论家凯文·林奇说过，“空间主要是由垂直的面限定的，但唯一的连续的面却在脚下”。水平要素形成了最基本的空间范围，保持着空间视线与周围环境的通透与连续。

植物景观空间中，常使用的水平要素有草坪、绿毯、牧场草甸、模纹花坛、花坛、地被植物等。植物虽不以水平面上的实体限制空间，但它可以在较低的水平面上筑起一道范围。如一块草坪和一片地被植物之间的交界处，虽不具有实体的视线屏障，但却暗示着空间范围的不同（图1-2-1）。

图1-2-1 不同材质形成的空间范围

1.2.1.2 垂直面

垂直面是园林植物空间构成的最重要的性能，是由一定高度的植物组成的一个面。垂直面形成清晰的空间范围和强大的空间封闭的感觉，在植物景观空间形成中的作用明显强于水平要素。垂直面主要包括：绿篱、绿墙、树墙、草本边界、树群、丛林等多种形式。

在垂直面上，植物通过以下几种方式影响着空间感。

（1）树干。树干如同直立于外部空间中的支柱，它们多是以暗示的方式，而不仅仅是以实体限制着空间（图1-2-2）。空间封闭程度随树干的大小、疏密以及种植形式而不同，树干越多空间围合感就越强。树干暗示空间的例子在种满行道树的道路、路旁的绿篱以及小块林地中都可以见到，即使对于落叶树而言，冬天无叶的枝干同样暗示着空间的界限。

（2）叶丛。叶丛的疏密度和分枝的高度影响着空间的闭合感。枝叶越浓密、体积越大，其围合感越强烈。常绿树在垂直面上能形成周年稳定的空间封闭效果，其围合空间四季不变；而落叶植物的封闭程度，随季节的变化而不同。夏季长满浓密树叶的树丛形成一个个闭合空间，给人一种内向的隔离感；而在冬季，同一个空间，则比夏季显得更开阔，因为植物落叶后，人们的视线能够延伸到所限制的空间范围以外的地方（图1-2-3）。

图 1-2-2　树干构成虚空间的边缘

夏季空间封闭，视线内向

冬季空间开敞，视线通透

图 1-2-3　不同季节空间围合程度不同

1.2.1.3　顶平面

植物同样能限制、改变一个空间的顶平面。植物的枝叶犹如室外空间的天花板，限制了伸向天空的视线，并影响着垂直面上的尺度（图 1-2-4）。

大、中型树冠相互连接构成了覆盖的园林植物空间。植物空间的顶平面通常由分支点高度在人的身体高度以上的枝叶形成，这限制了人看向天空的视线。顶平面的特征和树叶密度、分支点高度和种植方式有着不可分割的关系。夏天郁郁葱葱的树叶形成的树荫遮天蔽日，带来的封闭感最为强烈，冬天落叶植物仅以树枝覆盖，人向上看的时候视线通透，封闭感最弱。在城市布局中，树木的合理间距应为 3 ～ 5 m，如果树木的间距超过了 9 m，便会失去视觉效应。

图 1-2-4　树冠的底部形成顶平面

1.2.1.4　时间

园林植物空间和建筑空间最大的区别取决于“时间”这一维度。植物随着时间的推移和季节的变化生长发育到成熟的生命周期，形成了一个在叶片、花朵颜色、香气、枝条、株型和一系列的颜色和形态上的变化，构成了不同的季节变化。

植物的这种季相变化在很大程度上丰富了景观空间的组成，为人们提供了各种可选择的空间类型。当落叶植物围合植物空间的时候，围合程度随着季节的变化而变化。春天到夏天，枝繁叶茂的树可以形成一个封闭的空间；秋冬季节到来时，伴随着植物叶片的凋零，人的视线可以突破限制，逐渐延伸到外部空间。季相变化中的颜色变化也非常明显，通常来说，叶子和花朵的颜色在一年四季中都有着丰富的变化。园林植物营造的景观是一种动态的、富有生命力的景观。

总之，在室外环境中，植物景观是以时间维度为基础，水平面、垂直面和顶平面三个构成面相互

组合，形成各种不同的空间形式。但无论在任何情况中，空间的封闭度都是随围合植物的高矮、大小、株距、密度以及观赏者与周围植物的相对位置而变化的。

1.2.2 植物景观空间类型

在园林景观设计中，利用不同种类、高度、质感的植物以不同的配置方式结合地形设计，对空间进行一定的围合与划分，营造出特定景观或特殊的环境气氛，给人不同的心理感受。根据植物不同的围合方式，所营造出来的植物空间主要分为开敞空间、半开敞空间、覆盖空间、垂直空间和封闭空间。

1.2.2.1 开敞空间

开敞空间的营造主要是利用低矮的灌木及地被植物作为空间的限制因素，人们身在其中，视线开敞不受阻，心情较舒畅。这种外向的开敞空间属于友好型集体活动场所，不需要私密性（图 1-2-5）。该类空间多用于公共活动空间，如公园大草坪、河边草坡等。

图 1-2-5 低矮植物形成开敞空间

1.2.2.2 半开敞空间

半开敞空间是在一定的区域范围内，四周并不完全开敞，在部分视角植物阻隔了人们的视线（图 1-2-6）。它是开敞空间向封闭空间的过渡，是园林中运用最多的空间类型。

图 1-2-6 半开敞空间

半开敞空间可以借助地形、山石、小品等园林要素与植物配置共同完成。半开敞空间的封闭面能够抑制人们的视线，从而引导空间的方向，达到“障景”的效果。封闭面植物配置宜采用“乔、灌、地被、草”复层搭配的方式，增加空间的围合感。多用于公园、小区等。

1.2.2.3 覆盖空间

覆盖空间一般是指冠大荫浓的大乔木或攀缘植物覆盖的花架、拱门等，构成顶部覆盖、四周开敞的下部活动空间（图 1-2-7）。这类空间比较凉爽，视线通透，下部只有树干，活动空间较大，遮荫效果好。多用于林荫道、花架等。

1

1.2.2.4 垂直空间

利用植物封闭两侧垂直面，放开上部顶平面，具有“夹景”效果的空间即为垂直空间。该类空间的遮蔽性较强，引导性也强，加深了植物的空间感，营造了一种庄严、肃穆的景观氛围（图 1-2-8）。一般使用分支点较低、树冠紧凑的中小乔木形成树阵，或由修剪整齐的高篱围合。多用于公路、河流两岸、陵园绿化等。

图 1-2-7 覆盖空间

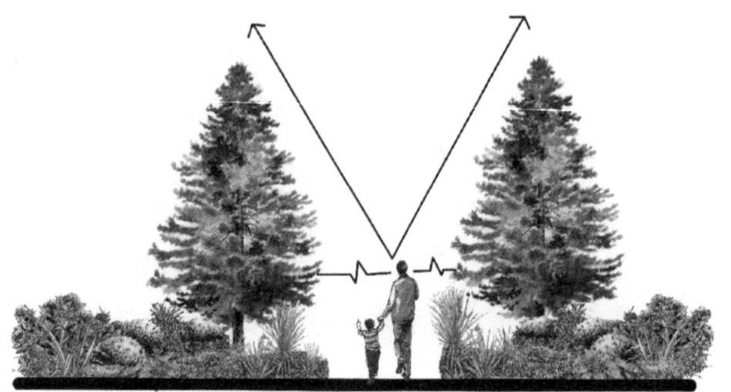

图 1-2-8 垂直空间

1.2.2.5 封闭空间

封闭空间是指四周、顶面都有植物围合、遮挡的空间，与覆盖空间相比，其垂直面用中小型植物进行封闭，围合感很强烈（图 1-2-9）。这类空间具有极强的隐蔽性和隔离性，同时释放大量的负氧离子，空气清新，多建于风景游览区、森林公园、植物园等。

图 1-2-9 封闭空间

1.2.3 植物景观空间处理

园林植物除了可以营造各具特色的空间景观外，还可以与各种空间形态相结合，构成相互联系的空间序列，产生多种多样的整体效果。在空间序列中运用植物造景，适当引导和阻隔人们的视线，放大或缩小人们对空间的感受，往往能够产生变幻多姿的空间景观效果。植物景观空间处理常用的手法表现在空间分割、空间穿插流通、空间对比和空间深度表现等方面。

微课：植物景观空间处理

1.2.3.1 空间分隔

我国著名园林艺术家陈从周曾说过，“园林与建筑物之空间，隔则深，畅则浅，斯理甚明。”利用植物材料分隔园林空间，是园林中常用的手法之一。

在自然式园林中，利用植物分隔空间，可不受任何几何图形的约束，具有较大的随意性。若干个大小不同的空间，可通过成丛、成片的乔灌木相互隔离，使空间层次深邃，意味无穷。在规则式园林中常用植物按几何图形划分空间，使空间显得整洁明朗，井井有条。其中，绿篱在分隔空间中的应用最为广泛和常见，不同形式高度的绿篱可以达到多样的空间分隔效果。

在园林中，植物除了独立的成为空间分隔的手段之外，通常与地形、建筑、水体等要素相结合。

1.2.3.2　空间穿插流通

要创造出园林中富于变化的空间感，除了运用分隔的手段使空间呈现多样化之外，空间的相互穿插与流通也很重要。相互空间之间呈半敞半合、半掩半映的状态，以及空间的连续和流通等，都会使空间的整体富有层次感和深度感。

1.2.3.3　空间对比

园林之中，通过空间的开合、收放、明暗、虚实等对比，常能产生多变而感人的艺术效果，使空间富有吸引力。

例如，北京颐和园中的苏州河河道，随万寿山后山山脚，曲折蜿蜒，时窄时宽，两岸古树参天，植物使得整个河道空间时收时放，交替向前。景观效果由于空间的开合对比而显得更为强烈。

植物也能形成空间明暗的对比，如林木森森的空间显得幽暗，而一片开阔的草坪则显得明亮，二者由于对比使得各自的空间特征得到了加强。

1.2.3.4　空间深度表现

“景贵乎深，不曲不深”，说明幽深的园林空间常具有极强的感染力，而曲折则往往是达到幽深的手段之一。运用园林植物，能够营造出园林空间的曲折与深度感。如一条小路，曲曲折折地穿行于林中，能使本来并不宽敞的空间显得更有深度感。

另外，合理的运用植物的色彩、形体等同样能产生空间上的深度感。例如，运用空气透视的原理，配置时，使远处的景色色彩淡一些，近处的植物色彩浓一些，就会带来比真实空间更为强烈的深度感。

任务实施

（1）外出调查前需要分配好小组，现场调查时以小组为单位。

（2）调查过程中对重点植物景观或区域进行拍照留存，并加以简单的文字描述。

（3）绘制出具有代表性的五种植物景观空间类型平面图、立面图。

（4）以组为单位提交作业，作业包括公园植物景观空间的设计方法及效果分析报告（要求图文并茂）、五种植物景观空间类型的平面图和立面图。

巩固训练

以相同的方法对校园绿地植物景观空间进行调查分析，并撰写调查报告。

评价与总结

通过学习和任务完成情况，进行自我评价、小组互评和教师评价，具体见表 1-2-1。

表 1-2-1　植物景观空间营造评价表

评价类型	考核点	自评	互评	师评
理论知识点评价（20%）	植物景观空间类型的相关概念及内涵，植物景观空间构成要素及植物景观空间的类型			
过程性评价（50%）	植物景观空间分析能力（15%）			
	绘图能力（10%）			
	植物识别能力（10%）			
	工作态度（5%）			
	团队合作能力（10%）			

续表

评价类型	考核点	自评	互评	师评
成果性评价（30%）	报告观点清晰，新颖（10%）			
	报告的完整性（10%）			
	报告的规范性（10%）			
任务总结				

习题

一、单项选择题

1. 园林中没有（　　）就不能称为真正的园林。

A. 园路　　B. 建筑　　C. 园林植物　　D. 山水

2. 下列（　　）树形不是垂直向上型。

A. 柱形　　B. 圆锥形　　C. 圆形　　D. 尖塔形

3. 植物美化配置中，树形是构景的基本因素，圆锥形的有圆柏，塔形的有雪松，下列是垂枝形的是（　　）。

A. 垂柳　　B. 棕榈　　C. 榆树　　D. 桃花

4. 下列以观茎为主的园林植物是（　　）。

A. 海棠　　B. 桃花　　C. 梅花　　D. 红瑞木

5. 在一定区域范围内，四周并不完全开敞，有部分视角用植物阻挡了人的视线，是开敞空间向封闭空间的过渡，这类空间是（　　）。

A. 开敞空间　　B. 覆盖空间　　C. 封闭空间　　D. 半开敞空间

二、填空题

1. 我国传统文化中“雪中四友”所指的植物包括________、________、________、________。

2.“玉堂春富贵”分别代表________、________、________、________、________。

3. 自然式植物景观以________与________为代表。

4. 园林植物景观风格一般可以分为________、________和________三种形式。

5. ________是中国古典园林的灵魂。

6. 根据植物不同的围合方式，所营造出来的植物空间主要分为________、________、________、________和________。

三、判断题

1. 乔木在造景中的作用是设计和造景中的基础和主体。（　　）

2. 植物配置强调对植物进行安排、搭配，更接近于现在所指的搭配栽植的环节。（　　）

3. 植被涵养水源主要表现在对降水的截留、吸收和下渗。枯枝落叶有吸纳水分和延缓地表径流的作用，从而增加了雨水下渗。有植被的土壤，孔隙多，可储蓄更多的水分。（　　）

4. 园林植物只有保持水土、防风固沙两方面的作用。（　　）

5. 植物体量大小直接影响到景观构成的空间范围、结构关系、设计构思和布局。（　　）

项目2 植物景观设计图纸表现

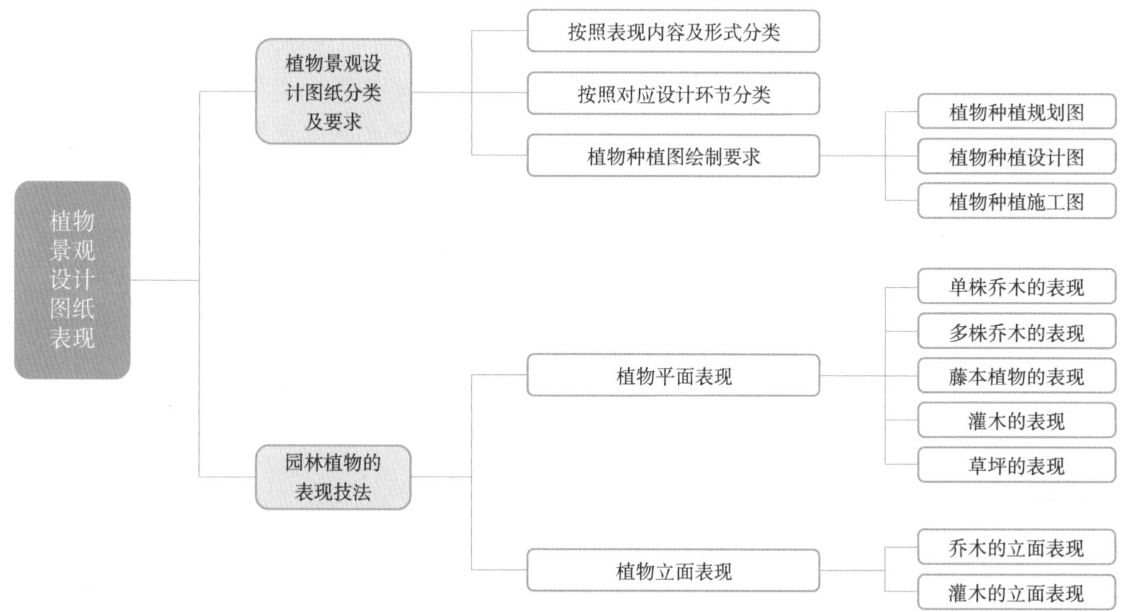

任务 2.1 植物景观设计图纸分类及要求

任务要求

通过某庭院种植平面图绘制任务的实施，学习植物景观设计图纸分类及植物景观设计图绘制的要求。

学习目标

➢ 知识目标

（1）掌握植物景观设计图纸分类。

（2）掌握平面图、立面图、剖面图、断面图、透视效果图的概念。

（3）掌握园林植物设计平面图、立面图、剖面图和效果图的表现方法及绘制要求。

➢ 技能目标

（1）能够熟练运用相关知识识别各类图纸。
（2）能够熟练进行植物景观设计相关图纸的绘制。

➢ 素养目标

（1）培养严谨的治学态度及精益求精的工匠精神。
（2）树立严格的法律规范意识。

任务导入

某庭院种植平面图绘制

根据园林植物平面设计图的绘制要求以及植物景观手绘表现技法，绘制某庭院种植平面图。

● 任务分析

在了解植物设计图分类的基础上，明确植物种植平面图要表现的内容、绘制要求以及绘制的步骤和方法，完成图纸的绘制。

● 任务要求

（1）准确表现各要素和植物景观的配置方式及其特点。
（2）制图规范，图纸完整，构图合理，清洁美观。

● 材料和工具

图板、绘图图纸、针管笔、绘图仪器等。

知识准备

微课：设计表达

2.1.1 按照表现内容及形式分类

按照表现内容及形式，植物景观设计图纸的分类见表 2-1-1。

表 2-1-1 按照表现内容及形式植物设计图的分类

图纸类型	对应的投影	主要内容
平面图（图 2-1-1）	平面投影	表现植物的种植位置、规格等
立面图（图 2-1-2）	正立面投影或侧立面投影	表现植物之间的水平距离和垂直高度
剖面图、断面图（图 2-1-3）	用一假想的垂直剖切平面对整个植物景观或某一局部进行剖切，并将观察者和这一平面之间的部分去掉，如果绘制剖切断面及剩余部分的投影，则称为剖面图；如果仅绘制剖切断面的投影，则称为断面图	表现植物景观的相对位置、垂直高度，以及植物与地形等其他构景要素的组合情况
透视效果图（图 2-1-4、图 2-1-5）	一点透视、两点透视、三点透视	表现植物景观的立体观赏效果，分为总体鸟瞰图和局部透视效果图

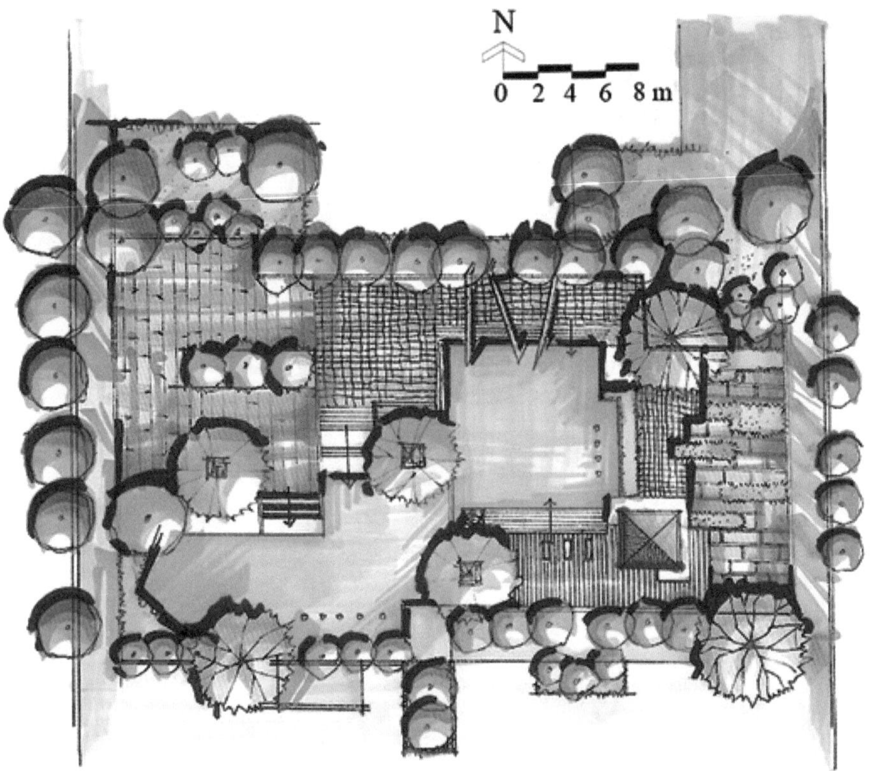

图 2-1-1　某庭院种植平面图

图 2-1-2　植物种植立面图

剖面图

图 2-1-3　植物种植剖面图和断面图

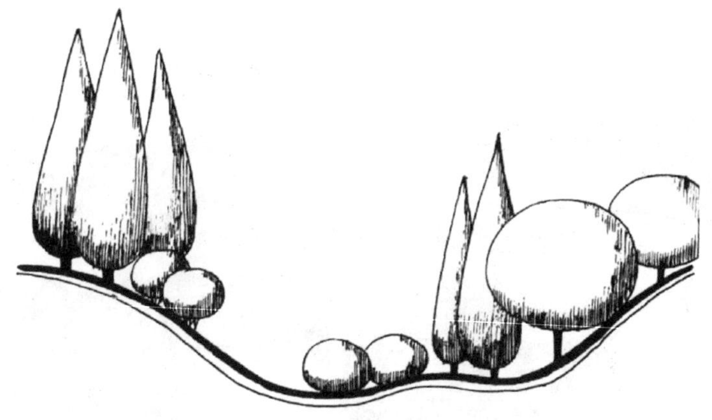

断面图

图 2-1-3　植物种植剖面图和断面图（续）

图 2-1-4　局部透视效果图

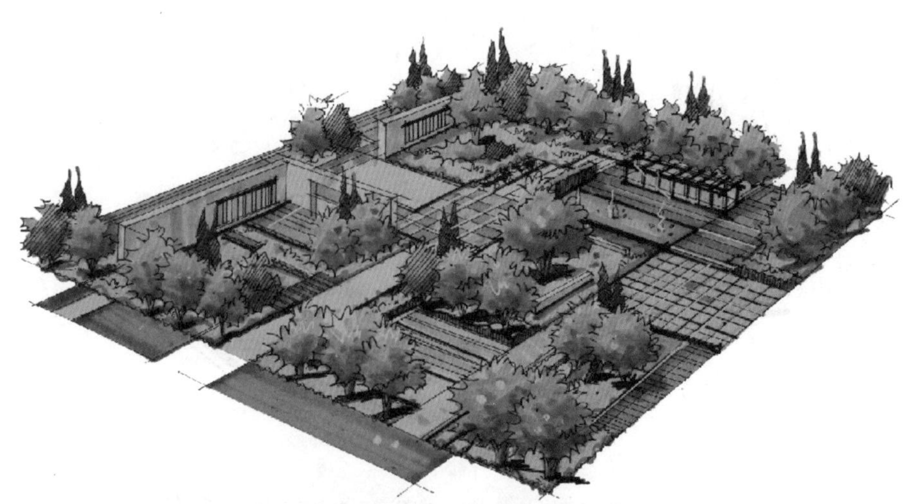

图 2-1-5　总体鸟瞰图

2.1.2 按照对应设计环节分类

按照对应设计环节，植物景观设计图纸的分类见表 2-1-2。

表 2-1-2 按照设计环节植物景观设计图的分类

图纸类型	对应阶段	主要内容
植物种植规划图	总体规划或概念设计阶段	绘制植物组团种植范围，并区分植物的类型（常绿、阔叶、花卉、草坪、地被等）
植物种植设计图	详细设计阶段	详细确定植物种类、种植形式等，除植物种植平面图之外，还要绘制植物群落剖面图、断面图或效果图
植物种植施工图	施工图设计阶段	标注植物种植点坐标、标高，确定植物的种类、规格、栽植或养护的要求等

2.1.3 植物种植图绘制要求

2.1.3.1 植物种植规划图

植物种植规划图（图 2-1-6）的目的在于标示植物功能分区或植物组团布局情况。因此，植物种植规划图仅绘制出植物组团的轮廓线，并利用图例或符号区分常绿针叶植物，阔叶植物，花卉、草坪、地被等植物类型，一般无须标注每一株植物的规格和具体种植点的位置。在植物种植规划图绘制时应包含以下内容：

（1）图名、指北针、比例、比例尺。

（2）图例表：包括序号、图例、图例名称。

（3）设计说明：植物配置的依据、方法、形式等。

（4）植物种植规划平面图：绘制植物组团的平面投影。

（5）植物群落效果图、剖面图或断面图等。

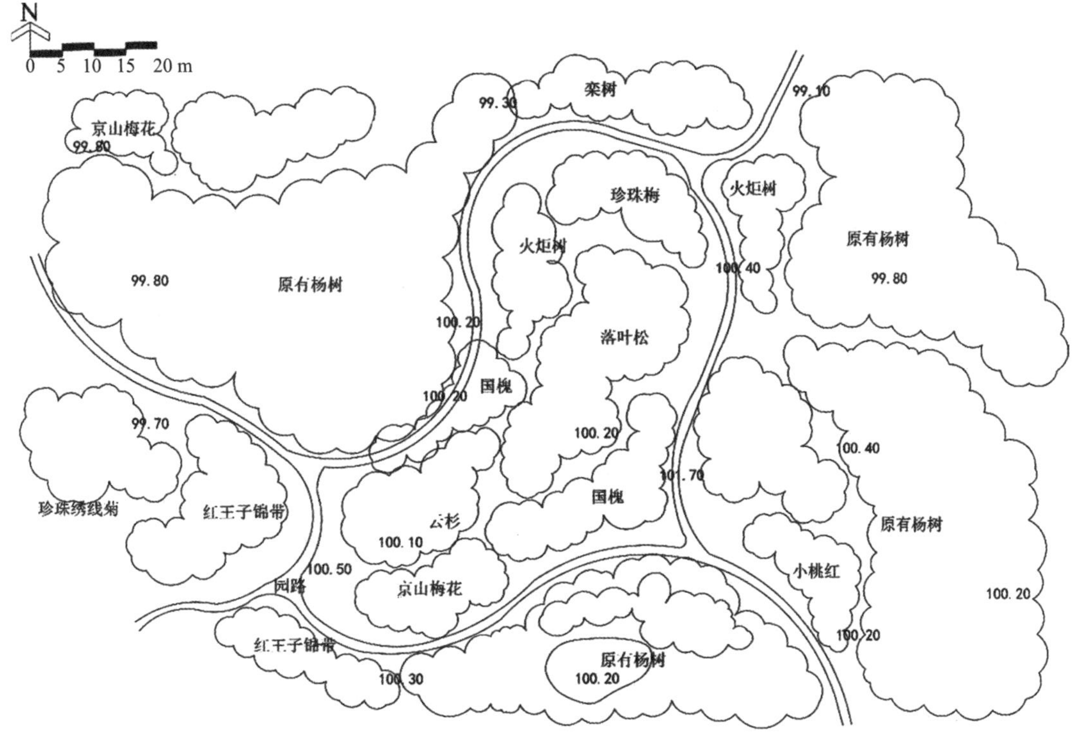

图 2-1-6 植物种植规划图

2.1.3.2 植物种植设计图

植物种植设计图（图 2-1-7）需要利用图例区分各种不同的植物，并绘制出植物种植点的位置、植物规格等。植物种植设计图绘制应包含以下内容：

（1）图名、指北针、比例、比例尺、图例表。

（2）设计说明：包含植物配置的依据、方法、形式等。

（3）植物表：包括序号、中文学名、拉丁学名、图例、规格（冠幅、胸径、高度）、单位、数量（或种植面积）、种植密度、其他（如观赏特性、树形要求等）、备注。

（4）植物种植设计平面图：利用图例表示植物的种类、规格、种植点的位置以及与其他构景要素的关系。

（5）植物群落剖面图或断面图。

（6）植物群落效果图：表现植物的形态特征以及植物群落的景观效果。

在绘制植物种植设计图时，要注意在图中标注植物种植点的位置，植物图例的大小应该按照比例绘制，图例数量与实际栽植植物的数量要一致。

2.1.3.3 植物种植施工图

植物种植施工图（图 2-1-8）是园林绿化施工、工程预（决）算编制、工程施工监理和验收的依据，并且对于施工组织、管理以及后期的养护都起着重要的指导作用。植物种植施工图绘制应包含以下内容：

（1）图名、比例、比例尺、指北针。

（2）植物表：包括序号、中文学名、拉丁学名、图例、规格（冠幅、胸径、高度、枝条数量等）、单位、数量（或种植面积）、种植密度、景观观赏要求（如丛生、风致形等）、植物栽植及养护管理的具体要求、备注。

（3）施工说明：对于选苗、定点防线、栽植和养护管理等方面的要求进行详细说明。

（4）植物种植施工平面图：标示植物种植点、位置、种类、规格等，并应区分原有植物和设计植物（原有植物一般使用对应植物图例填充上细斜线）。植物种植施工图利用尺寸标注或施工放线网格确定植物种植点的位置。规则式栽植需要标注出株间距、行间距以及端点植物的坐标或与参照物之间的距离；自然式栽植往往借助坐标网格定位；对于孤植植物或重要的造景植物应利用坐标或尺寸标注，准确确定其位置。

（5）植物种植施工详图：根据需要，将总平面图划分为若干区段，使用放大的比例尺分别绘制每一区段的种植平面图，绘制要求同施工总平面图。为了读图方便，应该同时提供一张索引图，说明总图到详图的划分情况。

（6）文字标注：利用引线标注每一组植物的种类、组合方式、规格、数量（或面积）。

（7）植物种植剖面图或断面图。

另外，对于种植层次较为复杂的区域应该绘制分层种植施工图，需要分别绘制上层乔木的种植施工图和中下层灌木、地被等的种植施工图。

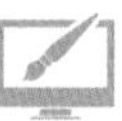

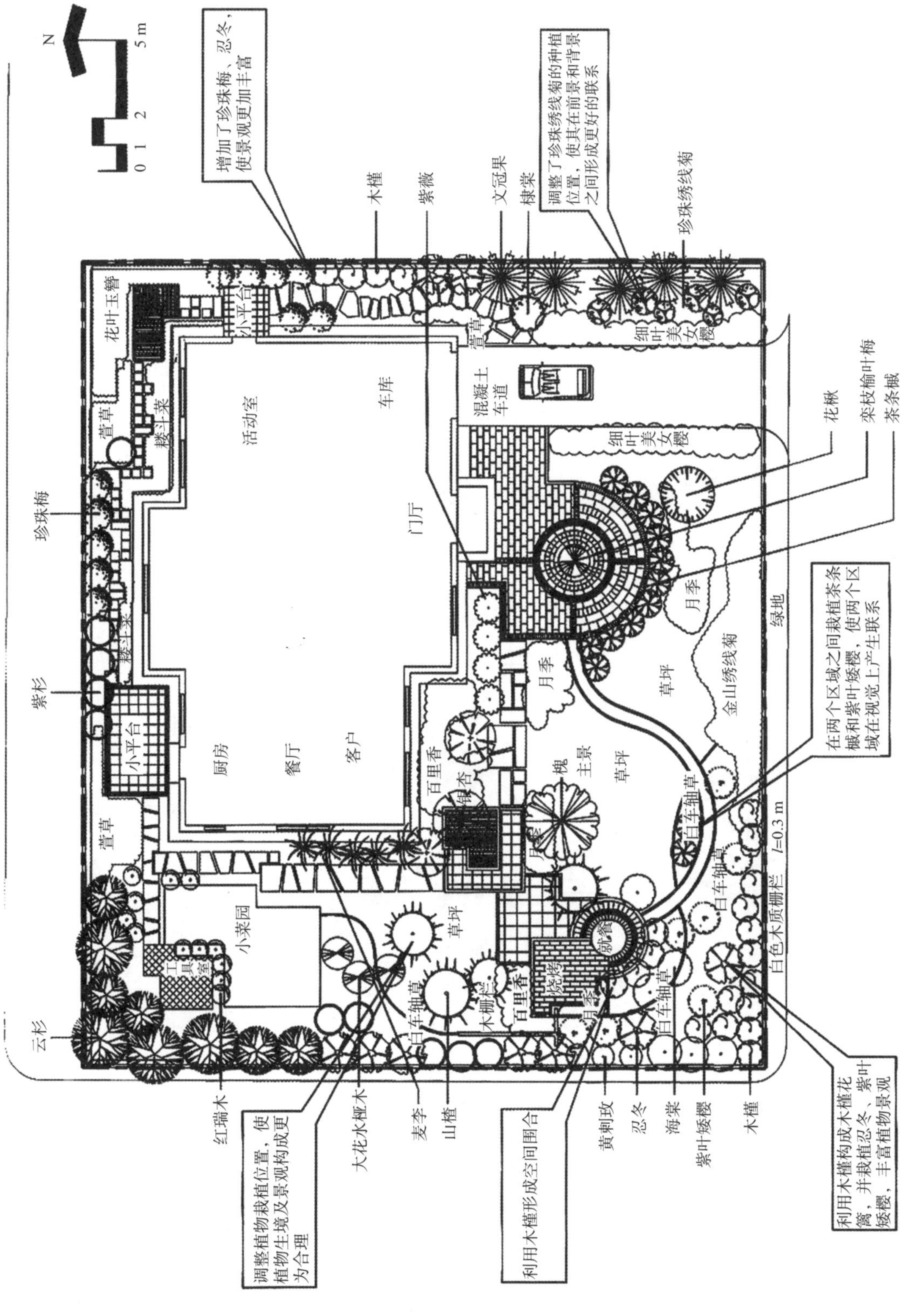
N
0 1 2 5 m
增加了珍珠梅、忍冬，使景观更加丰富
木槿
紫薇
文冠果
棣棠
调整了珍珠绣线菊的种植位置，使其在前景和背景之间形成更好的联系
珍珠绣线菊
花楸
栾枝榆叶梅
茶条槭
在两个区域之间栽植茶条槭和紫叶矮樱，使两个区域在视觉上产生联系
利用木槿构成木槿花篱，并栽植忍冬、紫叶矮樱，丰富植物景观
木槿
紫叶矮樱
海棠
忍冬
黄刺玫
利用木槿形成空间围合
山楂
麦李
大花水桠木
调整植物栽植位置，使植物生境及景观构成更为合理
红瑞木
云杉
紫杉
珍珠梅
花叶玉簪
萱草
耧斗菜
小平台
活动室
车库
门厅
混凝土车道
细叶美女樱
厨房
餐厅
客户
小菜园
工具室
草坪
百里香
银杏
槐
主景
月季
绿地
金山绣线菊
白车轴草
白色木质栅栏
l=0.3 m
就餐
烧烤
木栅栏

图 2-1-7　植物种植设计平面图

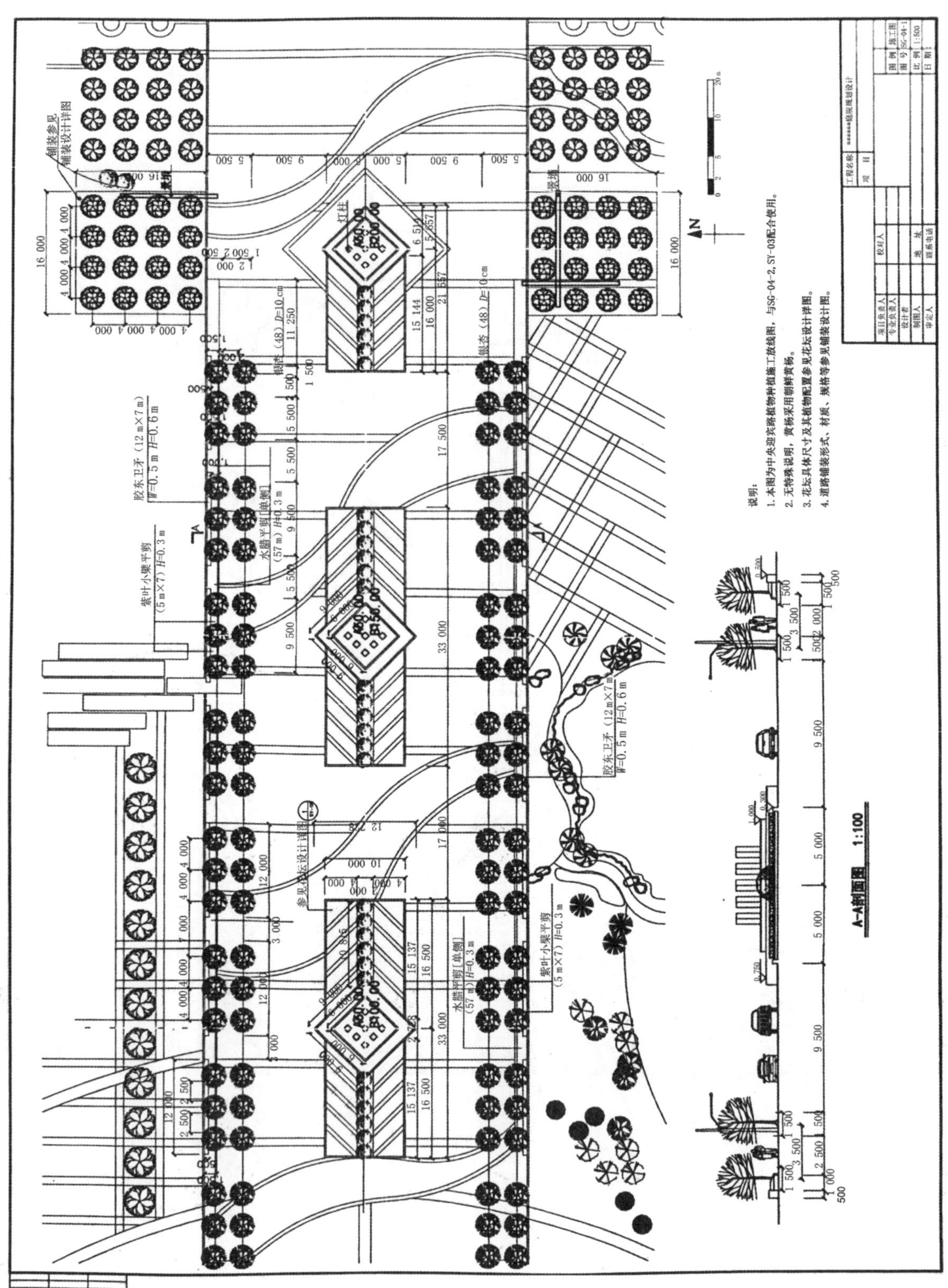

图 2-1-8 植物种植施工图（引自金煜）

任务实施

园林植物种植平面图绘制具体步骤如下：

（1）选择合适的比例，确定图幅。首先确定图幅和比例尺。园林种植平面图图幅不宜过小，比例尺一般不小于 1∶500，否则无法表现植物种类及其特点。

（2）分区域、定轮廓。首先画出区域图形，绘制道路、绿化及建筑的区域及形状（用细线绘制）。

（3）平面细化。将步石路、廊架、亭子等构筑物的平面进行细化，并用粗实线勾勒各个物体的大致投影。绘制水体驳岸和植物，区分草坪与乔灌木的范围。因为草坪的边界形状决定了草坪的大小，也是围合草坪植物空间关系的基础（图 2-1-9）。

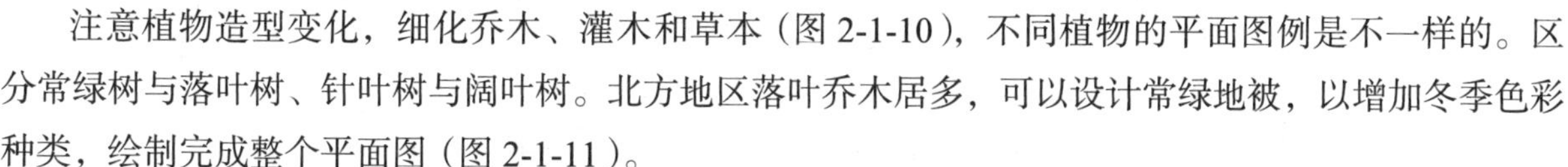

注意植物造型变化，细化乔木、灌木和草本（图 2-1-10），不同植物的平面图例是不一样的。区分常绿树与落叶树、针叶树与阔叶树。北方地区落叶乔木居多，可以设计常绿地被，以增加冬季色彩种类，绘制完成整个平面图（图 2-1-11）。

（4）加投影、上颜色。给平面图中的物体加上投影，注意投影的方向要一致，另外用细线绘制水面波纹，用打点法绘制草地等。给植物、景石、水面等上色，由浅到深进行，要注意色彩搭配和变化。不要机械地认为树木都是绿色的，树叶的色彩在不同的季节都有不同的变化，可以主观地选择某个季节的色彩进行绘制，这样绘制出来的画面色彩更丰富。

（5）绘制苗木统计表。在图中适当位置列表说明图中所用植物的编号、中文名、拉丁学名、单位、数量、规格及备注等。

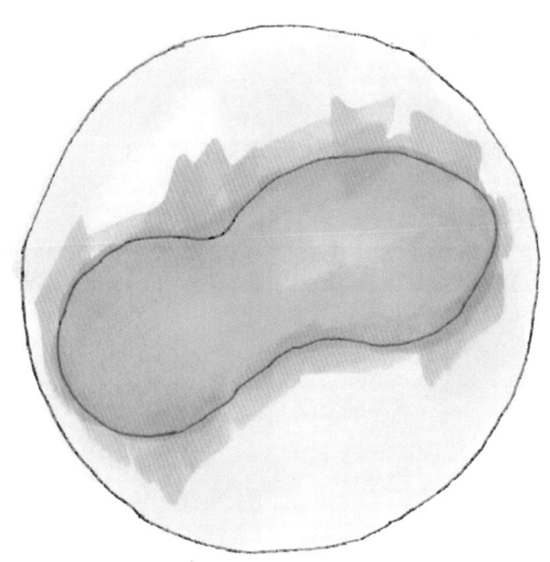

图 2-1-9　区分草坪与树

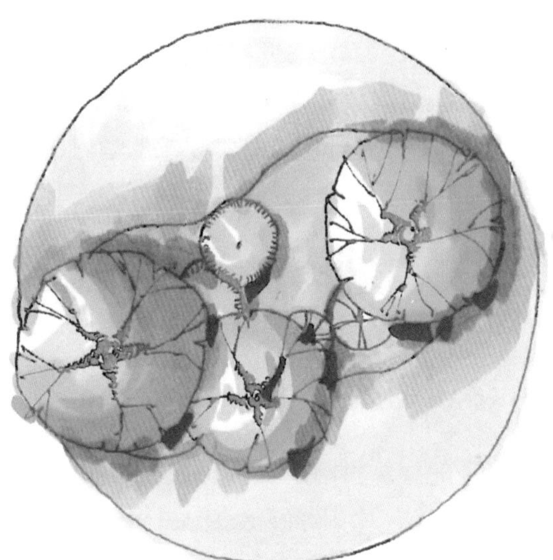

图 2-1-10　区分乔、灌木和草本

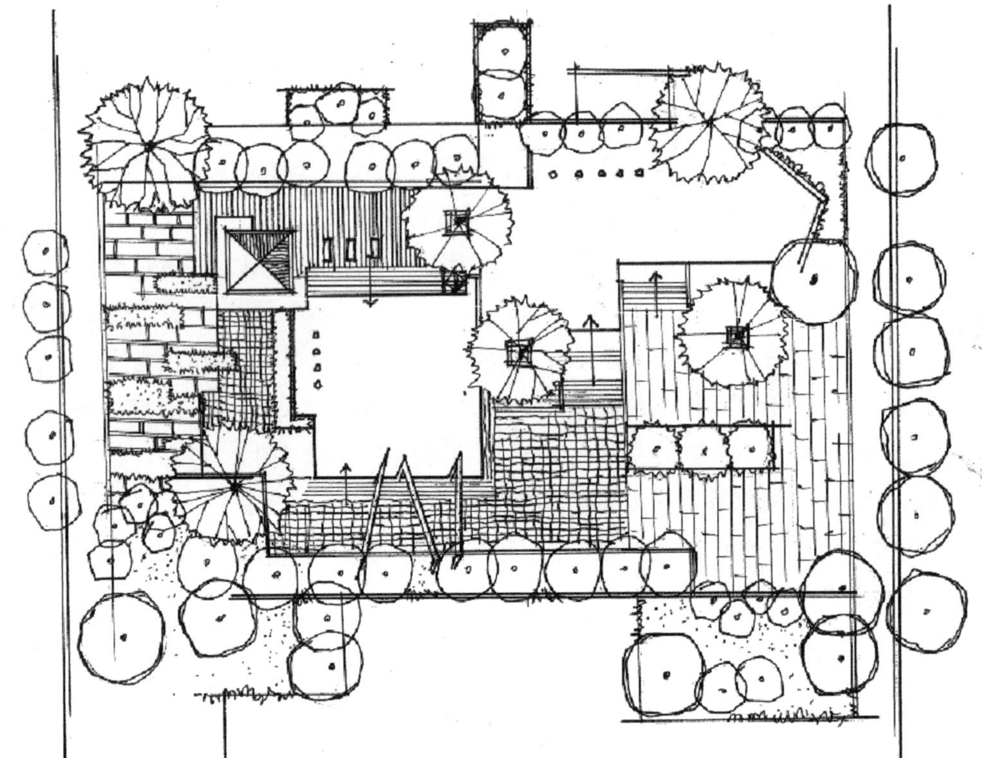

图 2-1-11　某庭院种植平面图初稿

巩固训练

根据立面图的制图规范与图纸要求，手绘临摹完成图 2-1-2 所示植物种植立面图。

评价与总结

通过植物景观设计图纸分类要求的学习，完成任务并进行评价，具体内容见表 2-1-3。

表 2-1-3　植物景观设计图评价表

评价类型	考核点	自评	互评	师评
过程性评价（60%）	图纸各要素表达（20%）			
	绘图能力（20%）			
	工作态度（10%）			
	到课率（10%）			
成果性评价（40%）	图纸的表现效果（10%）			
	图纸的规范性（10%）			
	图纸的完整性（10%）			
	构图合理，清洁美观（10%）			
任务总结				

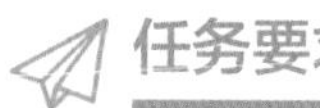

任务 2.2　园林植物的表现技法

任务要求

通过某庭院鸟瞰图表现任务的实施，学习园林植物平面和立面的表现技法。

学习目标

➢ 知识目标

（1）掌握园林植物平面和立面图例的表现技法。

（2）熟练掌握各类植物的绘制要点。

➢ 技能目标

（1）能够准确识别各类植物。

（2）准确表现各要素和植物景观的配置方式及其特点。

➢ 素养目标

（1）提高对生命不同个性的感知力和欣赏力。

（2）培养严谨的治学态度及工匠精神。

（3）树立严格的法律规范意识。

任务导入

某庭院鸟瞰图的表现

根据透视效果图的绘制要求，结合植物立面表现技法，绘制完成图 2-1-1 某庭院种植平面图所对应的鸟瞰图。

● **任务分析**

在了解植物设计图分类的基础上，根据园林透视图的表现技法、表现内容、绘制要求以及绘制步骤和方法，完成图纸的绘制。

● **任务要求**

（1）图纸绘制符合透视规律。

（2）准确表现图中各景观要素的前后关系。

（3）制图规范，图纸完整，构图合理，清洁美观。

● **材料和工具**

图板、绘图图纸、针管笔、绘图仪器等。

知识准备

2.2.1　植物平面表现

2.2.1.1　单株乔木的表现

单株乔木的平面图就是树木树冠和树干的平面投影（顶视图），最简单的方法就是

以种植点为圆心，以树木冠幅为直径作圆，并通过数字、符号区分不同的植物，即乔木的平面图例。在绘制的时候为了方便识别和记忆，树木的平面图例最好与其形态特征相一致。

1. 针叶树

针叶树在植物学上被称为裸子植物，绝大多数针叶树是常绿的，它们的叶子一般为针叶或鳞叶，如雪松、桧柏、柳杉、罗汉松、金钱松、水杉等。植物图例应突出针叶树的叶片特点，通常在边缘用长、短针状线条表示（图 2-2-1）。

2. 阔叶树

阔叶树一般指双子叶植物类的树木，一般树冠宽阔，枝叶茂密，树干明显、散生，叶面宽阔、扁平，叶脉成网状，叶常绿或落叶。北方常见的阔叶树有国槐、银杏、白蜡、黄栌、榉树、栾树、七叶树等。尤其用规格比较大的苗木时，图例通常表现的要详细一些，特别是主干和侧枝是刻画的重点（图 2-2-2）。

图 2-2-1　针叶植物图例　　图 2-2-2　阔叶植物图例

3. 棕榈类植物

棕榈类植物是棕榈科棕榈属的灌木、藤本或乔木。棕榈类乔木高 3 ～ 10 m 或更高，树干圆柱形，通常不分枝，叶大且集中在树干顶部。常见的植物包括椰子、散尾葵、蒲葵、棕竹、袖珍椰子。绘制棕榈类植物图例时通常用叶片形状来表示，注意叶片的排列和组合（图 2-2-3）。

图 2-2-3　棕榈植物图例

2.2.1.2　多株乔木的表现

多株树木所组成的群落景象，一般是指小范围内的树木，如树阵、树丛、树群。

1. 树阵

树阵排列较为规则，应选用树干挺拔，树形端正，冠形整齐，生理抗性强，生长稳定，寿命长的品种。树阵下通常硬化成广场，树种应是深根性，无刺，花、果、叶无毒，落叶、落花和落果不污染路面的品种。选作树阵的园林植物通常有银杏、水杉、马褂木、国槐、峦树、白蜡等（图 2-2-4）。

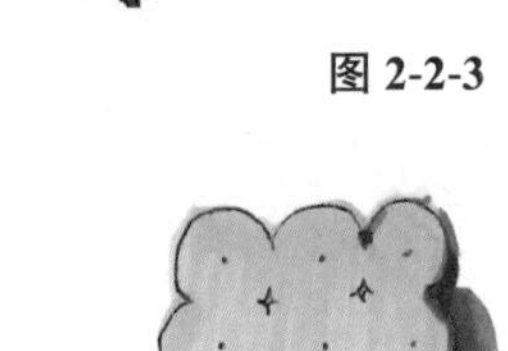
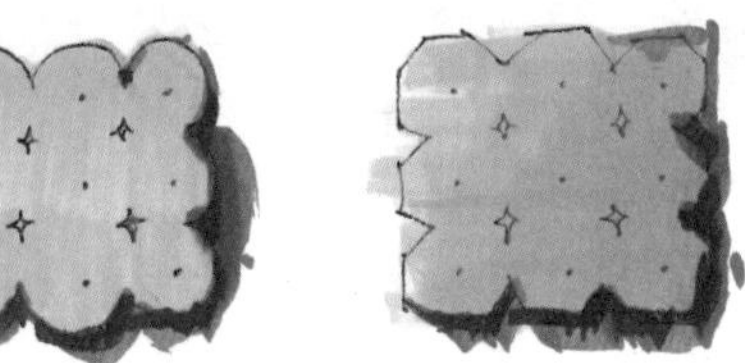

图 2-2-4　树阵图例

2. 树丛、树群

树丛、树群排列较为自然，植物选择更广泛。树丛（图 2-2-5）是两株至十几株同种或异种的树

种紧密但不等距离种植在一起，树冠线彼此密接形成一个整体外轮廓线的种植方式，更能够显现植物的个体美。绘图时要注意植物的位置、大小、种类之间的搭配。树群（图 2-2-6）是二三十株以上至数百株的乔木成群成片种植，由单一树种或多个树种组成，体现植物的群体美。因数量较多，绘图时注意植物的联系、过渡、主从等搭配关系。

图 2-2-5　树丛图例

图 2-2-6　树群图例

2.2.1.3　藤本植物的表现

藤本植物自身不能直立生长，必须依附他物向上攀缘。它的形状由依附的棚架、花格、篱垣、栏杆、凉廊、墙面决定。北方常用的藤本植物有紫藤、凌霄、金银花、蔷薇等。绘制时注意随形而弯，依势而曲，与周围环境在形体、色彩、风格上相协调（图 2-2-7）。

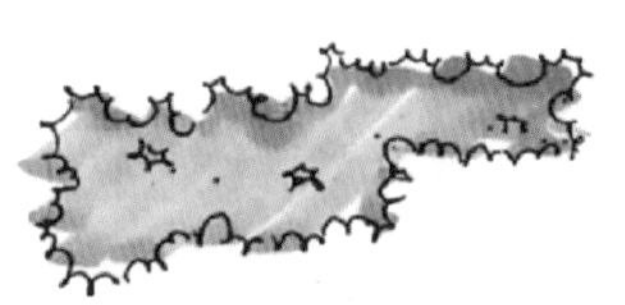

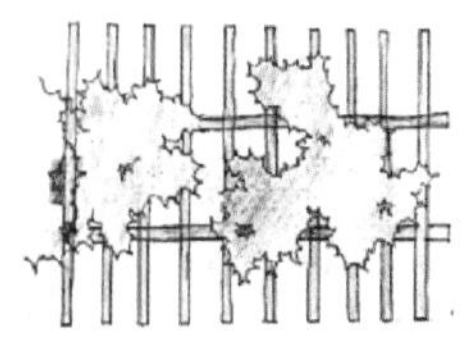

图 2-2-7　藤本植物图例

2.2.1.4　灌木的表现

平面图中，单株灌木的表现方法与乔木相同，如果成丛栽植可以描绘植物组团的轮廓线，如图 2-2-8 所示。自然式栽植的灌丛，轮廓线不规则。

修剪的灌丛或绿篱形状规则或不规则但圆滑，在表现时根据设计图纸的比例，平面图例可繁可简。对于小比例的平面图，主要是勾勒树冠轮廓，或加图案进行美化；对于大比例的平面图，通过枝干和叶片综合表现（图 2-2-9）。

视频：灌木的表达

图 2-2-8　灌丛平面表现

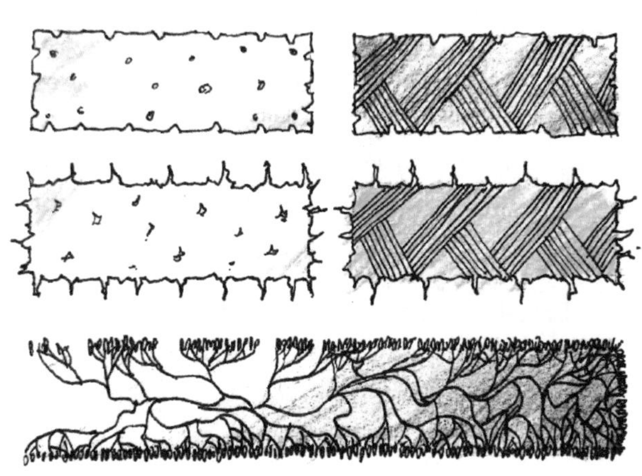

图 2-2-9　绿篱平面表现

2.2.1.5 草坪的表现

常用的草坪绘制方法主要有打点法、小短线法和线段排列法。在平面图中草坪的面积较大，为了更好地突出方案，常用打点法来表现，如图 2-2-10 所示。

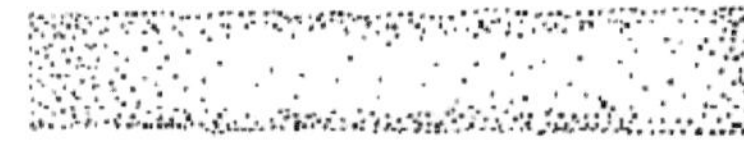

打点法　　小短线法　　线段排列法

图 2-2-10　草坪的表现方法

2.2.2 植物立面表现

2.2.2.1 乔木的立面表现

乔木的立面就是乔木的正立面或侧立面投影。一般按照由整体到细部、由枝干到叶片的顺序加以描画。

1. 外观形态的表现

尽管树木种类繁多，形态多样，但都可以简化成球形、圆柱形、圆锥形等基本几何形体。在绘制时首先将乔木大体轮廓勾勒出来，可以抽象成几个圈（树冠、树叶）和几条线（树干、树杈），再进行进一步的绘制（图 2-2-11）。树冠的外轮廓线绘制通常有云朵线、“M”线、“W”线、“几”字线、小叶线、小短线等表现方法。

（1）云朵线。用天空中成片状或块状的云团、云片的外轮廓线型绘制植物。云朵线性比较圆润，连续性强，一般用来绘制小乔木或修剪成球体的灌木，如悬铃木、青桐、广玉兰、黄栌、红叶石楠、大叶黄杨等（图 2-2-12）。

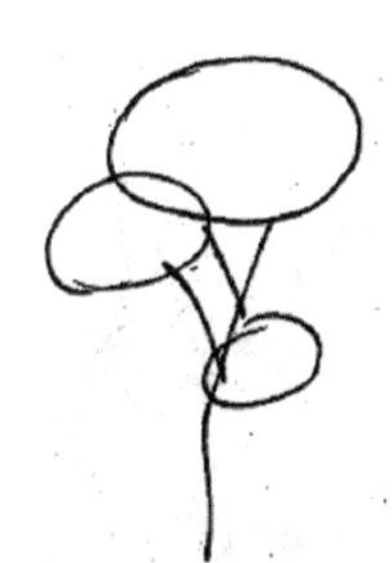

图 2-2-11　植物立面

图 2-2-12　云朵线

（2）“M”线。植物的外轮廓线可以模仿英文字母“M”的形状。这种绘制方法比云朵线范围小且较饱满，可用来表现叶型扁圆、叶量中等的落叶植物，如构树、马褂木、紫荆等（图 2-2-13）。

（3）“W”线。模仿英文字母“W”的形状表现植物的外轮廓，线性较尖锐，用来绘制叶形细长或针状的植物，如桃树、油松、白皮松等（图 2-2-14）。

（4）“几”字线。模仿中文“几”字形状表现植物的外轮廓。这种绘制方法，线性适中，可以绘制丰富的转折，描绘丰富的外轮廓线。可表现的植物有女贞、国槐、银杏、樟树、朴树、紫薇、火炬、乌桕等（图 2-2-15）。

（5）小叶线。用抽象的叶片形状叠加绘制植物外轮廓线。小叶线可以绘制较为精细的轮廓变化，体现整齐密集而紧凑的冠型，同时可以表现明暗、转折的关系，体现别样的绘图风格（图 2-2-16）。

图 2-2-13　“M”线　　　图 2-2-14　“W”线

图 2-2-15　“几”字线

图 2-2-16　小叶线

（6）小短线。用小且短的线条排列组合绘制植物，类似小叶线的绘制方法，同时可以表现明暗、转折的关系，展现不同的绘图风格（图 2-2-17）。

（7）根据植物树形和叶形特点进行绘制。有些植物的树形和叶形比较特殊，通常根据其特点进行绘制。例如棕榈类植物是棕榈科棕榈属的灌木、藤本或乔木，高的达 10 m，矮的 2 ～ 3 m，树叶细窄、尖锐，在手绘效果图中通常起到调节画面的作用。根据植物的树形、叶形特点进行绘制（图 2-2-18）。

图 2-2-17　小短线

图 2-2-18　棕榈类植物立面表现

2. 树干的表现

树木的枝干都可以近似为圆柱体，在绘制的时候可以借助圆柱体的透视效果简化作图。为了保证效果逼真，还应该注意树木枝干的生长状态和纹理。不同树种要注意特征的概括，如法国梧桐有粗壮而稀疏的枝干，疏松的树形；红枫枝干密度大，有许多微小脆弱的小枝（图 2-2-19）。

2.2.2.2 灌木的立面表现

为了体现主次、搭配等关系，灌木的绘制通常较为简单，只需要概括它的外轮廓、自由形状或修剪形状。灌木一般没有明显主干，分枝较多，绘制时需要体现它的生长特点（图 2-2-20）。

图 2-2-19 树干、树杈　　**图 2-2-20 灌木**

任务实施

鸟瞰图具体绘制步骤如下：

视频：鸟瞰图的表现

（1）找绘图角度、定透视。首先选择合适的透视种类，在绘制园林景观效果图时通常采用两点透视（可选择透视网格法绘制透视网格），其次选择理想的视高，绘制出整个地块的轮廓，注意近大远小的关系。

（2）定出各个地块的位置和轮廓。绘制前，要理清平面图结构和空间关系，具体为路网的分级、主要节点的位置、区域的功能性质等。视点越高，透视变形越微弱，场地越接近平面图。同时要注意灭点位置，灭点一般不在纸面上。根据平面图的网格定位，用铅笔先定位出场地红线、主要道路、建筑构筑、场地节点的位置关系（图 2-2-21）。

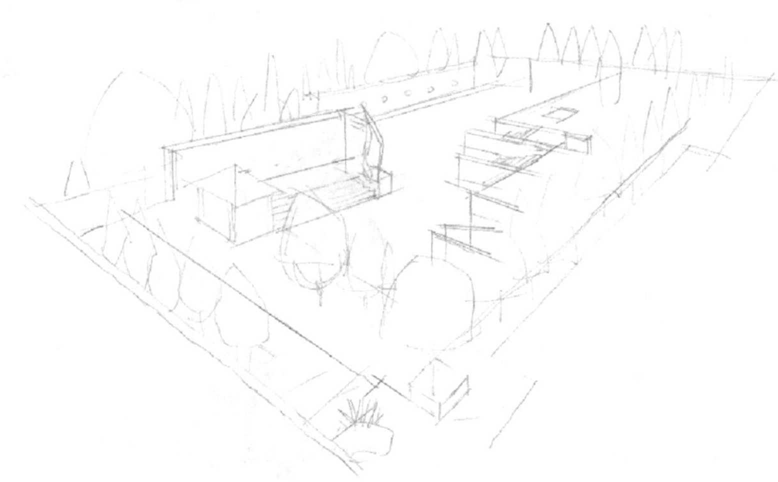

图 2-2-21 方案透视图轮廓

（3）确定各要素的高度，区分各植物类型。根据树木和建筑等物体的高度，确定透视图中各物体的透视高度。可以先用铅笔打草稿，但无需过于细致，区分孤植、散植、列植等种植形式以及植物类型（图 2-2-22）。

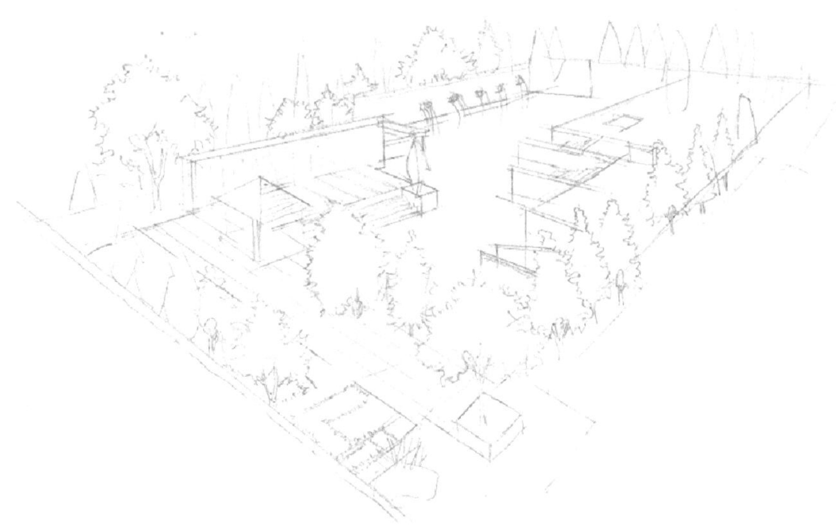

图 2-2-22　方案透视图（区分植物类型）

（4）各要素细化。添加景柱、雕塑、小品构筑、铺装、道路双线、建筑屋顶女儿墙和台阶扶手等细部丰富画面。图中的重要场地和元素应当着重绘制，表现出细致的图面；而其他较为次要或边缘的场地和元素则用简洁的方式绘制，烘托重点，节约时间。画出主要铺装样式，主要铺装线条也需要遵守两点透视规则（图 2-2-23）。

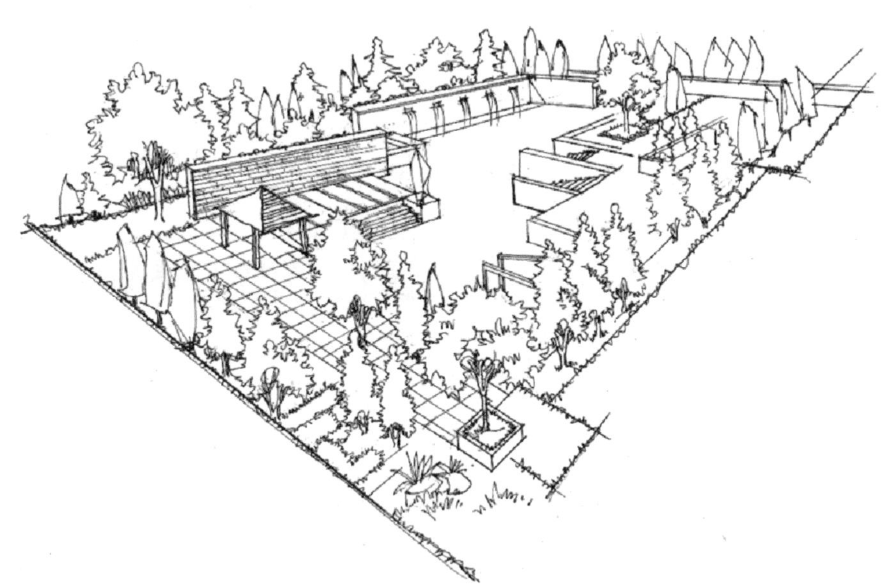

图 2-2-23　方案透视图细化

（5）添加阴影。投影是让鸟瞰图“立”起来的关键。首先注意阴影角度一致，绘制时按照元素形状绘制，并从投影上区分软硬质：植物的投影一般是圆形或椭圆形；建筑构筑物的投影则要求有棱有角（图 2-2-24）。

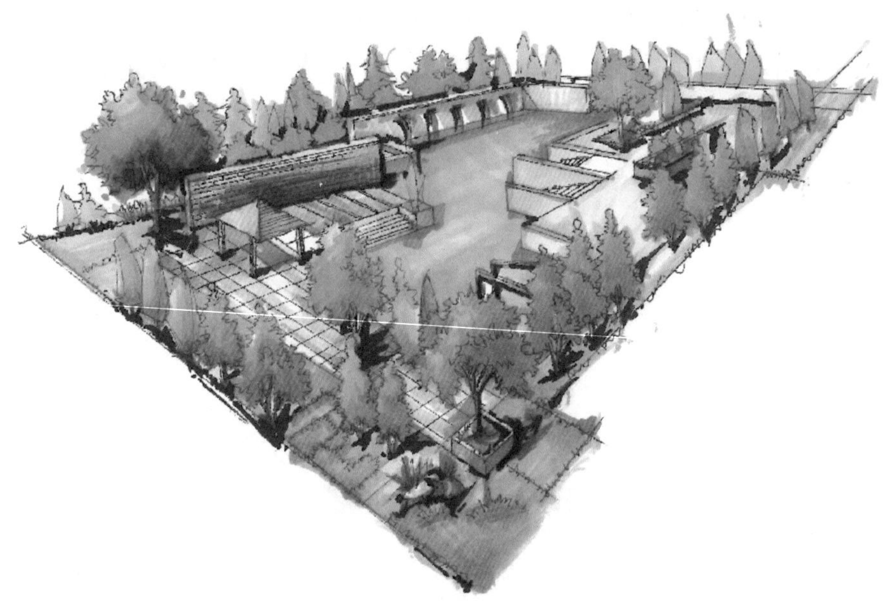

图 2-2-24　方案鸟瞰图

（6）检查画面。对比平面图检查图面，主要场地铺装是否与平面图对应；主要出入口形式是否一致；在主要场地上的树池、构筑、连廊是否有遗漏；空间关系是否清晰明确；图面层次是否清楚丰富；图面对比是否强烈等。

巩固训练

根据透视效果图的绘制要求，结合植物立面的表现技法，临摹绘制完成图 2-1-4 局部透视效果图。

评价与总结

根据学习内容和任务完成情况进行评价，具体见表 2-2-1。

表 2-2-1　植物景观设计图评价表

评价类型	考核点	自评	互评	师评
过程性评价（60%）	图纸各要素表达（20%）			
	绘图能力（20%）			
	工作态度（10%）			
	到课率（10%）			
成果性评价（40%）	图纸的表现效果（10%）			
	图纸的规范性（10%）			
	图纸的完整性（10%）			
	构图合理，清洁美观（10%）			
任务总结				

习题

一、填空题

1. 按照表现内容及形式植物设计图包括________、________、________、________、________等。

2. 按照设计环节植物景观设计图包括________、________、________。

3. 透视效果图表现植物景观的立体观赏效果，分为________和________。

4. 常用的草坪绘制方法主要有________、________和________。

5. ________是园林绿化施工、工程预（决）算编制、工程施工监理和验收的依据，并且对于施工组织、管理以及后期的养护都起着重要的指导作用。

二、判断题

1. 用一假想的垂直剖切平面对整个植物景观或某一局部进行剖切，并将观察者和这一平面之间的部分去掉，如果只绘制剖切断面及剩余部分的投影，则称为断面图。（　）

2. 用一假想的垂直剖切平面对整个植物景观或某一局部进行剖切，并将观察者和这一平面之间的部分去掉，如果仅绘制剖切断面的投影，则称为剖面图。（　）

3. 在绘制植物种植设计图的时候，一定要注意在图中标注植物种植点位置，植物图例的大小应该按照比例绘制，图例数量与实际栽植植物的数量要一致。（　）

4. 植物种植设计图需要利用图例区分各种不同植物，并绘制出植物种植点的位置、植物规格等。（　）

5. 植物种植规划图对应的是总体规划或者概念设计阶段。（　）

项目3 树木景观设计

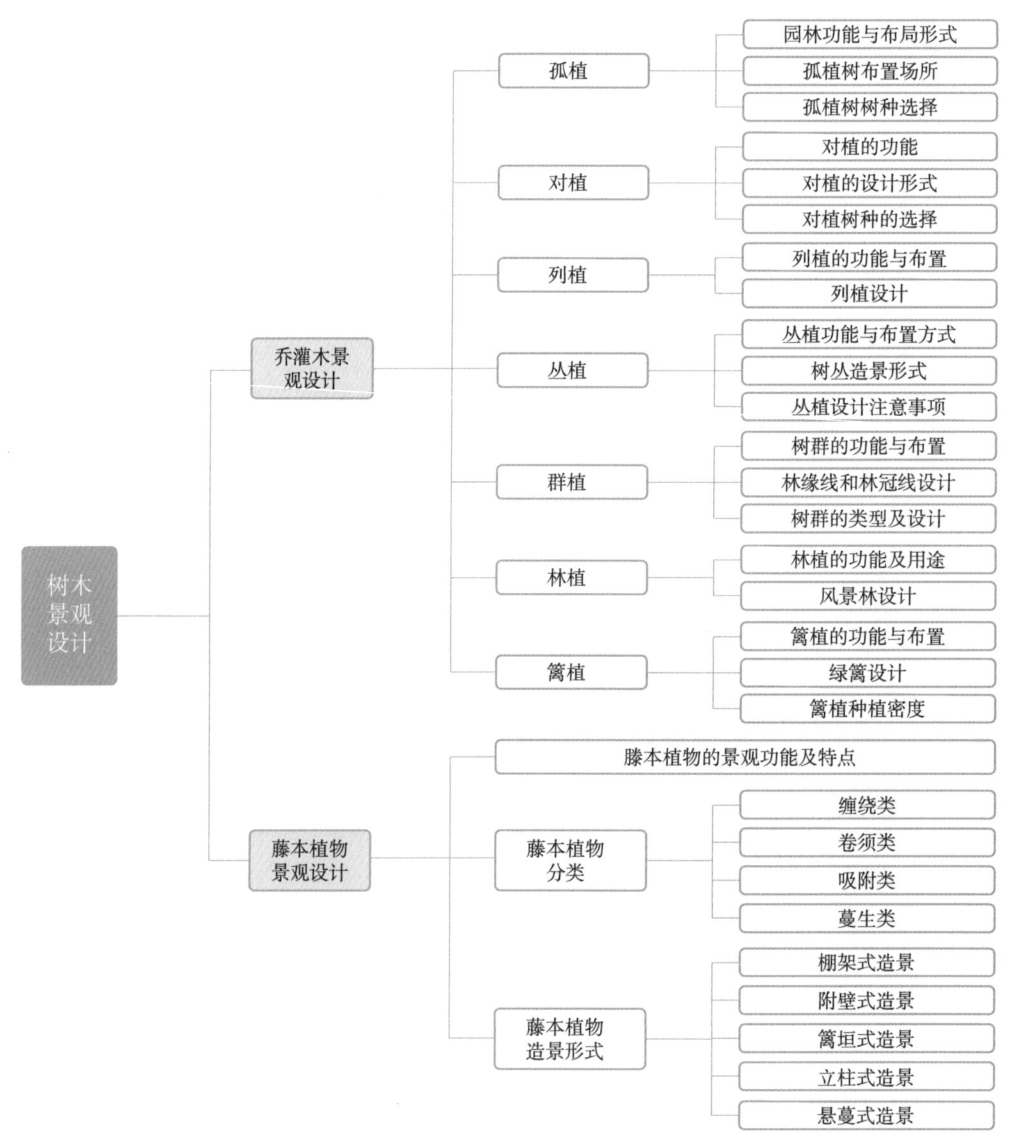

树木景观设计
乔灌木景观设计
孤植
园林功能与布局形式
孤植树布置场所
孤植树树种选择
对植
对植的功能
对植的设计形式
对植树种的选择
列植
列植的功能与布置
列植设计
丛植
丛植功能与布置方式
树丛造景形式
丛植设计注意事项
群植
树群的功能与布置
林缘线和林冠线设计
树群的类型及设计
林植
林植的功能及用途
风景林设计
篱植
篱植的功能与布置
绿篱设计
篱植种植密度
藤本植物景观设计
藤本植物的景观功能及特点
藤本植物分类
缠绕类
卷须类
吸附类
蔓生类
藤本植物造景形式
棚架式造景
附壁式造景
篱垣式造景
立柱式造景
悬蔓式造景

任务 3.1　乔灌木景观设计

任务要求

通过观赏树丛设计任务的实施，学习孤植、对植、列植、丛植、群植、林植、篱植等乔灌木景观设计方法。

学习目标

➢ 知识目标

（1）识记和理解孤植、对植、列植、丛植、群植、林植、篱植等词汇的含义。

（2）熟练掌握乔灌木的孤植、对植、列植、丛植、群植、篱植等设计要点。

➢ 技能目标

（1）能够熟练应用乔灌木设计要点进行具体项目的设计和绘图表达。

（2）能够应用乔灌木设计相关理论分析城市绿地乔灌木的配置方式。

➢ 素养目标

（1）强化植物设计能力和生态设计意识。

（2）培养严谨的治学态度及工匠精神。

（3）树立严格的法律规范意识。

（4）提高口语表达及方案汇报的能力。

任务导入

观赏树丛设计

图 3-1-1 为华东地区某居住区建筑角隅，该空间位于城市支路交叉口处，请根据场地的周围环境完成该空间观赏树丛的景观设计。

● 任务分析

观赏树丛设计是植物景观设计中的主要任务之一，也是植物景观设计师必备的一项职业技能。首先对场地周边环境进行分析，根据植物景观设计的原则和方法，选择合适的植物种类和植物配置形式进行树丛设计。

● 任务要求

（1）根据树丛设计原则和要求进行设计。

（2）正确采用丛植构图基本方法。

（3）树种选择正确，造景方法正确，配置符合规律。

（4）整体色彩搭配科学，体现季相变化。

（5）完成树丛设计图纸绘制，编制设计说明书。

● 材料和工具

测量仪器、绘图工具、绘图板、计算机等。

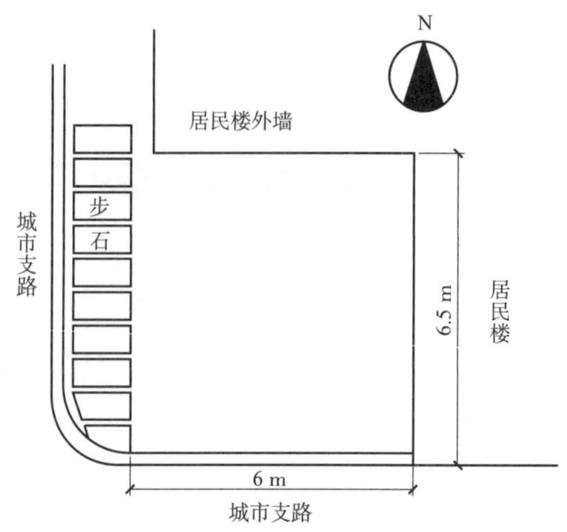

图 3-1-1　观赏树丛设计平面图

知识准备

3.1.1　孤植

孤植是在一个较为开旷的空间，远离其他景物种植一株乔木称为孤植，以显示树木的个体美，又称独赏树、园景树。

3.1.1.1　园林功能与布局形式

孤植树多作为园林绿地的主景树、遮荫树、目标树，主要表现单株树的形体美，或兼有色彩美，可以独立成为景物供观赏用。孤植树在园林风景构图中，也可作配景应用，如作山石、建筑的配景，此类孤植树的姿态、色彩要与所陪衬的主景既形成鲜明的对比又统一协调。孤植一般采取单独栽植的方式，也可以将两三株树木，紧密地种于一处，形成一个整体的单元，感觉宛如一株多杆丛生的大树。孤植树可作为观赏的主景，以及建筑物的背景和侧景。

3.1.1.2　孤植树布置场所

孤植树往往是园林构图的主景，规划时位置要突出。孤植树的种植点要求四周尽量开敞，适宜的观赏视距大于等于四倍的树木高度（图 3-1-2）。孤植树的背景最好有天空、水面、草地等自然景物作衬托，以突出孤植树在形体、姿态等方面的特色。通常孤植树可栽植在大草坪、广场的中心、道路交叉口或坡路转角处等。

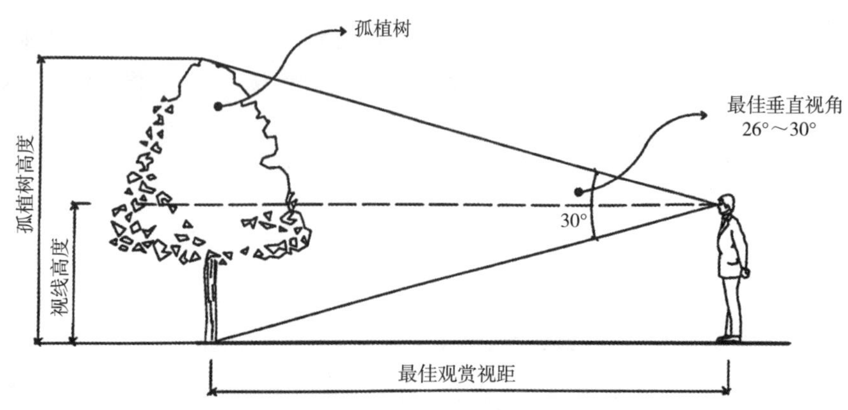

图 3-1-2　孤植树适宜观赏视距的确定

1. 开阔的大草坪或林中空地构图重心上

孤植树可栽植在开阔的大草坪或林中空地的构图重心上（图 3-1-3），在开阔的空间布置孤植树，亦可将两三株树紧密种植在一起，形成一个整体，以增强其雄伟感，满足风景构图的需要。

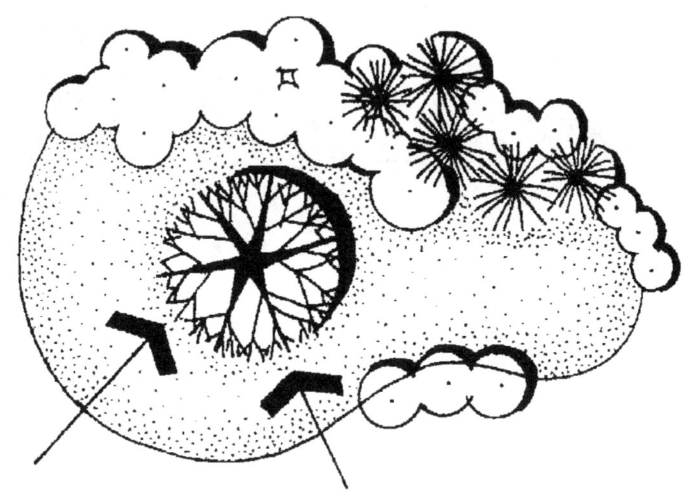

图 3-1-3　开敞草坪中的孤植树常作主景

2. 开阔水边或可以眺望远景的山顶、山坡上

孤植树以水和天为背景，形象清晰突出，同时孤植树倾斜的枝干也成为各种角度的框景。孤植树配置在山顶或山坡上，既有良好的观赏效果，又能起到改造地形、丰富天际线的作用。

3. 桥头、自然园路或河溪转弯处

孤植树可作为自然式园林的引导树，引导游人进入另一景观，特别是在深暗的密林背景下，配以色彩鲜艳的花木或红叶树格外醒目（图 3-1-4）。

图 3-1-4　自然园路转弯处的引导树

4. 建筑院落或广场中心

孤植树可布置在建筑、院落或广场的构图中心，成为视线的焦点，也可布置在小庭院的一角与山石相互成景（图 3-1-5）。

5. 整形花坛、树坛的中心

花坛、树坛中的孤植树要求丰满、完整和高大，具有宏伟的气势（图 3-1-6）。

图 3-1-5　小庭院与景石搭配的孤植树

图 3-1-6　小广场中心的孤植树

对孤植树的设计需要特别注意的是“孤树不孤”。不论种植在何处，孤植树都不是孤立存在的，它总是和周围的各种景物，如建筑、草坪、其他树木等配合，以形成一个统一的整体，因而要求其体量、姿态、色彩、方向等方面与其他景物既有对比，又有联系，在整体构图中达到统一。

3.1.1.3　孤植树树种选择

孤植树一般选择树体高大雄伟，树形优美，且寿命较长，通常具有美丽的花、果实、树皮或叶色的种类。在选择树种时，可以参照以下条件：

（1）植株体形高大优美，枝叶茂密，树冠开阔，如国槐、香樟、合欢、榕树、无患子、悬铃木、白蜡等。

（2）姿态优美，寿命长，如雪松、南洋杉、罗汉松、白皮松、金钱松、垂柳、龙爪槐等。

（3）开花繁茂，花色艳丽，芳香馥郁，如玉兰、栾树、桂花、丁香、紫薇、海棠、樱花、广玉兰等。

（4）硕果累累，如木瓜、柿、柑橘、柚子、枸骨等。

（5）彩叶树种，如乌桕、枫香、白蜡、三角枫、鸡爪槭、白桦、紫叶李、黄栌、银杏等。

孤植树木至少具备以上条件之一，同时为了尽快达到孤植树的景观效果，进行绿地植物景观设计时，最好选胸径 8 cm 以上的大树，也可以利用现状条件下的成年大树作为孤植树。孤植树除了要考虑造型美观外，还应该注意植物的生态习性，不同地区可选择的植物也有所不同。

3.1.2　对植

在中轴线两侧栽植相互呼应的园林植物，称为对植。对植可为两株树木或两个树丛、树群。

微课：对植

3.1.2.1　对植的功能

对植的目的是强调在体量、色彩、姿态等方面的一致性。通常种植在园林、建筑、广场的入口，给人一种庄严、整齐、对称和平衡的感觉，或形成配景、夹景，动势向轴线集中，起烘托主景的作用。

3.1.2.2　对植的设计形式

1. 对称对植

对称对植是将树种相同、大小相近的乔木、灌木造景于中轴线两侧，如建筑大门的两侧、大门中轴线等距离栽植两株（两丛）大小一致的植物，强调建筑，装饰建筑（图 3-1-7、图 3-1-8）。也可布置在公园及广场入口两侧以及道路两旁（图 3-1-9）。对称对植中，一般需采用树冠整齐的树种，种植的位置不能妨碍出入交通和其他活动，并且保证树木有足够的生长空间。乔木要距建筑墙面 5 m 以上，小乔木和灌木距墙面 2 m 以上。

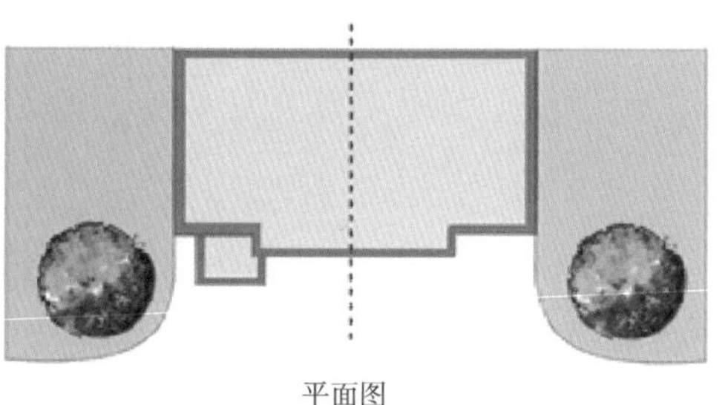

平面图

立面图

图 3-1-7　对称式对植平面图和立面图

图 3-1-8　建筑大门两侧对植石楠

图 3-1-9　大明湖入口处对植石楠

2. 非对称对植

非对称对植就是将树种相同或近似，大小、姿态、数量稍有差异的两株或两丛植物在主轴线两侧进行栽植（图 3-1-10），布置时比对称栽植灵活。一般而言，大植物与中轴线的距离应近些，小的应远些栽植，且两个栽植点的连线不得与中轴线垂直，形成较为自然的景观。非对称对植常用于自然式园林入口、桥头、道口、山体蹬道石阶两旁。

平面图　　立面图

图 3-1-10　非对称式对植平面与立面图

3.1.2.3　对植树种的选择

对植多选用树形整齐优美、生长缓慢的树种，以常绿树种为主，但很多花色优美的树种也适合对植；或选用可进行整形修剪的树种进行人工造型，以便从形体上取得规整对称的效果。同一景点树种相同或近似，可选用如雪松、水杉、玉兰、丁香、桂花、木槿等植物。

3.1.3 列植

列植是指将乔灌木按一定的株距成行成排的栽植，有单列、双列、多列等类型，是规则式的种植方式。

3.1.3.1 列植的功能与布置

列植在园林中可发挥联系、隔离、屏蔽等作用，形成夹景或障景，可用于规则式园林中的道路、广场、河边、建筑周围、公路、铁路、防护林带、农田林网等。在种植时行列式栽植可以顺应铺装地边缘进行栽植（图 3-1-11）。

列植应用最多的是道路两旁，道路一般都有中轴线，是最适宜采取列植的配置方式，通常为单行或双行，选用一种树木，也可两种或多种树种混用。行道树列植宜选用树冠形体比较整齐一致的种类，应注意节奏与韵律的变化，如杭州西湖苏堤中央大道两侧以无患子、重阳木和三角枫等分段配置。

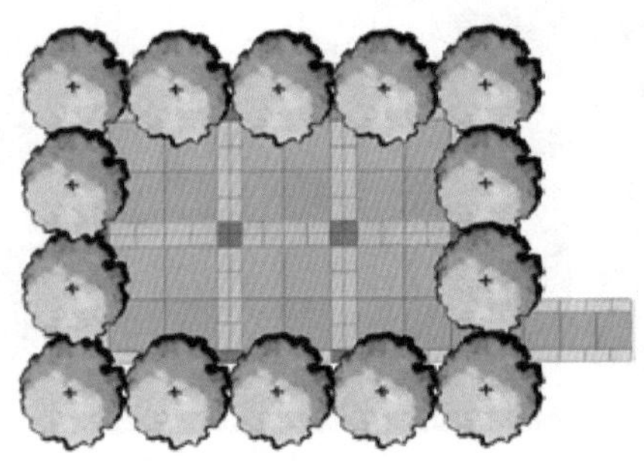
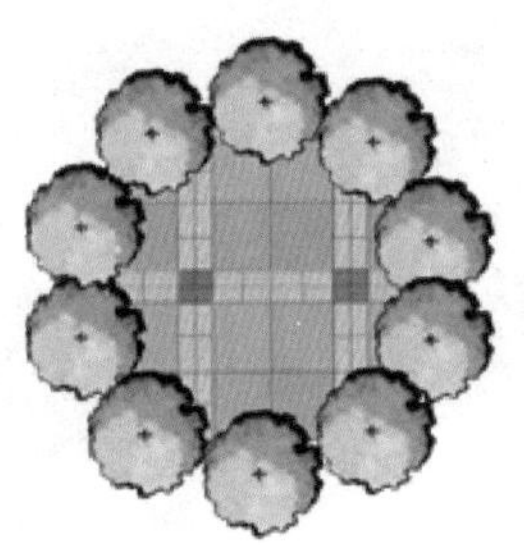

图 3-1-11　顺应铺装地边缘的列植

3.1.3.2 列植设计

列植宜选用树冠体形比较整齐，枝叶繁茂的树种，如圆形、卵圆形、椭圆形、塔形的树冠。列植的植物可以是一种，也可以由多种植物组成。

1. 株行距的确定

在进行种植时，株距和行距的大小应视树木的种类和所需要遮荫的郁闭度而定。一般大乔木株行距为 5 ～ 8 m，中小乔木为 3 ～ 5 m，大灌木为 2 ～ 3 m，小灌木为 1 ～ 2 m。

2. 列植构图形式

在进行行列式栽植时，通常用到的栽植形式有等行等距栽植和等行不等距栽植这两种形式。

（1）等行等距栽植包括正方形栽植和品字形栽植。

①正方形栽植：即植物的株、行距相等，植株栽植在正方形的角顶，植株分布均匀（图 3-1-12）。

②品字形栽植：即植株交叉栽植（图 3-1-13）。

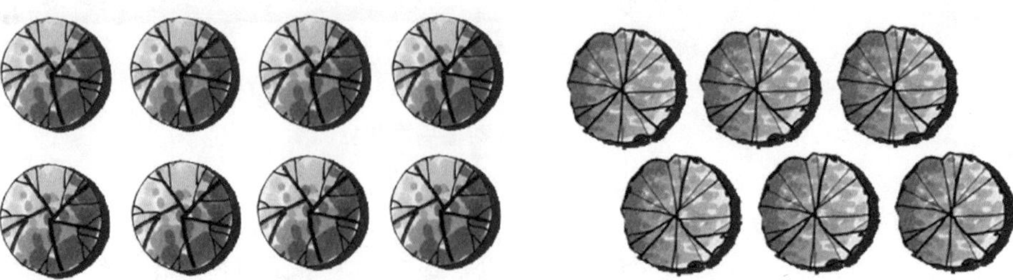

图 3-1-12　正方形栽植　　**图 3-1-13　品字形栽植**

（2）等行不等距栽植。即行距相等，株距疏密变化，常用于规则式向自然式栽植的过渡（图 3-1-14）。

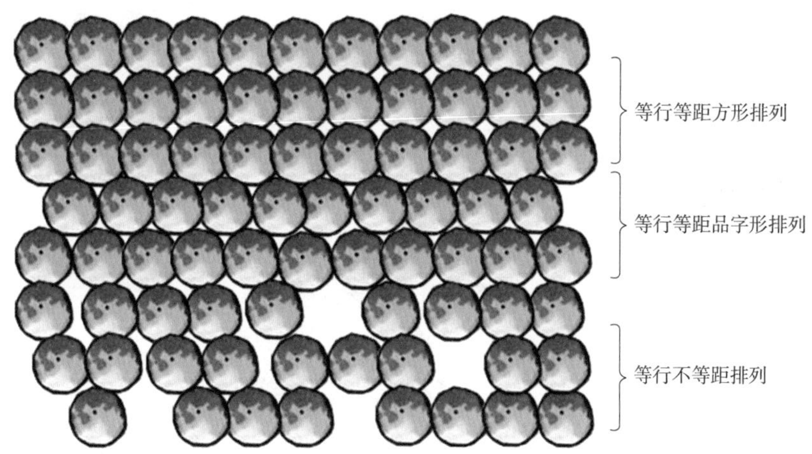

图 3-1-14　等行等距栽植到等行不等距栽植

3. 列植注意事项

列植在设计时，要注意处理好与其他因素的矛盾，如周围建筑、地下地上管线等，应适当调整距离以保证设计技术要求的最小距离。

列植树木要保持两侧的对称性，平面上要求株行距相等，立面上树木的冠径、胸径、高矮则要大体一致。当然这种对称并不一定是绝对的对称，如株行距不一定绝对相等，可以有规律地变化。列植树木形成片林，可作背景或起到分割空间的作用，通往景点的园路可用列植的方式引导游人视线。

3.1.4　丛植

由二三株至一二十株同种或异种的树木按照一定的构图方式组合在一起，使其林冠线彼此密接形成一个整体的外轮廓线，这种配置方式称为丛植。

3.1.4.1　丛植功能与布置方式

丛植是自然式园林中常用的配置方式之一，主要反映自然界小规模树木群体形象美。这种群体形象美又是通过树木个体之间的有机组合与搭配来体现的，彼此之间既有统一的关系、又有各自的形态变化。树丛在园林中可作为主景、配景、障景和诱导等使用，还兼有分隔空间与遮阳的作用。

丛植多用于自然式园林中，常布置在大草坪中央、土丘等地作主景；可布置在园林出入口、道路交叉口，引导游人按设计路线欣赏园林景色；可用于桥、亭、台、榭的点缀和陪衬；也可专设于路旁、水边、庭院、草坪或广场一侧，以丰富景观色彩和景观层次，活跃园林气氛。运用写意手法，几株树木丛植，姿态各异、相互趋承，便可形成一个景点或构成一个特定的空间。

3.1.4.2　树丛造景形式

我国画理中有“两株一丛要一俯一仰，三株一丛要分主宾，四株一丛的株距要有差异”的说法，这符合树木丛植配置的构图原则。在丛植中，有两株、三株、四株、五株以至十几株的配置。

1. 两株式树丛

树种同种或外形相似，一大一小，一欹一直。一般而言，两株树丛植宜选用同一树种，但在大小、姿态动势等方面要有所变化（图 3-1-15）。如明朝画家龚贤所论“二株一丛，必一俯一仰，一欹一直，一向左一向右，一有根一无根，一平头一锐头，二根一高一下”。两株树的栽植距离要小于树冠半径之和，即要交冠。

图 3-1-15　两株式树丛植立面图和平面图

3

2. 三株式树丛

三株式树丛可以用同一个树种，也可用两种。树的大小、姿态都要有差异，但应符合多样性统一构图法则。自然式丛植的三株树应呈不等边三角形，不能在同一直线上或为等边三角形或等腰三角形。

（1）相同树种。三株树的配置分为两组，数量之比为 2∶1，体量上有大有小。单株成组的树木在体量上不能为最大，以免造成机械均衡而没有主次之分，如图 3-1-16（a）所示。

（2）不同树种。如果是两种树，最好同为常绿，或同为落叶树，或同为乔木，或同为灌木。三株树的配置分成两组，数量之比是 2∶1，体量上有大有小，其中大、中者为一种树，距离稍远，最小者为另一种树，与大者靠近，如图 3-1-16（b）所示。

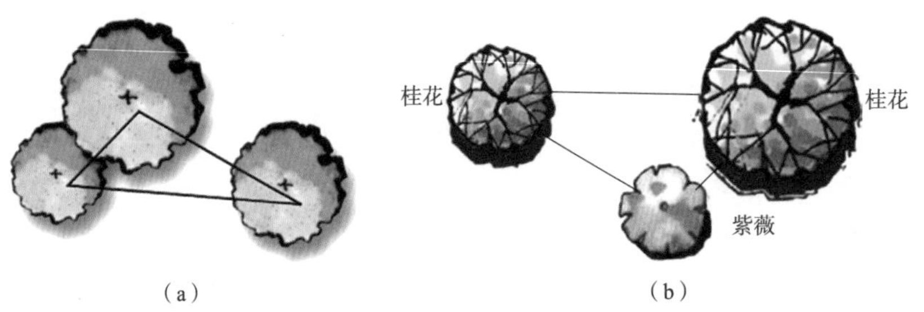

图 3-1-16　三株式树丛分组布置平面图

（a）同一树种，中等大小的植株单独成组；（b）不同树种，数量单一者不单独成组

3. 四株式树丛

四株树的配合可以是单一的树种，也可以是两种不同的树种，但不要乔木、灌木合用。四株树的平面构图为任意不等边三角形或不等边四边形，遵循非对称均衡原则，忌四株成一条直线或成四边形、菱形、梯形。

（1）相同树种。相同树种四株树木的配置通常分两组，不能两两为组，应为 3∶1 的组合。在树木大小排列上，最大的一株要在集体的一组中，远离的一株不能最大，也不能最小。各株树的要求在体形、姿态上有所不同（图 3-1-17）。

（2）不同树种。不同树种四株配置最多为两种树，只能三株为一种，另一株为一种，并且同为乔木或灌木，最好选择外形相似的不同树种。四株树木的配置分成两组，数量之比为 3∶1，单株树种的树木在体量上既不能为最大，也不能为最小，不能单组成组，应在三株的一组中，并位于整个构图的重心附近，不宜偏置一侧（图 3-1-18）。

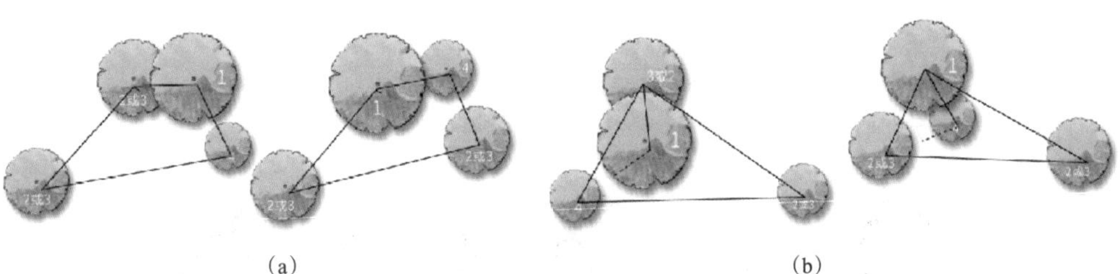

图 3-1-17　四株式树丛（相同树种）构图与分组形式

（a）同一树种的不等边四边形构图；（b）同一树种的不等边三角形构图

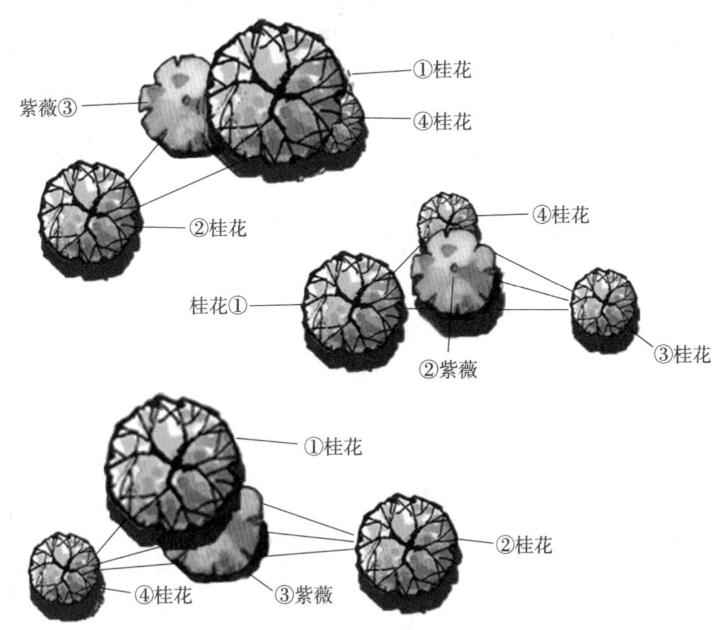

图 3-1-18　四株式树丛（不同树种）构图与分组形式

4. 五株式树丛

五株树配置时可以是单一的树种或两种不同的树种，但不要乔木、灌木合用。五株树的平面构图为任意不等边三角形、不等边四边形或不等边五边形，忌五株排成一条直线或成正五边形。

（1）相同树种。相同树种五株树木的配置分两组，数量之比为 3∶2 或 4∶1，体量上有大有小。数量之比为 4∶1 时，单株成组的树木在体量上既不能为最大，也不能为最小。数量之比是 3∶2 时，体量最大的一株必须在三株的一组中（图 3-1-19）。

（2）不同树种。不同树种五株配置最多为两种树，并且同为乔木或灌木。五株树木的配置分成两组，数量之比为 4∶1 或 3∶2，每株树的姿态、大小、株距都有一定的差异。如果数量之比是 4∶1，单株树种的树木在体量上既不能为最大，也不能为最小，不能单独成组，应在四株的一组中。如果数量之比为 3∶2，两种树种应分散在两组中，体量大的一株应该在三株的一组中（图 3-1-20）。

树木的配置，株树越多就越复杂。但分析起来，孤植树是一个基本，两株丛植也是一个基本，三株由两株和一株组成，四株又由三株和一株组成，五株则由一株和四株或二株和三株组成。6 ～ 9 株的配置与五株同理。但是需要注意的是调和中要求对比差异，差异中要求调和，所以株数越少，树种越不能多用。在 10 ～ 15 株时，外形相差太大的树种，最好不要超过五种。

3.1.4.3　丛植设计注意事项

多种植物组成的树丛常用高大的针叶树与阔叶树乔木相结合，四周配以花灌木，它们在形状和色调上形成对比。北京陶然亭公园某一植物组团的平面图（图 3-1-21），高耸挺拔的塔柏作为组团的中心，配以枝条开展的河北杨、栾树、朝鲜槐等落叶乔木，外围栽植低矮的黄刺玫、蔷薇等花灌木，整个组团高低错落、层次分明，在考虑植物造型搭配的同时，也兼顾了景观的季相变化。

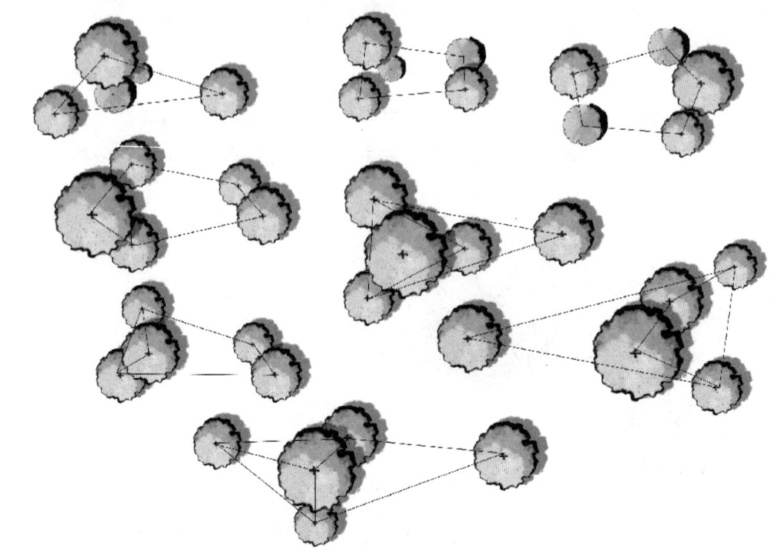

图 3-1-19　五株式树丛（同树种）构图与分组形式

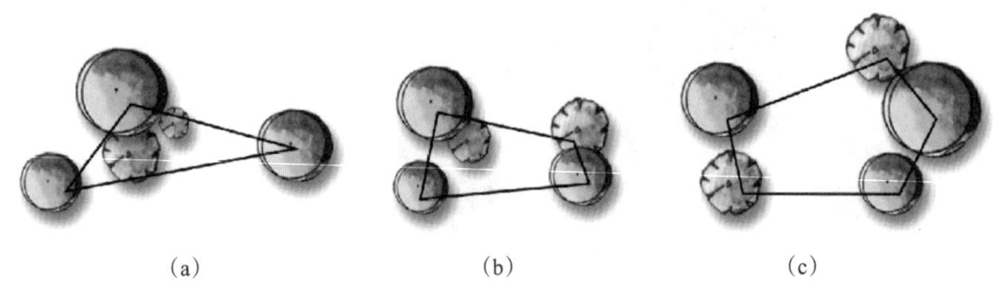

图 3-1-20　五株式树丛（不同树种）构图与分组形式

（a）两株居同组的 4∶1 分组；（b）两株者分居两组不单独成组者，要居它组包围之中；（c）3∶2 分组最大株要在三株单元中，每单元均为两个树种

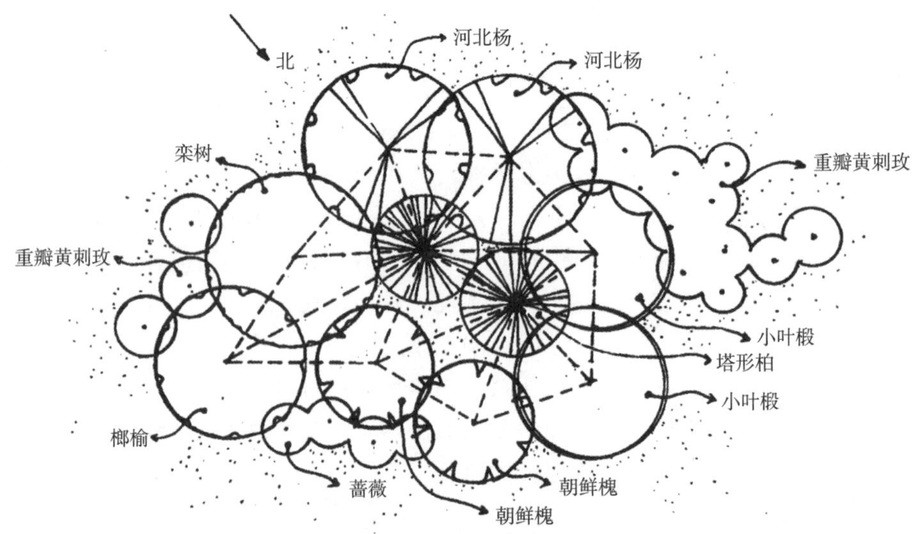

图 3-1-21　北京陶然亭公园植物组团平面图

树丛的规格以及观赏视距应根据所需的景观效果确定，一般树丛前要留出树高 3 ～ 4 倍的观赏视距，如果要形成开阔、通透的景观效果，在主要观赏面甚至要留出 10 倍以上树高的观赏视距。

树丛可作为主景，也可作为背景或配景。作为主景时的要求和配置方法同孤植树，只不过是以“丛”为单位。

3.1.5　群植

群植就是将二三十株以上至数百株的乔木、灌木混植成群，其群体又称树群。树群可由单一树种组成亦可由多个树种组成。树木的数量较多，以表现群体为主，具有“成林”的效果。

3.1.5.1　树群的功能与布置

树群由于株数较多，占地较大，在园林中可作背景，在风景区中亦可作主景。两组树群相邻时可起到框景的作用。树群所体现的主要是群体美，可作规则或自然式配植。树群内部通常不允许游人进入，因而不利于作庇荫休息之用。但是树群树冠开展的林缘部分，仍可供庇荫休息使用。

树群应布置在有足够面积的开阔场地上，如靠近林缘的大草坪上、宽广的林中空地、山坡及宽广的水面边缘等，其观赏视距至少为树高的 4 倍，为树群宽的 1.5 倍以上，要留出空地，以便游人观赏。

3.1.5.2　林缘线和林冠线设计

与丛植相比，群植更需要考虑树木的群体美、树群中树种之间的搭配，以及树木与环境的关系，对树种个体美的要求没有树丛严格，树种选择的范围更广。树群外貌要有高低起伏的变化，注意林冠线、林缘线的优美及色彩季相效果。

林缘线是指树林或树丛，花木边缘上树冠垂直投影于地面的连接线（即太阳垂直照射时，地上影子的边缘线），是植物配置在平面构图上的反映，是植物空间划分的重要手段（图 3-1-22）。

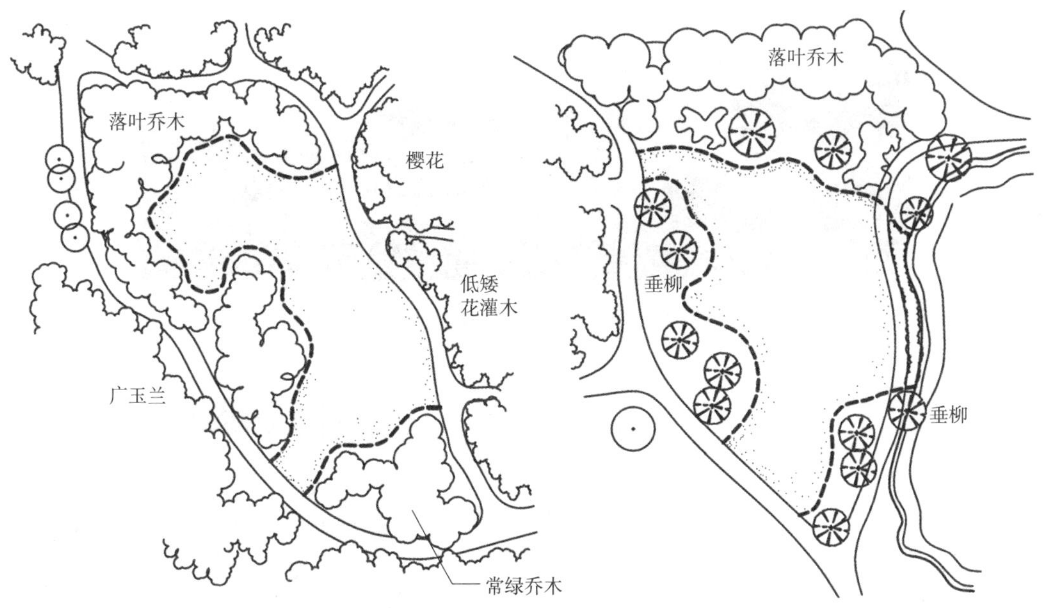

图 3-1-22　树群林缘线的变化

林冠线是树冠与天空的交际线。在进行林冠线设计时，注重选用不同树形的植物如塔形、柱形、球形、垂枝形等植物，构成变化强烈的林冠线；不同高度的植物，构成变化适中的林冠线（图 3-1-23）。同时可以利用地形高差变化，布置不同的植物，获得高低不同的林冠线（图 3-1-24）。也可以利用林冠线的线条打破建筑体的单调和呆板感（图 3-1-25）。

图 3-1-23　林冠线的变化

图 3-1-24　地形高差和植物共同塑造高低不同的林冠线

图 3-1-25　利用林冠线的线条打破建筑体的单调和呆板感

3.1.5.3　树群的类型及设计

常见的树群通常有单纯树群、混交树群、带状树群、功能型树群四种。

1. 单纯树群

单纯树群是由一个树种构成，为丰富其景观效果，树下可用耐荫的宿根花卉作地被，如玉簪、萱草和鸢尾等。

2. 混交树群

混交树群具有多重结构，层次明显，一般为 3 ～ 6 层，水平和垂直郁闭度均较高，为树群的主要形式（图 3-1-26）。在设计时，从中心至边缘渐次排列，第

图 3-1-26　群植的垂直分层结构

一层为 7 ～ 8 m 的乔木层；第二层为 5 ～ 6 m 的亚乔木层；第三层是 3 ～ 4 m 小乔木层；第四层是 2 ～ 3 m 大灌木层；第五层是 1 ～ 2 m 的小灌木层；第六层是种植 10 ～ 50 cm 的多年生草本植被，形成封闭空间。在选择树种时，第一层的乔木应为阳性树，第二层的亚乔木应为半阴性，乔木之下或北面的灌木、草本应为耐荫或全阴性的植物。

树群的林冠线应富于起伏变化，从任何方向观赏，都不能呈金字塔式造型。处于树群外缘的花灌木有呈不同宽度的自然凹凸环状配置的，但一般多呈丛状造景，自然错落、断续。

3. 带状树群

当树群平面投影的长和宽比例稍大于 4 : 1 时，称为带状树群，在园林中多用于组织空间。

4. 功能型树群

随着生态园林的深入和发展，以及景观生态学多学科的引入，植物景观的内涵也随着景观的概念而不断扩展，建设多层次、多结构、多功能、科学的植物群落成为园林建设者新的任务。功能型树群分为观赏型树群、保健型树群、环境防护型树群、知识型树群、文化型树群、生产型树群等。

（1）观赏型树群。观赏型树群是园林中植物配置的重要类型，多选择观赏价值高、多功能的园林植物，塑造多单元、多层次、多景观的生态型人工植物群落。在设计时讲究春花、夏叶、秋实、冬干，通过对植物的合理配置，达到四季有景的景观。例如，杭州花港观鱼景观中比较经典的一个树群（图 3-1-27），上层植物有常绿树广玉兰和香樟，落叶乔木朴树；中层有毛竹、鸡爪槭、小叶黄杨、桂花；下层为云南黄馨、杜鹃等。整个植物群落错落有致，中间置建筑，稳定了视线。植物与建筑糅合在一起，体量一致，有遮有露。

图 3-1-27　杭州花港观鱼观赏型树群

（2）保健型树群。利用产生有益分泌物和挥发物的植物配置，形成一定的生态效果，达到增强人们健康，防病治病目的的树群。通常设置在公园、居住区以及医院和疗养院等医疗单位（图 3-1-28）。应以园林植物的杀菌特性为主要评价指标，结合植物吸收二氧化碳、降温增湿、滞尘以及耐荫性等测定指标，选择适用于医院型绿地的植物种类。

（3）环境防护型树群。以园林植物的抗污染为主要评价指标，结合植物的光合作用、蒸腾作用、吸收污染物特性等测定指标，进行分析，选择适于污染区绿地的园林植物，以通风较好的复层结构为主，组成抗性较强的植物群落（图 3-1-29）。

图 3-1-28　保健型树群

图 3-1-29　环境防护型树群

（4）知识型树群。在公园、植物园、动物园、风景名胜区收集多种植物群落，按照分类系统或种群生态系统排列种植，建立科普性的人工群落。植物的筛选，不仅着眼于色彩丰富的栽培品种，还应将濒危和稀有野生植物引入园中，既可丰富景观，又保存和利用了种植资源，激发人们热爱自然、探索自然奥秘的兴趣。例如，中科院植物研究所北京植物园建有树木园、宿根花卉园、水生植物观赏区、野生果树资源区、珍稀濒危植物区等 10 余个展区和展室，在观赏娱乐的同时游人可初步了解植物生态学、植物分类学和美学等基本科普知识，学习科学，认识自然（图 3-1-30）。

图 3-1-30　北京植物园知识型树群

（5）文化型树群。特定的文化环境如历史遗迹、纪念性园林、风景名胜、宗教寺庙、古典园林等，通过各种植物的配置使其具有相应的文化环境氛围，形成不同种类的文化环境型人工植物群落。

（6）生产型树群。在不同立地条件下，发展具有经济价值的乔、灌、花、果、草、药和苗圃的基地，并与环境协调，既满足需要，又增加社会效益的人工植物群落。例如，在绿地中选用高干性果树（板栗、核桃和银杏等）；在居住区种植桃、杏、海棠等较低矮的果树。

3.1.6　林植

微课：林植

林植就是较大面积、多株树大量栽植，当构成林地或森林景观时称为风景林或树林。

3.1.6.1　林植的功能及用途

风景林的功能主要有保护和改善环境大气候、维持环境生态平衡、满足人们休息和游览要求、对外开放和发展旅游事业、生产林副产品。

林植多用于自然风景区、大面积公园、风景游览区、休闲疗养区、工矿场区的防护带以及城市外围的绿化带等。

3.1.6.2　风景林设计

林植一般以乔木为主，有林带、密林和疏林等形式。从植物组成上分，林植又有纯林和混交林的区别。

1. 林带

林带一般为狭长带状，多用于周边环境，如湖边、河滨、广场周围等。林带多选用 1 ～ 2 种高大乔木，配合林下灌木组成，林带内郁闭度高，树木成年后树冠交接。

林带树种的选择应根据环境和功能而定。工厂、城市化周围的防护林带，应选择适应性强的种类，如刺槐、杨树、白榆等；河流沿岸的林带则应选择喜湿润的种类，如水杉、落羽杉、垂柳等；而广场、路旁的林带，应选择遮荫性好、观赏价值高的种类，如玉兰、白桦、银杏等。

2. 密林

密林一般用于大型公园和风景区，郁闭度常在 0.7 ～ 1.0，阳光很少透入林下，土壤湿度大，地被植物含水量高。林间常布置曲折的小径，可供游人散步。从植物组成上又分为单纯密林和混交密林。

（1）单纯密林。单纯密林是由一个树种组成的，没有垂直郁闭景观美和丰富的季相变化。设计时

可以使用异龄树种造林，结合起伏地形的变化，使林冠线得到改变，外缘配置同一树种的树群、树丛和孤植树，增强林缘线的曲折变化。林下配置一种或多种开花华丽的耐荫或半耐荫草本花卉，以及低矮、开花繁茂的耐荫灌木。单纯密林一般选用观赏价值高、生长健壮的适生树种，如马尾松、油松、白皮松、水杉、枫香、桂花、黑松以及竹类植物。

（2）混交密林。混交密林是一个具有多层复合结构的植物群落，由大乔木、小乔木、大灌木、小灌木和地被植物形成不同的层次，季相变化比较丰富。在进行种植设计时，大面积的密林可以采用不同树种的片状、带状或块状混交；小面积的密林多采用小片状或点状混交。要注意常绿与落叶、乔木与灌木的配合比例，以及植物对生态因子的要求。

3. 疏林

疏林常用于大型公园的休息区，并与大面积的草坪结合，形成疏林草地景观。疏林的郁闭度通常在 0.4 ～ 0.6，而疏林草地的郁闭度可以更低，通常在 0.3 以下。树种应具有较高的观赏价值，树冠应开展，树荫要疏朗，生长要健壮，花和叶的色彩要丰富，树枝要线条曲折多变，树干要好看，常绿树与落叶树搭配要合适。树木的种植要三五成群，疏密相间，有断有续，错落有致，构图生动活泼。通常分为草地疏林、花地疏林和疏林广场等（图 3-1-31）。

（1）草地疏林。在游客量不大，游人进入活动不会踩死草的情况下设置。设计草地疏林时，树林株行距应在 10 ～ 20 m，不小于成年树树冠直径，其间也可设林中空地。树种选择要求以落叶树为主，树荫疏朗的伞形冠较为理想。

（2）花地疏林。在游客量不大，不进入内部活动的情况下设置。花地疏林的乔木间距要大一些，以利于林下花卉植物生长，林下花卉可用单一品种，也可以多品种进行混交造景。林内应设自然式道路，以便游人进入游览。道路密度以 10% ～ 15% 为宜，沿路可设石椅、石凳或花架、休息亭等，道路交叉口可设置花丛。

（3）疏林广场。在游客量不大，又需要进入树林活动的情况下设置，林下多为铺装广场。

图 3-1-31　疏林

3.1.7　篱植

篱植即绿篱、绿墙，是耐修剪的灌木或小乔木以近距离的株行距密植，呈紧密结构的规则种植形式。单行或双行排列而组成的规则绿带，属于密植行列栽植的类型。

微课：篱植

3.1.7.1　篱植的功能与布置

1. 范围与围护

在园林绿地中，常以绿篱作为防范的边界。例如，用刺篱、高篱或在绿篱内加铁丝设置围篱形式，不让人们任意通行。绿篱可以用来组织游人的游览路线，起导游的作用。

2. 分隔空间和屏蔽视线

园林的空间有限，往往又需要安排多种活动用地，为减少相互干扰，常用绿篱或绿墙进行分区和

屏障视线，以分隔不同的空间。这种绿篱最好用常绿树组成高于视线的绿墙，如把综合公园中的儿童活动区、露天剧场、体育运动区等与安静休息区分隔开，减少相互干扰。局部规则式的空间也可用绿篱隔离，使风格对比强烈的不同布局形式得到缓和。

3. 作为花境、喷泉、雕像的背景

园林中常将常绿树修剪成各种形式的绿墙，作为喷泉和雕像的背景，其高度一般要与喷泉和雕像的高度相称，色彩以选用没有反光的暗绿色树种为宜。作为花境背景的绿篱一般为常绿的高篱及中篱（图 3-1-32）。

4. 美化挡土墙或建筑物墙体

在各种绿地中，为避免挡土墙和建筑物墙体立面的枯燥，常在其前方栽植绿篱，对不美观和硬质墙面进行美化（图 3-1-33）。一般选用中篱或矮篱，可以是一种植物，也可以是两种以上植物组成高低不同的色块。

图 3-1-32　绿篱作花境背景

图 3-1-33　绿篱美化建筑物墙体

5. 作图案造景

园林中常用修剪成各种形式的绿篱作图案造景。欧洲规则式的花园中常将植物修剪成各式图案（图 3-1-34）；在城市绿地的大草坪和坡地上，可以利用不同观叶木本植物组成具有气势、效果好的纹样（图 3-1-35）。要注意纹样宽度不要过大，要利于修剪操作，留出工作小道。

图 3-1-34　绿篱的图案造景

图 3-1-35　绿地中的绿篱造型

3.1.7.2　绿篱设计

1. 绿篱高度

根据使用功能的不同，绿篱高度各异（图 3-1-36）。

（1）绿墙。高度在 160 cm 以上的绿篱称为绿墙，有的在绿墙中修剪形成绿洞门。

（2）高绿篱。通常高度在 120 ～ 160 cm，人的视线可以通过，但不能跨越。

（3）中绿篱。高度为 50 ～ 120 cm。

（4）矮绿篱。高度在 50 cm 以下，人们可以跨越。

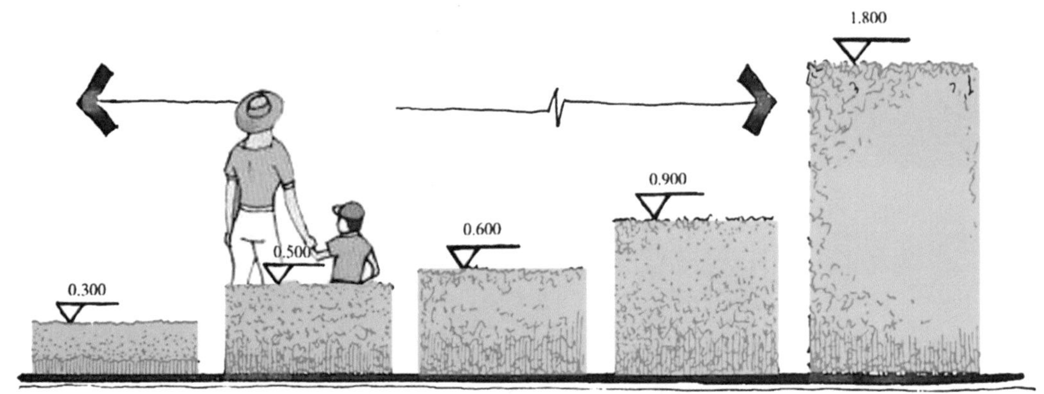

图 3-1-36　按照高度划分的绿篱类型

2. 绿篱设计形式与植物选用

根据功能和观赏要求，绿篱设计形式通常有以下几种：

（1）常绿篱。由常绿灌木或小乔木组成，是园林绿地中应用最多的绿篱形式。该绿篱一般修剪成规则式。常采用的树种有侧柏、大叶黄杨、瓜子黄杨、海桐、胡颓子等。

（2）落叶篱。由一般的落叶树种组成，常见的树种有榆树、雪柳、水蜡树等。

（3）花篱。由枝密花多的花灌木组成。通常任其自然生长成为不规则的形式，至多修剪其徒长的枝条。花篱是园林绿地中比较精美的绿篱形式，常选用的树种有六月雪、迎春、绣线菊、黄馨、紫荆等。

（4）观果篱。通常由具有色彩鲜艳果实的灌木组成，一般在秋季果实成熟时，景观别具一格，如火棘、紫珠、忍冬、枸杞等。观果篱在养护管理上通常不做大的修剪，至多剪除其过长的徒长枝，如修剪过重，则结果率降低，影响其观果效果。

（5）蔓篱。由攀缘植物组成。需事先设攀附的竹篱、木栅栏等。常选择的植物有蔷薇、地锦、蛇葡萄、南蛇藤，也可以选用草本植物如牵牛花、丝瓜等。

3.1.7.3　篱植种植密度

绿篱的种植密度根据使用的目的性，所选树种、苗木的规格和种植带的宽度而定。一般绿篱，矮篱株距通常为 30 ～ 50 cm，行距为 40 ～ 60 cm，双行式绿篱呈三角交叉排列。绿墙的株距可采用 100 ～ 150 cm，行距可采用 150 ～ 200 cm。

不同高度的绿篱可以组合使用，形成双层甚至多层形式，横断面和纵断面的形式也变化多端，常见的有波浪式、平头式、圆顶式、梯形等。单体的树木还可以修剪成球形、方形、柱状，与绿篱组合为别致的艺术绿垣。

任务实施

（1）场地分析。对设计区域环境进行分析。该场地位于建筑的角隅，处于建筑的西南角处，光照充足。

（2）选择适宜的植物。了解场地所在地的气候、土壤、地形等环境因子及当地植物生长状况，选择配置的植物种类。在选择植物时，乔木和灌木、常绿树种和落叶树种相互搭配，同时要注意季相特色。考虑的植物有桂花、红枫、红叶石楠、银边黄杨、紫薇、南天竹、八角金盘、沿阶草等。

（3）确定植物配置方案。在选择好植物的基础上，结合所学的树丛设计方法，选择合适的植物配植形式，确定植物配置方案。考虑到该空间处于城市道路支路的交叉口，人流量相对较大，因此设置一组景石，并用竹子作背景，在弱化建筑墙角的硬线条的同时，增加了景观层次，地被植物种植耐荫性强的八角金盘和沿阶草。绘制植物景观设计图（图 3-1-37），撰写设计说明，编制植物名录表。

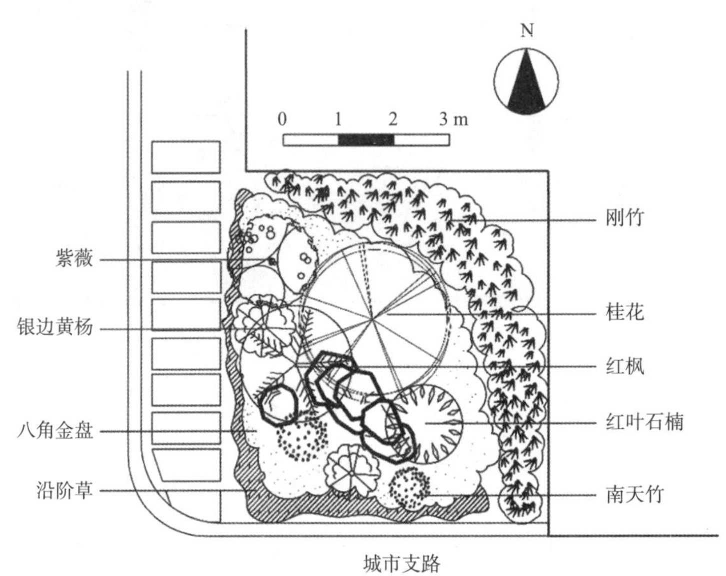

图 3-1-37　植物景观设计平面图

巩固训练

某城市广场一角乔灌木景观设计

图 3-1-38 为华东地区某城市广场一角的景观设计平面图。根据该广场的功能和周围环境，利用所学的植物景观设计原则和方法，选择合适的植物种类和植物配置形式，完成广场一角的乔灌木植物景观设计。

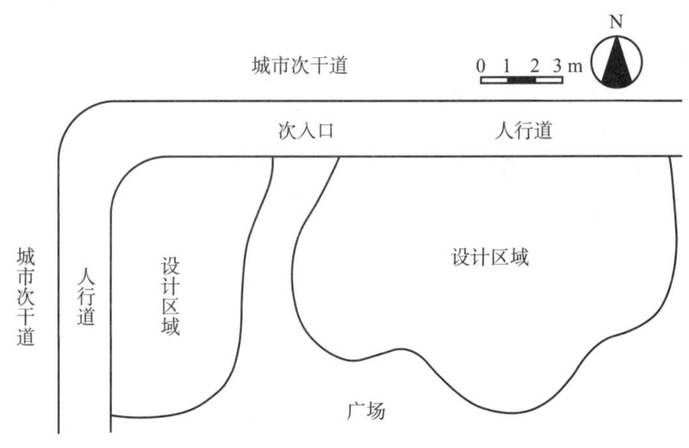

图 3-1-38　某城市广场一角景观设计平面图

评价与总结

完成观赏树丛设计任务的具体评价见表 3-1-1。

表 3-1-1　观赏树丛设计评分表

作品名：　　　　　　　　　　　　　　姓名：　　　　　　　　　　学号：

考核指标	标准	分值/分	等级标准				得分
			优	良	及格	不及格	
使用功能与空间围合	能充分结合环境，塑造满足功能的空间环境，功能布局合理	15	12～15	9～11	5～8	0～4	
植物配置	植物选择能适应室外环境、配置合理，植物景观主题突出，季相分明	25	20～25	14～19	8～13	0～7	
方案可实施性	在保证功能的前提下，方案新颖，可实施性强	8	7～8	5～6	3～4	0～2	
设计图纸表现	设计图纸美观大方，能够准确表达设计构思，符合制图规范	15	12～15	9～11	5～8	0～4	
设计说明	设计说明能够较好地表达设计构思	7	6～7	4～5	2～3	0～1	
方案的完整性	包括植物种植平面图、树丛立面图、设计说明、苗木统计表等	15	12～15	9～11	5～8	0～4	
方案汇报	思路清晰，语言流畅，能准确表达设计图纸，PPT 美观大方，答辩准确合理	15	12～15	9～11	5～8	0～4	
总分							
任务总结							

任务 3.2 藤本植物景观设计

任务要求

通过公园绿地藤本植物种类及应用形式调查任务的实施，学习藤本植物的景观功能及特点、藤本植物的分类以及藤本植物的造景形式。

学习目标

3

➢ 知识目标

（1）熟悉藤本植物的造景特点。
（2）掌握藤本植物的造景原则。
（3）掌握藤本植物的造景形式。

➢ 技能目标

（1）能够对城市绿地藤本植物景观进行分析和评价。
（2）能够根据藤本植物造景的要点进行城市绿地藤本植物景观设计和绘图表达。

➢ 素养目标

（1）提升感受植物景观多元化的审美能力。
（2）提高独立思考和灵活解决实际问题的素质及团队合作的精神。
（3）提高人际交往能力及心理素质。
（4）培养口语表达及方案汇报的能力。

任务导入

公园绿地藤本植物种类及应用形式调查

对当地公园绿地中的藤本植物种类和应用形式进行调查，记录藤本植物的生长环境及生长状况，完成调查表格和调查报告。

● **任务分析**

通过现场调查和资料查询掌握藤本植物的种类和观赏特性，根据设计要求选择藤本植物，营造藤本植物的特色景观。

● **任务要求**

（1）对当地比较典型公园绿地中的藤本植物的种类和景观形式进行调查。
（2）以小组为单位，分片进行。
（3）设计调查表格，要求包括藤本植物的名称、生长习性、生长环境、主要观赏特性和应用形式等。
（4）利用照片记录藤本植物观赏特性以及在园林景观中的应用等。
（5）完成调查表格，撰写调查报告，要求图文并茂。

● **材料和工具**

照相机、调查表格、笔记本、笔、皮尺等。

知识准备

3.2.1　藤本植物的景观功能及特点

藤本植物是指自身不能直立生长，需要依附他物或匍匐地面生长的木本或草本植物。藤本植物是园林植物中重要的一类，植物材料丰富，它们的攀缘习性和观赏特性各异，在园林造景中有着特殊的用途，是重要的垂直绿化材料，可广泛应用于棚架、花格、栏杆、凉廊、墙面、篱、垣及棚架等多种造景方式，可作园林一景，也可起构筑或分割空间等作用。

藤本植物一直是造园中常用的植物材料，如今全世界城市发展中面临的共同问题是建筑密度大，人口集中，可用于植物造景的面积越来越小。如何拓展绿化空间、增加绿量和绿化覆盖率、提高城市的整体绿化水平，是现代城市园林建设中面临的共同问题。充分利用藤本植物进行垂直绿化是增加绿化面积、增加城市绿量，改善生态环境的重要途径。垂直绿化不仅能够弥补平地绿化的不足，丰富绿化层次，有助于恢复生态平衡，还可以增加城市及园林建筑的艺术效果，使之与环境更加协调统一、生动活泼。

3.2.2　藤本植物分类

微课：藤本植物分类

藤本植物有多种分类方式，从园林造景的角度，根据生物学习性的不同，可以将藤本植物分为缠绕类、卷须类、吸附类、蔓生类四类。

3.2.2.1　缠绕类

缠绕类藤本植物不具有特殊的攀缘器官，依靠自身的主茎缠绕于他物向上生长发育，如牵牛花、紫藤、猕猴桃、月光花、金银花、铁线莲、橙黄忍冬、五味子、买麻藤、探春花、木通、南蛇藤等。

3.2.2.2　卷须类

卷须类植物依靠卷须攀缘到其他物体上，如葡萄、炮仗花、甜果藤、龙须藤、云南羊蹄甲、珊瑚藤、香豌豆、观赏南瓜、山葡萄、小葫芦、丝瓜、苦瓜、罗汉果、蛇瓜等。

3.2.2.3　吸附类

吸附类植物是依靠气生根或吸盘的吸附作用而攀缘，如地锦、五叶地锦、常春藤、洋常春藤、扶芳藤、常春卫矛、美国凌霄、花叶地锦、龟背竹、绿萝等。

3.2.2.4　蔓生类

蔓生类藤本植物没有特殊的攀缘器官，攀缘能力较弱，如野蔷薇、木香、云实、天门冬、叶子花、黄藤、垂盆草、蛇莓等。

3.2.3　藤本植物造景形式

微课：藤本植物造景形式

3.2.3.1　棚架式造景

棚架又称花架，是园林中应用最广泛的藤本植物造景方式，通常采用各种刚性材料构成具有一定结构和形状的供藤蔓植物攀爬的园林建筑。棚架式造景装饰性和实用性均强，既可作为园林小品独立形成景观或点缀园景，又具有遮荫和休闲功能，供人们休息、消暑，有时还具有分隔空间的作用。棚架的形式不拘，繁简不限，可根据地形、空间和功能而定，“随形而弯，依势而曲”，但应与周围环境在形体、色彩、风格上相协调。

棚架式造型可单独使用，成为局部空间的主景，也可作为由室内到花园的类似建筑形式的过渡物，均具有园林小品的装饰性特点和遮荫的作用。棚架可用于各种类型的绿地中，可以布置在园林中的任何地方，如草地边缘、草地中央、水边、建筑附近、大门入口等；最宜设置在风景优美的地方供游人休息和点景，如山东济南大明湖西南门入口处设置的紫藤花架，可供游人驻足休憩（图 3-2-1）；也可以和亭、廊、水榭、景门和园桥相结合，组成外形优美的园林建筑群，甚至可用于屋顶花园。

图 3-2-1　山东济南大明湖西南门入口处的棚架式造景

棚架式造景在选择藤本植物时还应该考虑棚架的结构形式、棚架构件的质地、色彩以及所占的空间位置和棚架的功能，做到因地制宜、因架适藤。如柔软纤细的绳索结构、美观精巧的金属结构、轻巧有致的竹木结构的棚架，适宜栽种牵牛花、啤酒花、茑萝、扁豆、丝瓜、月光花、葫芦、香豌豆、何首乌、观赏南瓜等缠绕茎发达的草本攀缘植物；笨重粗犷的砖石结构棚架、造型多变的钢筋混凝土结构棚架，因承受力大，可栽种木质的紫藤、凌霄、猕猴桃、葡萄、木香、南蛇藤、五叶地锦等；而混杂结构的棚架，配置藤本植物不必太严格，可以几种混植，如果观赏期衔接，观赏效果会更好。

3

3.2.3.2　附壁式造景

附壁式是常见的垂直绿化形式，主要是吸附类藤蔓植物借助其特殊的附着结构在垂直立面上进行绿化造景，如各种建筑物的墙面、挡土墙、假山置石等（图 3-2-2）。附壁式造景具有良好的景观效果和生态效果。从平面的角度或局部看，此种绿化有绿色或彩色挂毯的效果；从建筑物总体看，其绿化效果犹如巨大的绿色雕塑。在大楼的南面和西面进行垂直绿化，可改善室内温度，冬暖夏凉，同时又有减少噪声、保护墙壁的效果。用藤本植物攀附假山、山石，能使山石生辉，更富有自然情趣，使山石景观效果倍增。

图 3-2-2　爬山虎的附壁式造景

附壁式造景在植物材料选择上应注意植物材料与被绿化物的色彩、形态、质感的协调。粗糙表面如砖墙、石头墙、水泥、水泥混沙抹面等可选择枝叶较粗大的种类，如爬山虎、薜荔、常春卫矛、凌霄等；而表面光滑细腻的墙面如马赛克贴面则宜选择枝叶细小、吸附能力强的种类，如络石、紫花络石、小叶扶芳藤、常春藤等。通常北方常用爬山虎、凌霄等，近年来常绿的扶芳藤、木香等作为北方地区垂直绿化材料亦颇被看好。南方多用油麻藤等来表现南国风情。考虑到单一树种观赏特性的缺陷，可利用不同种类间的搭配以延长观赏期，创造四季景观。

3.2.3.3　篱垣式造景

篱垣式造景主要是借助栏杆、低矮围墙、栅栏、铁丝网、篱笆等支撑功能进行绿化造景，这类设施的功能除了造景外，还有分割空间和防护作用。

篱垣高度有限，对植物材料攀缘能力的要求不太严格，几乎所有的藤本植物均可用于此类造景方式，但不同的篱垣类型各有适宜的材料。竹篱、铁丝网、围栏、小型栏杆的绿化以茎柔叶小的种类为宜，如千金藤、牵牛花、月光花、茑萝、倒地铃等。栅栏绿化应当根据其在园林中的用途以及结构、色彩等而定。如果栅栏是作为透景之用，应是透空的，能够内外相望，种植藤本植物时宜以疏透为宜，并选择枝叶细小、观赏价值高的种类，如络石、铁线莲等，切忌因过密而封闭。如果栅栏起分割空间或遮挡视线之用，则可选择枝叶茂密的木本种类，包括花朵繁密、艳丽的种类，将栅栏完全遮蔽，形成绿墙或花墙，

如胶东卫矛、凌霄、蔷薇、常春藤等（图 3-2-3）。普通的矮墙、石栏杆、钢架等可选植物更多，如缠绕的使君子、金银花、何首乌；具卷须的炮仗花、甜果藤等；具吸盘或气生根的五叶地锦、凌霄等。蔓生类藤本植物如蔷薇、藤本月季、云实等应用于墙垣绿化也极为适宜，枝蔓攀越墙垣后可再弯垂向下，优美自然。

此外，在篱垣式造景中，还应当注意各种篱垣的结构是否适合藤本植物攀附，或根据拟种植的种类采用合理的结构。一般而言，木本缠绕类可攀缘直径 20 cm 以下的柱子，卷须类和草本缠绕类大多需要直径 3 cm 以下的格栅供其缠绕或卷附，蔓生类则应在生长过程中及时进行人工引领。

图 3-2-3　蔷薇的篱垣式造景

3.2.3.4　立柱式造景

随着城市建设的发展，各种立柱如电线杆、高架路立柱、立交桥立柱不断增加，它们的绿化已经成为垂直绿化的重要内容之一。从一般意义上讲，吸附类的藤本植物更适宜立柱式造景，不少缠绕类植物也可应用，但由于立柱所处的位置大多交通繁忙，汽车尾气、粉尘污染严重，土壤条件差，高架路下的立柱还存在着光线不足的缺点，因此应选用适应性强、抗污染并耐荫的种类。

立柱式绿化多选用五叶地锦、常春藤、爬山虎等，还可选用南蛇藤、络石、金银花、小叶扶芳藤等耐荫种类。电线杆及灯柱的绿化可选用凌霄、络石、素方花、西番莲等观赏价值高的种类。对于水泥电线杆，为防止因日照使温度升高而烫伤植物的幼枝、幼叶，可在电线杆的不同高度固定几个铁杆，外附钢丝网以利于植物生长，同时每年应适当修剪，防止植物攀爬到电线上。

园林中一些枯树如能用藤本植物加以绿化，也可以给人一种枯木逢春的感觉。例如，山东泰安岱庙内枯死的古柏，分别用凌霄、紫藤和栝楼绿化，景观各异，平添无限生机。

3.2.3.5　悬蔓式造景

悬蔓式造景是将植物种植于凌空容器内，其藤蔓生长之后沿容器落下，形成悬挂空中的景观，别具一格（图 3-2-4）。如对墙面进行绿化，可在墙顶做一个种植槽，种植小型的蔓生植物，如迎春花、探春花、蔓长春花等，细条的枝蔓披散而下，与墙面向上生长的吸附类植物配合，相得益彰。

图 3-2-4　悬蔓式造景

任务实施

（1）以小组为单位，根据任务要求，设计表格，确定调查内容。

（2）调查绿地应用的藤本植物种类。

（3）详细记录藤本植物的生长环境及生长状况。

（4）记录藤本植物的应用方式。

（5）拍照留存现场信息，撰写调查报告（图文并茂）。

巩固训练

通过调查和查找文献资料等方法，总结整理当地的藤本植物应用种类及造景方式。

评价与总结

对学习内容和任务完成情况进行自我评价、小组互评和教师评价，具体见表 3-2-1。

表 3-2-1　藤本植物景观设计评价表

评价类型	考核点	自评	互评	师评
理论知识点评价（20%）	藤本植物的景观功能，藤本植物的概念及分类情况，藤本植物的造景形式			
过程性评价（50%）	藤本植物的景观评价和分析能力（20%）			
	植物识别能力（10%）			
	工作态度（10%）			
	团队合作能力（10%）			
成果性评价（30%）	报告观点清晰、新颖（10%）			
	报告的完整性（10%）			
	报告的规范性（10%）			
任务总结				

习题

一、单项选择题

1. 下图中虚线展示的是（　　）。

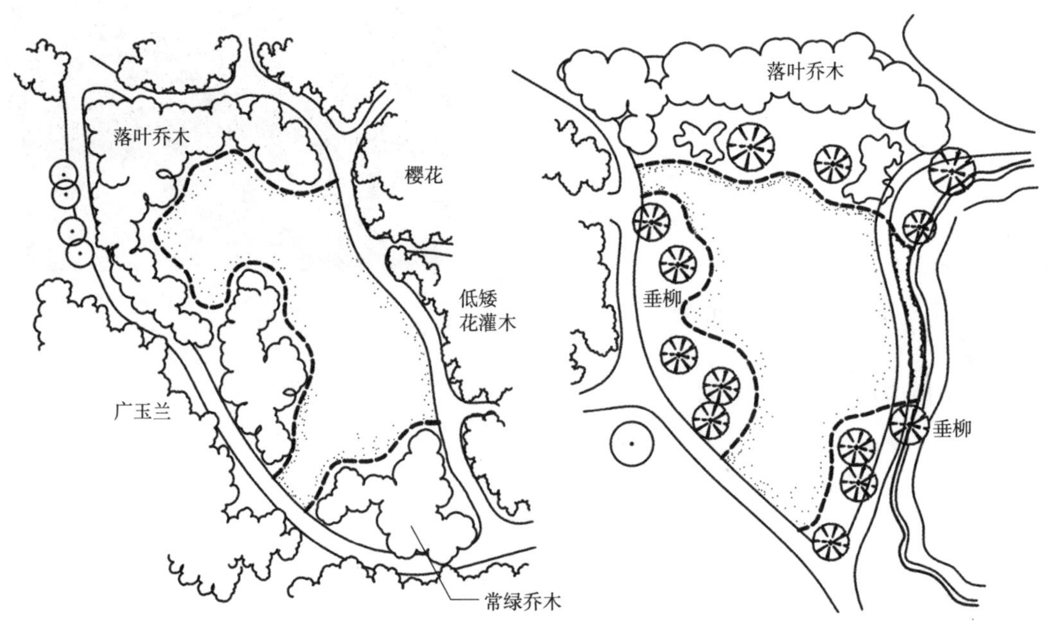

A. 林缘线　　B. 林冠线　　C. 边线　　D. 草缘线

2.（　　）是较大面积、多株数成片林状的种植，通常有纯林、混交林结构。

A. 孤植　　B. 丛植　　C. 林植　　D. 对植

3. 凡是由灌木或小乔木以近距离的株行距密植，栽成单行或双行，其结构紧密的规则种植形式，称为（　　）。

A. 列植　　B. 篱植　　C. 丛植　　D. 群植

4.（　　）在构图轴线两侧所栽植的相互呼应的园林植物。

A. 列植　　B. 篱植　　C. 对植　　D. 孤植

5.（　　）是树冠与天空的交际线。

A. 林缘线　　B. 林冠线

二、填空题

1. ________多植于视线的焦点处或宽阔的草坪上、水岸旁。

2. 请列举五种适合作孤植树的植物种类：________、________、________、________、________。

3. ________是指树林或树丛，花木边缘上树冠垂直投影于地面的连接线。

4. ________是树种相同、大小相近的乔木、灌木造景于中轴线两侧。

5. 从园林造景的角度，根据生物学习性的不同，可以将藤本植物分为________、________、________、________四类。

三、判断题

1. 对植多选用树形整齐优美、生长缓慢的树种，以常绿树种为主。（　　）

2. 列植树木要保持两侧的对称性，平面上要求株行距相等，立面上树木的冠径、胸径、高矮大体一致。（　　）

3. 以遮荫为目的的树丛多用几种树种，以观赏为目的的树丛，常选用单一树种。（　　）

4. 两株丛植时两株树的栽植距离不能与两树直径的1/2相等，必须远离。（　　）

5. 不同高度的绿篱还可以组合使用，形成双层甚至多层形式，横断面和纵断面的形式也变化多端。（　　）

项目4　花卉景观设计

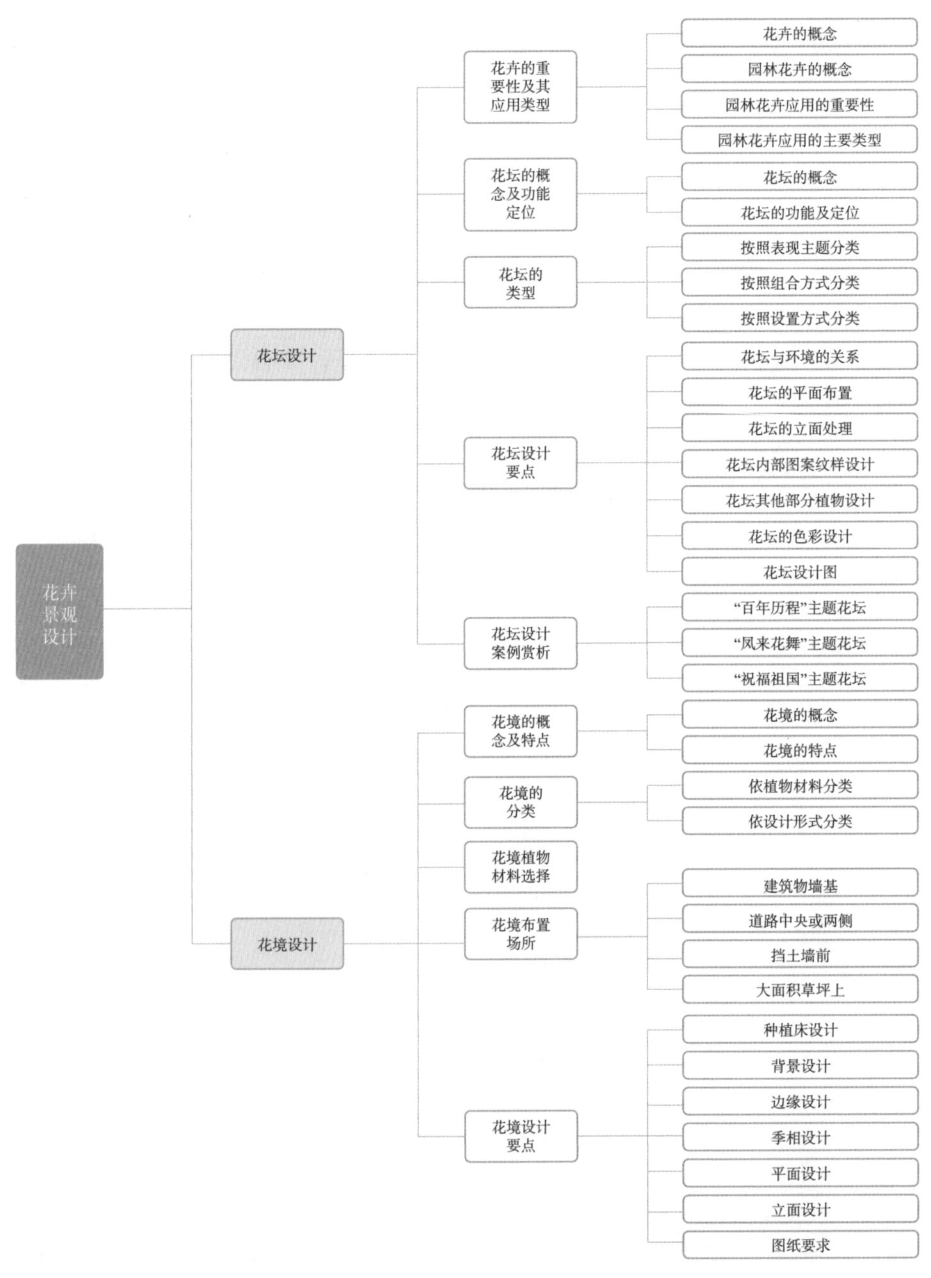

花卉景观设计
花坛设计
花境设计
花卉的重要性及其应用类型
花卉的概念
园林花卉的概念
园林花卉应用的重要性
园林花卉应用的主要类型
花坛的概念及功能定位
花坛的概念
花坛的功能及定位
花坛的类型
按照表现主题分类
按照组合方式分类
按照设置方式分类
花坛设计要点
花坛与环境的关系
花坛的平面布置
花坛的立面处理
花坛内部图案纹样设计
花坛其他部分植物设计
花坛的色彩设计
花坛设计图
花坛设计案例赏析
“百年历程”主题花坛
“凤来花舞”主题花坛
“祝福祖国”主题花坛
花境的概念及特点
花境的概念
花境的特点
花境的分类
依植物材料分类
依设计形式分类
花境植物材料选择
花境布置场所
建筑物墙基
道路中央或两侧
挡土墙前
大面积草坪上
花境设计要点
种植床设计
背景设计
边缘设计
季相设计
平面设计
立面设计
图纸要求

任务4.1 花坛设计

任务要求

通过花坛设计任务的实施，学习花卉的重要性及其应用类型、花坛的概念及功能定位、花坛的类型及花坛的设计要点等理论知识。

学习目标

➢ 知识目标

（1）熟知园林花卉应用的主要类型。

（2）识记和理解盛花花坛、模纹花坛、造型花坛和造景花坛等基本词汇的含义。

（3）熟悉当地常见的花坛植物材料的观赏特点和生态习性。

（4）掌握花坛设计要点及图纸绘制方法。

➢ 技能目标

（1）能够利用所学知识准确评析具体场景中的花坛景观。

（2）能熟练应用花坛设计原则进行具体设计和绘图表达。

➢ 素养目标

（1）建立营造可持续植物景观的意识，在职业中坚守道德底线，培养正确的价值观。

（2）培养严谨的治学态度及精益求精的工匠精神。

（3）树立严格的法律规范意识。

（4）提高口语表达及方案汇报的能力。

任务导入

花坛设计

图4-1-1为华北地区街头小游园中的一个花坛。花坛半径为3 m，位于游园小广场的中心。请结合现状条件完成花坛的设计。

● **任务分析**

独立花坛设计是植物景观设计课程中的主要任务之一。首先根据花坛的周边环境和服务对象，确定花坛的类型。熟悉花坛所在地常用的花卉种类，选择合适的植物材料，完成花坛设计。

● **任务要求**

（1）花坛的设置需根据给定的环境因地制宜。

（2）植物选择适宜当地室外生存条件，要求植物配置与花坛性质、功能相协调。

（3）花坛的高度应当在人们的视平线以下，使人们能够看清花坛的内部和全貌。

（4）花坛的色彩与周围环境相互配合协调。

（5）需绘制花坛的平面图、立面图和效果图，撰写设计说明，编制植物材料统计表。

（6）要求设计的花坛风格独特，图纸绘制规范。

● **材料和工具**

测量仪器、绘图工具、绘图板、计算机等。

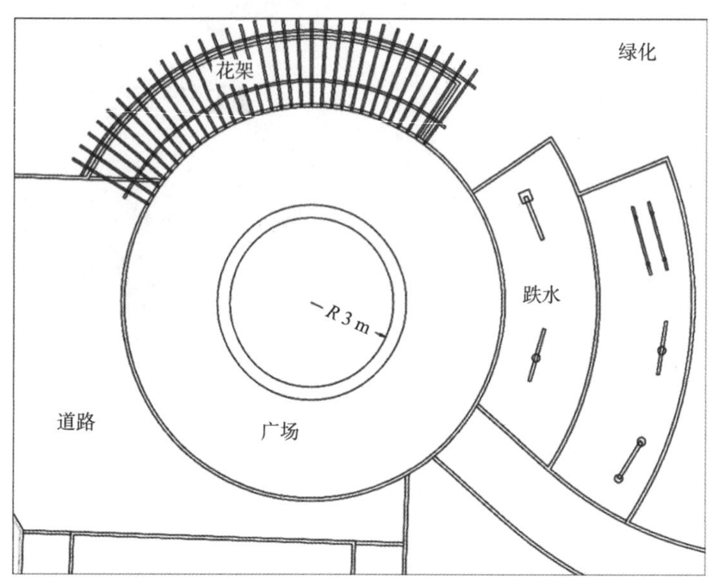

图 4-1-1　花坛总平面图

4

知识准备

4.1.1　花卉的重要性及其应用类型

4.1.1.1　花卉的概念

“花卉”一词由“花”和“卉”两个字构成。“花”是种子植物的有性生殖器官，引申为有观赏价值的植物；“卉”是草的总称，因此花卉为“花草的总称”（《新华字典》2011 修订版）。“花卉”的广义概念是指具有观赏价值的植物，包括木本植物和草本植物。

4.1.1.2　园林花卉的概念

广义的“园林花卉”是指适用于园林和环境绿化、美化的观赏植物，包括木本花卉和草本花卉的栽培种和一些野生种，又称园林植物。不仅包括以花为主要观赏部位的观花乔灌木和草花，也包括以观赏叶、果等其他部位的观赏乔灌木和草本植物，如观赏竹、观赏针叶树等。狭义的“园林花卉”仅指广义园林花卉中的草本植物，有时也称为草花。

4.1.1.3　园林花卉应用的重要性

花卉是大自然赐予人类最美好的东西之一，其种类极多，范围广泛，可以净化、绿化和美化环境，还可以陶冶情操。

1. 在美化环境中有重要作用

花卉是环境中具有生命的色彩，也是自然色彩的主要来源，其构成的色彩受季节和地域的限制较小，在园林中常为视觉的焦点，常用于重点地段绿化，起画龙点睛的作用，同时也美化家居环境（图 4-1-2）。

2. 具有愉悦精神和卫生防护的功能

园林花卉可以散发花香，释放挥发性杀菌物，滞尘，清新空气，营建鸟语花香的愉悦环境。

3. 在社交生活中有重要作用

花卉能交友、传情、行礼，甚至还有“花为媒”的说法。具体地说，鲜花的娇容艳貌中隐藏和孕育着独特的情感色彩，使它能够成为传递情感的信息载体，因而在现代社交礼仪中可以充当情感使者的角色，担负着多种情感传递信使的作用。

（1）传递爱情。花中凝聚着人世间最纯真、最高洁而又最炽热的美好感情。默默无言的花语，像热诚的红娘一样忠诚地在有情人之间传情引思，传递爱情。

（2）烘托气氛。在婚庆礼仪上，新娘手中的捧花，不仅可以把新娘装扮得更加美丽，而且作为甜蜜幸福象征的鲜花，为新婚夫妇送来忠诚爱情、百年好合的美好祝愿。

（3）联络友情。人们在结交朋友、问候亲友、迎送宾客时，如果送去一束束或一篮篮绚丽多彩的鲜花，自然就传达了一个友善的问候和祝福，表达了一份赤诚友好的情谊。这种联谊方式既高贵别致，又简单方便。

（4）社交润滑剂。鲜花是人们追求幸福、友好、和平的象征，深受人民喜爱。在社交场合中适当地摆放一些花卉，可以调节会谈时过于严肃、枯燥的气氛，活跃人们的情绪（图 4-1-3）。

图 4-1-2　花卉美化环境

图 4-1-3　餐桌摆花

4.1.1.4　园林花卉应用的主要类型

1. 花卉在露地园林中的应用

花卉根据形式不同在露地园林中有以下应用：

（1）规则式：花坛、花台、花钵等。

（2）自然式：花丛、花群、缀花草地等。

（3）半自然式：花境。

2. 花卉在室内的应用

花卉在室内有以下几方面的应用：

（1）室内花园。

（2）室内盆花。

（3）室内插花花艺。

4.1.2 花坛的概念及功能定位

4.1.2.1 花坛的概念

在具有一定几何形状的种植床内，种植以草花为主的各种观赏植物，形成一块平面色彩鲜艳或纹样华丽的图案式装饰绿地叫作花坛。

4.1.2.2 花坛的功能及定位

在园林构图中，花坛常作为主景或配景，具有较高的装饰性和观赏价值。花坛具有美化环境、组织交通和渲染气氛的功能。花坛大多布置在道路中央、两侧、交叉点、广场、庭院、大门前等处，是园林绿地中重点地区节日装饰主要的花卉布置类型。

4.1.3 花坛的类型

4.1.3.1 按照表现主题分类

1. 花丛花坛

花丛花坛又称为盛花花坛，是以观花草本植物花朵盛开时，花卉本身群体的艳丽色彩为表现主题。主要表现色彩美，欣赏花卉整体色块的搭配美，不注重图案纹样。花丛花坛主要由观花草本组成，表现花卉盛开时群体的色彩美。

这种花坛在布置时不要求花卉种类繁多，而要求图案简洁鲜明，对比度强。一般选用高矮一致、开花繁茂、花期较长的草本花卉。所采用的花卉可以是同一品种，也可用几个品种构成简单的图案有机地组合在一起。

（1）花丛花坛分类。

①花丛花坛。不论其种植床的轮廓为何种几何形状，只要其纵轴与横轴的长度之比不大于1∶3时称为花丛花坛（图4-1-4）。花丛花坛可以是平面的，也可以是中央高、四周低的锥状体或球面。

② 带状花丛花坛。当花坛的长短轴之比大于3∶1时称为带状花丛花坛（图4-1-5）。其宽度在一米以上，与花丛花坛一样有一定的高出地面的种植床。

图4-1-4　花丛花坛

图4-1-5　带状花丛花坛

③花缘。其宽度通常不超过一米，长短轴之比至少在四倍以上。花缘由一种花卉组成（可以不同色），通常不作主景，多为基础栽植作镶边之用（图4-1-6）。

（2）花丛花坛植物材料的选择。适合作花丛花坛的花卉应株丛紧密、着花繁茂。理想的植物材料在盛花时应完全覆盖枝叶，要求花期较长，开放一致，至少保持一个季节的观赏期。一二年生花卉为花丛花坛的主要材料，其种类繁多，色彩丰富，成本较低。球根花卉也是花丛花坛的优良材料，色彩艳丽，开花整齐，但成本较高。常用的一二年生花卉有三色堇、金盏菊、金鱼草、紫罗兰、福禄考、石竹、百日草、千日红、一串红、美女樱、虞美人、翠菊等；球根花卉有郁金香、风信子、美人蕉、水仙、大丽花等。

图 4-1-6　花缘

2. 模纹花坛

模纹花坛是利用各种不同色彩的观叶植物或花叶兼美的植物所组成的绚丽复杂的图案、纹样或文字等为主题的花坛，通常需要利用修剪措施以保证纹样的清晰。它的优点在于观赏期长，因此模纹花坛的材料应选择以枝叶细小、株丛紧密、萌蘖性强、耐修剪的观叶植物为主。

（1）模纹花坛分类。

①毛毡花坛。用各种观叶植物组成复杂精美的装饰图案，植物修剪成同一高度，表面平整，宛如华丽的地毯（图 4-1-7）。组成毛毡花坛最理想的植物材料是五色草。因为五色草可以组成细致精美的图案纹样，做出 6 ～ 10 cm 的线条，并且比较耐修剪。

②标题式花坛。形式上同模纹花坛，只是其表现的主题不同。模纹花坛是完全装饰性的图案，没有明确的思想主题，而标题式花坛有时由文字组成，有时是有一定意义的图徽或绘画，有时是肖像等，通过一定的艺术形象，表达一定的主题思想（图 4-1-8）。标题式花坛分为文字花坛、肖像花坛、图徽花坛等。

图 4-1-7　毛毡花坛

图 4-1-8　标题式花坛

③装饰物花坛。用观花或观叶花卉配置成具有一定实用目的的花坛，如日晷花坛（图 4-1-9）、时钟花坛（图 4-1-10）、日历花坛等，一般设置成斜面。通常用模纹花坛的形式表达。

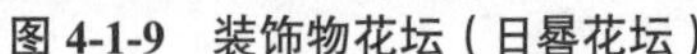
图 4-1-9　装饰物花坛（日晷花坛）

图 4-1-10　装饰物花坛（时钟花坛）

（2）模纹花坛植物材料的选择。模纹花坛植物以枝叶细小、株丛紧密、萌蘖性强、耐修剪、生长缓慢的多年生观叶植物为主。例如，红绿草、白草、尖叶红叶苋、红叶小檗、南天竹、杜鹃、六月雪、小叶女贞、金叶女贞、红叶苋、半枝莲、香雪球、紫罗兰、彩叶草、三色堇、雏菊、松叶菊、鸭跖草、葱兰、沿阶草、一串红、四季秋海棠、五色草等。

花坛要求经常保持鲜艳的色彩和整齐的轮廓，因此应注意花期交替的合理应用。利用花卉的不同花期，使整个花坛的观花时间延长。

花坛中心宜选用较高大而整齐的花卉材料，如美人蕉、扫帚草、毛地黄、高金鱼草等；也可用小乔木或灌木，如苏铁、蒲葵、海枣、凤尾兰、雪松、云杉及修剪的球形黄杨、龙柏等。花坛的边缘也常用矮小的灌木绿篱或常绿草本作镶边栽植，如雀舌黄杨、紫叶小檗、葱兰、沿阶草等。

3. 造型花坛

造型花坛又称立体花坛，即将花卉栽植在各种立体造型物上而形成竖向造型景观。造型花坛可创造不同的立体形象，如动物、人物或实物（花篮、花瓶、亭廊等），通过骨架和各种植物材料组装而成（图 4-1-11）。一般作为大型花坛的构图中心，也有独立应用在街头绿地或公园中心。

图 4-1-11　造型花坛

4. 造景花坛

造景花坛以自然景观作为花坛的构图中心，通过骨架、植物材料和其他设备组成山、水、亭、桥等小型山水园或农家小院等景观花坛（图 4-1-12）。最早应用于天安门广场的国庆花坛布置，主要是为了突出节日气氛，展现祖国的建设成就和大好河山，目前也被应用于园林中临时造景。

图 4-1-12　造景花坛

4.1.3.2　按照组合方式分类

1. 独立花坛

独立花坛即单体花坛。独立花坛常设置在广场、公园入口等较小环境中，作为局部构图的主体，一般布置在轴线的焦点、公路交叉口或大型建筑前的广场上。独立花坛的面积不宜过大，需与雕塑、喷泉或树丛等结合布置（图 4-1-13）。

2. 花坛群

由两个以上相同或不同形式的个体花坛，组成一个不可分割的构图整体，称为花坛群。花坛群的构图中心可以采用独立花坛，也可以采用水池、喷泉、雕塑来代替。花坛群应有统一的底色，以突出其整体感。组成花坛群的各花坛之间常用道路、草皮等相互联系，可允许游人入内，有时还设置座椅、花架供游人休息（图 4-1-14）。

图 4-1-13　独立花坛

图 4-1-14　花坛群

4.1.3.3　按照设置方式分类

按设置方式花坛可分为固定式花坛和活动式花坛。

1. 固定式花坛

固定式花坛是常用的方式，常设在广场中心、道路的交通岛等。其优点是土壤深厚，水分保持好，便于抚育管理；缺点就是形状固定不变，北方冬季有残景。

2. 活动式花坛

活动式花坛一般在重大节日烘托气氛、装点环境，常设在铺装广场或室内临时摆放。其优点是随时拆装，冬季无残景，可变换图案；缺点是种植器皿土壤少，固水能力差，需要常浇水，管理麻烦。

4.1.4 花坛设计要点

4.1.4.1 花坛与环境的关系

微课：花坛的设计

花坛与环境的关系包括对比以及协调、统一。

1. 花坛与周围环境的对比

（1）空间构图对比。在空间构图上，平面展开的花坛要与周围的建筑物、乔灌木等形成一定的立体层次，做到错落有致。

（2）色彩的对比。在色彩方面，花坛与周围建筑、地面铺装、植物的色彩搭配既要有层次又要协调美观。

（3）质地的对比。在质地方面，周围建筑物与道路、广场，以及雕塑和墙体等硬质景观与花坛的植物材料的柔软质地形成对比。

2. 花坛与周围环境的协调与统一

（1）花坛的外轮廓与周围环境轮廓相协调。花坛的外部轮廓应大致与周边环境轮廓相一致，如与广场、道路等形状相一致。

（2）花坛的风格和纹样与周围环境相协调。花坛的风格和装饰纹样应与周围环境的性质、风格、功能等相协调，例如，动物园入口广场的花坛以动物形象或童话故事中的形象为主体就很相宜（图 4-1-15）；作为雕塑、喷泉等基础装饰的配景花坛，花坛的风格应简约大方，不应喧宾夺主（图 4-1-16）。

图 4-1-15　动物园入口花坛

图 4-1-16　喷泉花坛

4.1.4.2 花坛的平面布置

作为主景的花坛外形应对称，设置在构图的轴线上，如广场中央等；作为配景的花坛应设置在主景主轴的两侧，主要目的是强调主景，如道路两侧、建筑或大型雕塑的基础旁等。

在广场上设计花坛时，花坛大小一般不超过广场面积的 1/5 ～ 1/3。除主景花坛外，平地上面积越大，图案变形越大，因此短轴的长度最好在 8 ～ 10 m。图案简单粗放的花坛直径可达 15 ～ 20 m。

为了使具有精致图案的模纹花坛不变形，常常将中央隆起成向四周倾斜的斜面，在斜面上布置图案。也可以将花坛布置于斜面上，斜面与地面的成角越大，图案变形越小。单面观花坛常设在 30° ～ 60° 的斜面上。

4.1.4.3 花坛的立面处理

花坛表现的主要是平面的图案，由于视角关系离地面不宜太高。一般情况下单体花坛主体高度不宜超过人的视平线，中央部分可以高一些。花坛为了排水和主体突出，避免游人践踏，花坛的种植床应稍高出地面，通常为 7 ～ 10 cm，为了利于排水，花坛中央应拱起，保持 4% ～ 10% 的排水坡度。

为了使花坛的边缘有明显的轮廓，且使种植床内的泥土不因水土流失而污染路面或广场，也为了使游人不因拥挤而践踏花坛，花坛种植床周围常以边缘石保护，同时边缘石也有一定的装饰作用。边

缘石的高度通常在 10 ～ 15 cm，大型花坛最高也不超过 30 cm。边缘石的宽度应与花坛的面积有合适的比例，宽度一般介于 10 ～ 30 cm。边缘石可以有各种质地，但其色彩应与道路和广场的铺装材料相调和，色彩要朴素，造型要简洁。

4.1.4.4　花坛内部图案纹样设计

花丛式花坛图案纹样应主次分明，简洁美观。模纹花坛纹样应丰富精致，但外形轮廓应简单。花坛中图案纹样的粗细，一般五色草类花坛纹样大于 5 cm，草本花卉花坛纹样大于 10 cm，灌木组成的花坛纹样大于 20 cm。

4.1.4.5　花坛其他部分植物设计

花坛除设置边缘石外，为了将五彩缤纷的花坛图案统一起来，花坛常常布置边缘植物。边缘植物通常是植株低矮的灌木绿篱或常绿草本作镶边栽植，不作复杂构图。常用植物如雀舌黄杨、紫叶小檗、天门冬、麦冬类等做单色配置。

花丛花坛还常用高大整齐、体形优美、轮廓清晰的花卉或花木作为中心材料点缀花坛，形成花坛的构图中心，如美人蕉、棕榈类、龙舌兰类、苏铁类。以支架构造的倾斜花坛还常常有背景植物，如雪松、黄杨等。

4.1.4.6　花坛的色彩设计

花坛应有主调色彩，配色不宜太多，应根据四周环境设计花坛主色调。例如，公园、景区等为烘托气氛应选择暖色花卉作主体，使人感觉鲜明、活跃；办公楼、图书馆、医院等应选择淡色花卉作主体，使人感到安静。

在不强调图案的花丛式花坛中，同一色调或近似色调的花卉种在一起，易给人柔和、愉快的感觉；在强调醒目图案的花坛中，常用对比色相配；同时花坛设计应考虑花坛背景颜色。

4.1.4.7　花坛设计图

花坛的设计图主要包括环境总平面图、花坛平面图、立面效果图、设计说明书和植物材料统计表五部分。

1. 环境总平面图

在环境总平面图中需画出花坛所在环境的道路分布建筑边界线、广场及绿地等，并绘出花坛的外形轮廓，依据面积大小，通常选用 1∶100 或 1∶1 000 的比例。

2. 花坛平面图

花坛平面图应标明花坛的图案纹样及所用植物材料。绘出花坛的图案后，用阿拉伯数字或符号在图上依纹样使用的花卉，从花坛内部向外依次编号，并与图旁的植物材料表相对应。若花坛用花随季节变化需要轮换，应在平面图中予以绘制或说明。一般较大的花丛式花坛以 1∶50 的比例，模纹花坛以 1∶30 ～ 1∶20 的比例画出花坛的平面布置图及内部的精细设计。

3. 立面效果图

为了展示及说明花坛的效果及景观，需要绘制花坛的立面效果图。单面观赏花坛及几个方向图案对称的花坛只需画出主立面图；非对称式图案，需有不同立面的设计图。花坛中某些局部，如造型物等细部必要时需绘出立面放大图，其比例和尺寸应准确，为制作及施工提供可靠数据。

4. 设计说明书

设计说明书应包括对花坛的环境状况、立地条件、花坛主题及构思等相关问题进行说明，并说明设计图中难以表现的内容。同时可提出花坛建立后的一些养护管理要求。

5. 植物材料统计表

植物材料统计表包括花坛植物的中文名、拉丁学名、花期、花色、数量、规格（株高、冠幅等）。在季节性花坛中，还要标明花坛在不同季节的代替花卉。

4.1.5 花坛设计案例赏析

4.1.5.1 "百年历程"主题花坛

"百年历程"立体花坛（图 4-1-17）位于济南市舜耕路与马鞍山路道路交叉口。植物立体雕塑高 7 m，宽 25 m，方案设计灵感来源于孔雀牡丹富贵图。牡丹和孔雀是中国传统文化中的重要文化符号，象征着富贵、美好、吉祥。以此元素装点城市，表达了自中国共产党成立以来，历经百年奋斗，带领人民打赢脱贫攻坚战，实现全面小康，使得祖国大地繁花似锦的景象。

图 4-1-17 "百年历程"主题花坛

4.1.5.2 "凤来花舞"主题花坛

为庆祝新中国成立 71 周年，2020 年上海市人民广场中央喷水池处建造了以"凤来花舞"为主题的立体花坛（图 4-1-18）。该立体花坛选取中华民族传统瑞鸟"凤凰"为主要元素，以似锦繁花为衬托，表达"紫气东来凤飞舞，繁花似锦蕴富贵"的创作构思，以凤飞祥舞、日月同辉、百花繁盛等为创意元素，体现出人民对幸福生活的向往，以及对伟大祖国的深深祝福和眷恋之情。"凤来花舞"高约 10 m，占地 900 余平方米，以钢结构立体花坛呈现，部分艺术结构造型用非植物材料制作，并配有夜景与雾景。

图 4-1-18 "凤来花舞"主题花坛

4.1.5.3 “祝福祖国”主题花坛

2023年国庆节天安门广场中心的“祝福祖国”主题花坛以喜庆的花篮为主景。花篮内选取了拥有美好寓意的花卉和喜庆丰收的五谷（水稻、小麦、小米、黄米、大豆），体现花团锦簇、五谷丰登。花坛底部直径为45 m，为牡丹图案，寓意繁荣昌盛。花坛顶高18 m，篮体高16 m，篮盘直径为12 m，花篮篮体南侧书写“祝福祖国 1949—2023”、北侧书写“欢度国庆 1949—2023”字样（图4-1-19）。

图4-1-19 “祝福祖国”主题花坛

任务实施

（1）根据区域环境功能，确定花坛主题。该花坛位于街头游园小广场的中心位置，街头游园是居民亲近自然、集会、交友和健身的主要场所，以此为契机向市民倡导爱绿护绿，共同建设美丽家园的文明风尚。确定花坛的设计主题为“同心协力”，指团结一心为建设人与自然和谐共生的美好家园贡献自己的一份力量。

（2）选择配置的植物种类。充分了解花坛所在地的气候、土壤等环境因子，以及花坛植物的生长情况。确定以绿篱植物红叶石楠、金叶女贞、小龙柏等为主要材料，搭配观赏效果较佳的四季秋海棠。

（3）确定设计方案。在选择好植物材料的基础上，确定设计方案，并完成平面图和效果图的绘制（图4-1-20、图4-1-21）。编制设计说明和植物材料表。

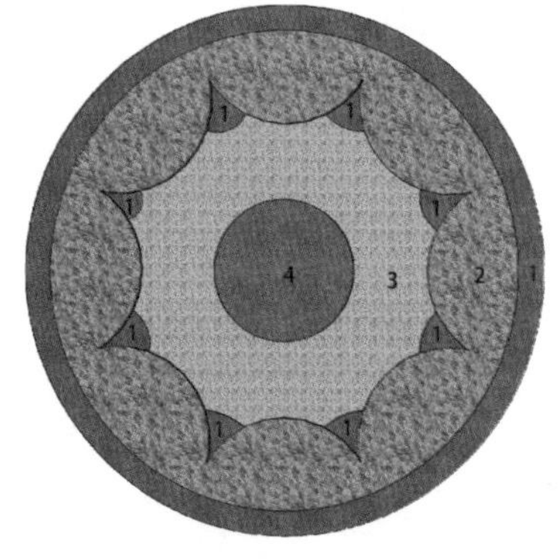

图4-1-20 “同心协力”花坛平面图

1—四季秋海棠；2—小龙柏；3—金叶女贞；4—红叶石楠

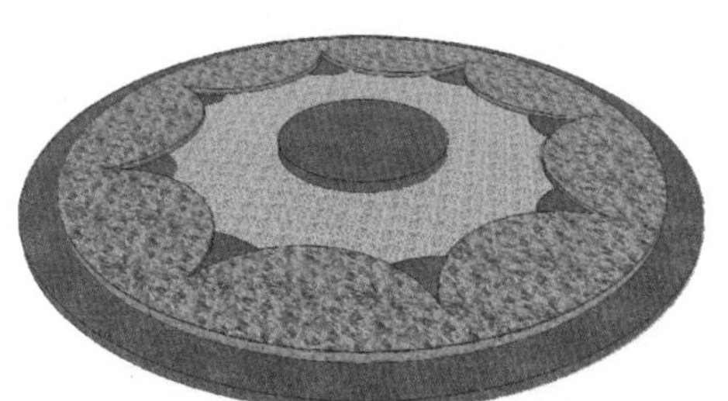

图4-1-21 “同心协力”透视效果图

巩固训练

图 4-1-22 为华北地区高校校园绿地中的一个花坛总平面图，中心花坛半径为 2.6 m，两弧形花坛宽 2 m。请以“扬帆起航”为设计主题，利用花坛设计原则和设计要点，完成花坛设计。

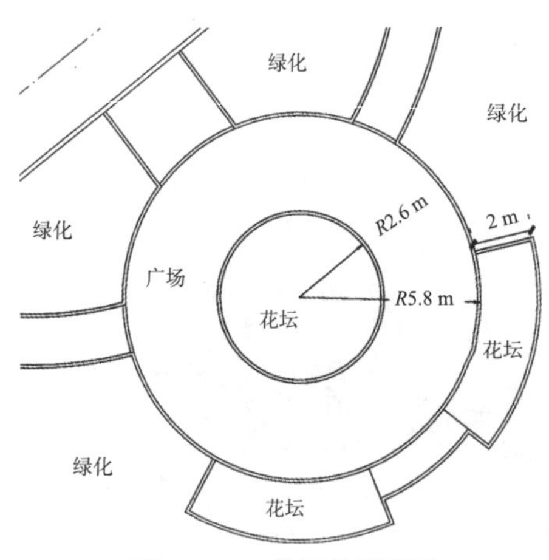

图 4-1-22　花坛总平面图

评价与总结

根据花坛设计学习内容和任务完成情况，进行评价，具体见表 4-1-1。

表 4-1-1　花坛设计评分表

作品名：　　　　　　　　　　　　姓名：　　　　　　　　　　　　学号：

考核指标	标准	分值 / 分	等级标准				得分
			优	良	及格	不及格	
设计理念	选择植物可适应当地室外环境条件，并充分体现生态环保、低碳节约的设计理念	10	8～10	5～7	3～4	0～2	
设计主题和立意构思	能结合场地环境特点及要求设计，主题明确，立意构思新颖、巧妙	15	12～15	9～11	5～8	0～4	
设计图案	图案简洁大气，线条流畅舒展，比例协调，花卉品种适当	15	12～15	9～11	5～8	0～4	
设计色彩	花色对比强烈，花朵鲜艳亮丽，色彩与周围环境协调统一	15	12～15	9～11	5～8	0～4	
方案可实施性	在保证花坛性质、风格、功能与周围环境相协调的前提下，方案可实施性强	8	7～8	5～6	3～4	0～2	
设计图纸表现	设计图纸美观大方，能够准确表达设计构思，符合制图规范	10	8～10	5～7	3～4	0～2	
设计说明	设计说明能够较好地表达设计构思	7	6～7	4～5	2～3	0～1	
方案的完整性	包括花坛总平面图、花坛平面图、花坛立面图、设计说明、植物材料统计表等	10	8～10	5～7	3～4	0～2	
方案汇报	思路清晰，语言流畅，能准确表达设计图纸，PPT 美观大方，答辩准确合理	10	8～10	5～7	3～4	0～2	
总分							
任务总结							

任务 4.2　花境设计

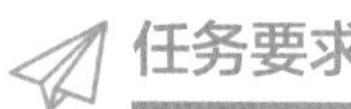

任务要求

通过花境设计任务的实施，学习花境的概念及特点、花境的分类、花境植物材料的选择、花境布置场所以及花境设计要点。

学习目标

➢ 知识目标

（1）理解花境的概念和特点。
（2）掌握花境植物材料的选择要求。
（3）熟悉当地花境植物材料的观赏特点和生态习性。
（4）掌握花境设计要点和图纸绘制方法。

➢ 技能目标

（1）能够利用所学知识准确评析具体场景中的花境景观。
（2）能熟练应用花境设计原则进行具体场景下花境的设计和绘图表达。

➢ 素养目标

（1）建立营造可持续植物景观的意识，在职业中坚守道德底线，培养正确的价值观。
（2）培养严谨的治学态度及精益求精的工匠精神。
（3）树立严格的法律规范意识。
（4）提高口语表达及方案汇报的能力。

任务导入

花境设计

图 4-2-1 所示区域为城市广场的一角，紧邻城市主干道，在广场次入口的大草坪上设计一个花境，可根据周围环境自行规划花境的设计范围。

● **任务分析**

花境设计是植物景观设计课程中的主要任务之一，也是植物景观设计师需掌握的一项主要的职业技能。首先分析花境的周围环境和服务对象，当地花境常用的植物材料，根据花境设计要点完成花境的设计。

● **任务要求**

（1）花境需根据给定的环境，因地制宜地设置。
（2）选择适宜当地室外生存条件的植物。
（3）花境整体构图严谨，还要注意一年中的四季变化。

（4）立意明确，风格独特。

（5）完成花境平面图、立面图、效果图（季相）。

（6）图面内容完整，构图合理、清洁美观，图纸绘制规范。

（7）制作植物材料表，编写花境设计说明。

● **材料和工具**

测量仪器、绘图工具、绘图板、绘图软件、计算机等。

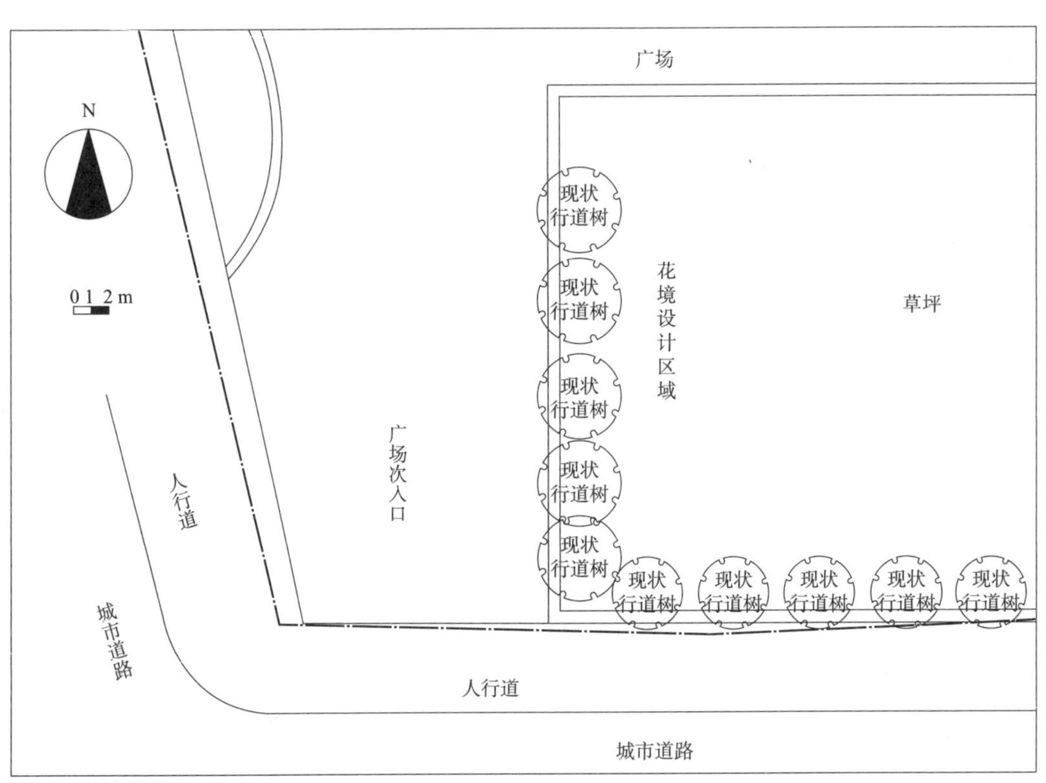

图 4-2-1　花境总平面图

知识准备

4.2.1　花境的概念及特点

4.2.1.1　花境的概念

花境是以宿根和球根花卉为主，结合一二年生草花和花灌木，沿花园边界或路缘布置而成的一种园林植物景观，亦可点缀山石、器物等。

4.2.1.2　花境的特点

花境源自欧洲，是园林中从规则式构图到自然式构图的一种过渡的半自然式带状种植形式，以表现植物本身所特有的自然美以及不同种类之间自然组合的群落美为主题。

花境具有以下特点：花境是具有一定形状的种植床；从平面上看，整个花境的形状不是呈规则的几何形状，而是自然沿道路等地形做长带状布置；花境内部的植物配植是自然式的斑块混交，基本构成单位是一组花丛；主要表现植物群丛平面和立面的自然美；内部植物配置有季相变化，色彩丰富，四季有景；花境一次种植可多年使用，不需要经常更换，能较长时间保持其群体自然景观，具有较好的群落稳定性。

4.2.2 花境的分类

4.2.2.1 依植物材料分类

依据植物材料的不同花境可分为以下几类。

1. 宿根花卉花境

宿根花卉花境（图4-2-2）是指花境中所用的植物材料全部由可露地越冬、适应性较强的宿根花卉组成。宿根花卉在花期上具有明显的季节性，且种类繁多、姿态各异、自然感强，是构成花境的良好花卉材料。

2. 球根花卉花境

球根花卉花境是由各种球根花卉栽植而成的花境（图4-2-3）。球根花卉色彩绚烂、姿态优雅，整体感强。大多花期集中在春季及初夏，可通过选择多种花卉种类搭配来延长观赏期。但球根花卉花境一般多在夏季进入休眠期，需处理保存。

图4-2-2 宿根花卉花境

图4-2-3 球根花卉花境

3. 一二年生草花花境

一二年生花卉种类繁多，从播种到开花所需时间短，花期集中、观赏效果佳，但花卉寿命短，在花境应用中需按季节更换或年年播种，管理投资较大。花境设计中选择管理粗放、能自播繁殖的种类为佳，如大花飞燕草、波斯菊、黑心菊、紫茉莉、大花马齿苋等。

4. 灌木花境

灌木花境是以观花、观叶、观果的各种灌木组成的花境，具有开花繁盛、花色丰富、成景快、寿命长、稳定性强、管理简便等特点。但由于其栽植后不易移栽，要事先考虑好位置空间、株型色彩搭配及生态适应性等因素。

5. 观赏草花境

观赏草花境是指以不同种类的观赏草组成的花境。观赏草姿态飘逸、株型各异、花序缤纷、叶色富有变化、适应性极强。观赏草花境在夏秋季节具有最佳的观赏效果，往往带给人风姿绰约、质朴刚劲、自然野趣的感觉，具有独特的韵味（图4-2-4），近年来越来越受到人们的青睐。

6. 混合花境

混合花境是指由多种不同类型的植物材料组成的花境，是花境应用中比较常见的类型，具有观赏期长、季相景观丰富、结构较稳定、管理简便等特点（图4-2-5）。一般以绿乔木和花灌木为基本骨架，以宿根花卉及观赏草为主体，以少量一二年生草花或球根花卉作为季相点缀及前缘。混合花境的持续时间长，植物的叶色、花色等在不同的时期有明显的季相变化，呈现出不同的景观效果。

图 4-2-4　观赏草花境

图 4-2-5　混合花境

4.2.2.2　依设计形式分类

1. 单面观花境

单面观花境是传统的花境形式，多临近道路设置，常以建筑物、矮墙、树丛、绿篱等为背景，前面是低矮的边缘植物，整体上前面低后面高，供一面观赏（图 4-2-6）。

2. 双面观花境

双面观花境是可供两面或多面观赏的花境。多设置在草坪、树丛间、广场或道路中央等，没有背景，植物种植中间高四周低（图 4-2-7）。

图 4-2-6　单面观花境

图 4-2-7　双面观花境

3. 对应式花境

对应式花境是在道路两侧、草坪中央或建筑物周围设置相对应的两个花境，这两个花境呈左右两列式。在设计上统一考虑，作为一组景观，多采用拟对称的手法，以求具有节奏和变化（图 4-2-8）。

图 4-2-8　对应式花境

4.2.3　花境植物材料选择

花境植物应选择在当地露地越冬，不需特殊管理的宿根花卉为主，兼顾一些花灌木、球根花卉和一二年生花卉。花境植物应有较长的花期，且花期分散在各季节，最好花叶兼美。要求植物四季美观又能季相交替，适应性强，栽培管理简单，一般栽后 3 ～ 5 年不更换。

微课：花境植物选择与配置

以山东为例，山东地区花境常用草本花卉见表 4-2-1，山东地区花境常用灌木见表 4-2-2。南方花境常用花灌木有龙舌兰、朱蕉、变叶木、红背桂、杜鹃花、十大功劳等。

表 4-2-1　山东地区花境常用草本花卉种类

中文名	拉丁学名	株高 /cm	花期 / 月	花色
山桃草	*Gaura lindheimeri*	60 ～ 100	5 ～ 8	淡粉
金叶石菖蒲	*Acorus gramineus* ‘Ogan’	20 ～ 40	4 ～ 5	绿色
德国鸢尾	*Iris germanica*	40 ～ 50	4 ～ 5	蓝紫
鼠尾草	*Salvia japonica*	40 ～ 60	6 ～ 9	蓝紫
蓝雪花	*Ceratostigma plumbaginoides*	45 ～ 50	7 ～ 9	蓝色
玉簪	*Hosta plantaginea*	20 ～ 30	8 ～ 10	白色
马鞭草	*Verbena officinalis*	30 ～ 120	7 ～ 11	紫色
墨西哥鼠尾草	*Salvia leucantha*	40 ～ 60	8 ～ 10	紫色
薰衣草	*Lavandula angustifolia*	35 ～ 40	6 ～ 8	紫色
金丝苔草	*Carex* ‘Evergold’	20 ～ 30	4 ～ 5	—
黄金菊	*Euryops pectinatus*	50 ～ 60	8 ～ 10	黄色
矮滨菊	*Leucanthemum vulgare* cv. ‘Short’	30 ～ 40	5 ～ 9	白色
毛地黄	*Digitalis purpurea*	60 ～ 80	5 ～ 6	亮粉
山菅兰	*Dianella ensifolia*	40 ～ 50	7 ～ 11	淡蓝
兔尾草	*Lagurus ovatus*	20 ～ 45	4 ～ 6	白色
六倍利	*Lobelia erinus*	20 ～ 25	4 ～ 6	蓝紫
过路黄	*Lysimachia christiniae*	10 ～ 15	5 ～ 7	黄色
佛甲草	*Sedum lineare*	10 ～ 15	4 ～ 5	黄色
细叶芒	*Miscanthus sinensis*	100 ～ 120	9 ～ 10	黄褐
分药花	*Salvia abrotanoides*	80 ～ 100	6 ～ 7	紫色
花叶蒲苇	*Cortaderia selloana*	50 ～ 120	9 ～ 1	粉红
木贼	*Equisetum hyemale*	30 ～ 100	6 ～ 7	绿色
紫叶美人蕉	*Canna warscewiezii*	80 ～ 150	5 ～ 11	紫红
狐尾天门冬	*Asparagus densiflorus* ‘Myersii’	30 ～ 60	5 ～ 8	白色
蓝羊茅	*Festuca glauca*	30 ～ 50	5	蓝绿
墨西哥羽毛草	*Nassella tenuissima*	30 ～ 50	6 ～ 9	白绿
矾根	*Heuchera micrantha*	20 ～ 25	4 ～ 10	红色
林荫鼠尾草	*Salvia nemorosa*	40 ～ 90	9 ～ 12	蓝紫
银叶菊	*Jacobaea maritima*	30 ～ 60	6 ～ 9	黄色
欧石竹	*Carthusian pink*	20 ～ 50	5 ～ 10	红色

续表

中文名	拉丁学名	株高 /cm	花期 / 月	花色
金边吊兰	*Chlorophytum comosum* f. *variegata*	30 ～ 60	5 ～ 6	白色
美女樱	*Verbena hybrida*	10 ～ 50	5 ～ 11	粉色
八宝景天	*Hylotelephium erythrostictum*	20 ～ 25	7 ～ 10	白色
花烟草	*Nicotiana alata*	60 ～ 150	5 ～ 9	白色
羽扇豆	*Lupinus micranthus*	50 ～ 60	3 ～ 5	红色
蓝花鼠尾草	*Salvia farinacea*	50 ～ 55	9 ～ 12	蓝色
美人蕉	*Canna indica*	60 ～ 70	6 ～ 10	粉色
朝雾草	*Artemisia schmidtiana*	20 ～ 25	9 ～ 11	黄色
蜀葵	*Althaea rosea*	50 ～ 200	6 ～ 8	紫粉
红花酢浆草	*Oxalis corymbosa*	10 ～ 15	3 ～ 12	红色
宿根福禄考	*Phlox paniculata*	15 ～ 40	5 ～ 10	红色
波叶玉簪	*Hosta undulata*	20 ～ 40	7 ～ 9	黄色
矮蒲苇	*Cortaderia selloana* ‘Pumila’	约 120	1 ～ 12	白色
矮牵牛	*Petunia hybrida*	15 ～ 80	4 ～ 10	红色
大丽花	*Dahlia pinnata*	150 ～ 200	6 ～ 12	粉黄
半边莲	*Lobelia chinensis*	15 ～ 35	8 ～ 10	红色
姬小菊	*Brachyscome angustifolia*	30 ～ 60	4 ～ 11	白色
白晶菊	*Chrysanthemum paludosum*	15 ～ 25	9 ～ 10	白黄
薄荷	*Mentha canadensis*	30 ～ 60	7 ～ 9	青紫
黄金雀	*Stegastes aureus*	80 ～ 250	4 ～ 11	黄色
麦冬	*Ophiopogon japonicus*	14 ～ 30	5 ～ 8	白紫
翠芦莉	*Ruellia brittoniana*	20 ～ 60	3 ～ 10	紫色
天门冬	*Asparagus cochinchinensis*	70 ～ 100	5 ～ 6	白色
筋骨草	*Ajuga ciliata*	10 ～ 30	4 ～ 8	紫色
火星花	*Crocosmia crocosmiiflora*	50 ～ 100	7 ～ 8	红色
小兔子狼尾草	*Pennisetum alopecuroides* cv. ‘Little Bunny’	15 ～ 30	7 ～ 11	白色
大吴风草	*Farfugium japonicum*	60 ～ 70	8 ～ 3	黄色
大花萱草	*Hemerocallis hybrida*	30 ～ 40	6 ～ 8	黄色
百子莲	*Agapanthus africanus*	30 ～ 60	7 ～ 8	紫色
落新妇	*Astilbe chinensis*	15 ～ 150	6 ～ 9	粉色
南非万寿菊	*Osteospermum ecklonis*	20 ～ 30	6 ～ 10	红紫
松果菊	*Echinacea purpurea*	50 ～ 150	6 ～ 7	粉色
飞燕草	*Consolida ajacis*	35 ～ 60	6 ～ 9	蓝色
千层金	*Melaleuca bracteata*	600 ～ 800	4 ～ 10	黄色
蛇鞭菊	*Liatris spicata*	70 ～ 120	7 ～ 8	紫红
金光菊	*Rudbeckia laciniata*	50 ～ 200	5 ～ 9	黄色
蒲棒菊	*Rudbeckia maxima*	200	7 ～ 8	黄黑
天人菊	*Gaillardia pulchella*	25 ～ 60	7 ～ 10	黄色

续表

中文名	拉丁学名	株高 /cm	花期 / 月	花色
柳叶马鞭草	*Verbena bonariensis*	100 ~ 150	5 ~ 9	紫色
石菖蒲	*Acorus tatarinowii*	30 ~ 40	6 ~ 9	黄色
绵毛水苏	*Stachys byzantina*	24 ~ 80	5 ~ 7	紫红
荆芥	*Nepeta cataria*	40 ~ 150	7 ~ 9	青紫
石蒜	*Lycoris radiata*	约 30	8 ~ 9	红黄
香雪球	*Lobularia maritima*	20 ~ 40	4 ~ 6	白或淡紫
细叶美女樱	*Glandularia tenera*	20 ~ 30	4 ~ 10	亮紫
红脉酸模	*Rumex sanguineus*	30 ~ 40	5 ~ 6	白或粉红
石竹	*Dianthus chinensis*	30 ~ 50	2 ~ 10	亮粉
千日红	*Gomphrena globosa*	20 ~ 60	5 ~ 9	亮紫
火炬花	*Kniphofia uvaria*	25 ~ 30	6 ~ 10	红色
千叶蓍	*Achillea millefolium*	50 ~ 60	4 ~ 6	粉色
婆婆纳	*Veronica polita*	10 ~ 25	6 ~ 9	蓝紫
大花金鸡菊	*Coreopsis grandiflora*	20 ~ 100	5 ~ 9	黄色
金边麦冬	*Liriope spicata* var. *Variegata*	30 ~ 35	6 ~ 9	紫色
鸢尾	*Iris tectorum*	30 ~ 50	4 ~ 6	蓝紫
马蔺	*Iris lactea*	30 ~ 50	5 ~ 6	蓝紫
菖蒲	*Acorus calamus*	60 ~ 70	6 ~ 9	黄色
金叶过路黄	*Lysimachia nummularia* ‘Aurea’	20 ~ 25	5 ~ 7	黄色
麦秆菊	*Xerochrysum bracteatum*	10 ~ 15	7 ~ 9	红色
灯心草	*Juncus effusus*	70 ~ 100	4 ~ 7	黄绿色
细茎针茅	*Stipa tenuissima*	30 ~ 50	6 ~ 9	红紫色
大叶铁线莲	*Clematis heracleifolia*	30 ~ 100	8 ~ 9	蓝紫色
穗花翠雀	*Delphinium elatum*	20 ~ 60	4 ~ 5	蓝色
小盼草	*Chasmanthium latifolium*	30 ~ 50	5 ~ 6	绿变铜变褐色
毛蕊花	*Verbascum thapsus*	12 ~ 45	6 ~ 8	紫橙复色
黄唐松草	*Thalictrum flavum*	60 ~ 150	6 ~ 7	白粉色
蓝盆花	*Scabiosa comosa*	30 ~ 80	7 ~ 8	粉色
紫娇花	*Tulbaghia violacea*	30 ~ 40	5 ~ 7	淡紫色
万寿菊	*Tagetes erecta*	30 ~ 35	2 ~ 10	粉或红
大花葱	*Allium giganteum*	30 ~ 60	5 ~ 6	紫红色
花叶芦竹	*Arundo donax* var. *versicolor*	10 ~ 40	9 ~ 12	蓝或紫
地肤	*Bassia scoparia*	50 ~ 100	6 ~ 9	红褐色
醉蝶花	*Tarenaya hassleriana*	50 ~ 100	7 ~ 9	浅粉色
郁金香	*Tulipa gesneriana*	30 ~ 50	4 ~ 5	白、红黄、紫
凤仙花	*Impatiens balsamina*	60 ~ 100	7 ~ 10	白、粉红、紫
萱草	*Hemerocallis fulva*	60 ~ 80	5 ~ 7	黄或橙色
金钱蒲	*Acorus gramineus*	20 ~ 30	5 ~ 6	黄色

表 4-2-2　山东地区花境常用灌木

中文名	拉丁学名	株高 /cm	花期 / 月	花色
迷迭香	*Rosmarinus officinalis*	45 ~ 50	11 ~次年 4 月	蓝紫
八仙花	*Hydrangea macrophylla*	40 ~ 55	6 ~ 8	蓝色
木茼蒿	*Argyranthemum frutescens*	30 ~ 40	2 ~ 10	淡粉
圆锥绣球	*Hydrangea paniculata*	100 ~ 500	7 ~ 8	淡紫
月季花	*Rosa chinensis*	100 ~ 200	5 ~ 11	红
菱叶绣线菊	*Spiraea vanhouttei*	100 ~ 200	5 ~ 6	白
金山绣线菊	*Spiraea japonica* ‘Gold Mound’	25 ~ 35	5 ~ 10	粉
粉花绣线菊	*Spiraea japonica*	40 ~ 150	6 ~ 7	粉红
金焰绣线菊	*Spiraea japonica* ‘Goldflame’	40 ~ 60	5 ~ 10	粉红
黄金喷泉绣线菊	*Spiraea vanhouttei* ‘Gold Fountain’	80 ~ 100	4 ~ 5	黄
小蜡树	*Ligustrum sinense*	200 ~ 700	3 ~ 6	白
小叶女贞	*Ligustrum quihoui*	100 ~ 200	4 ~ 6	白
南天竹	*Nandina domestica*	35 ~ 60	5 ~ 7	紫
蓝冰柏	*Cupressus glabra* ‘Blue Ice’	100 ~ 150	3 ~ 5	白
香柏	*Sabina pingii var. wilsonii*	100 ~ 200	4 ~ 6	绿
蓝叶忍冬	*Lonicera korolkowii*	80 ~ 100	4 ~ 5	红
球柏	*Sabina chinensis* ‘Globosa’	60 ~ 70	4 ~ 5	黄
水果蓝	*Teucrium fruticans*	30 ~ 40	5 ~ 6	蓝
荚蒾	*Viburnum dilatatum*	55 ~ 60	5 ~ 7	白
牡丹	*Paeonia Suffruticosa*	60 ~ 70	4 ~ 5	奶油黄
穗花牡荆	*Vitex agnus-castus*	200 ~ 300	7 ~ 8	蓝紫
六道木	*Zabelia biflora*	约 150	5 ~ 11	白粉
齿叶冬青	*Ilex crenata*	约 500	5 ~ 6	白
造型黄杨	*Buxus Sinica*	约 160	4 ~ 5	黄绿
海桐	*Pittosporum tobira*	约 100	3 ~ 5	白
连翘	*Forsythia suspensa*	约 200	3 ~ 4	金黄
女贞	*Ligustrum lucidum*	120 ~ 130	5 ~ 7	黄
红叶石楠	*Photinia × fraseri*	约 150	5 ~ 7	白
彩叶杞柳	*Salix integra* ‘Hakuro Nishiki’	100 ~ 120	—	—
大叶黄杨	*Euonymus japonicus*	280 ~ 300	6 ~ 7	白
欧洲荚蒾	*Viburnum opulus*	150 ~ 400	5 ~ 6	白
锦带花	*Weigela florida*	约 300	4 ~ 6	红
紫叶风箱果	*Physocarpus opulifolius* ‘Summer Wine’	200 ~ 300	6 ~ 7	白
金边胡颓子	*Elaeagnus pungens* ‘Aurea’	200 ~ 400	9 ~ 11	黄
溲疏	*Deutzia scabra*	30 ~ 60	5 ~ 6	白色
猬实	*Kolkwitzia amabilis*	150 ~ 300	5 ~ 6	粉红色
常春藤	*Hedera nepalensis var. sinensis*	30 ~ 50	9 ~ 11	白绿或淡黄
蓝剑柏	*Sabina scop* ‘blue arrow’	150 ~ 500	3 ~ 5	淡黄色
丁香	*Eugenia caryophyllata*	150 ~ 400	4 ~ 5	白色或紫色

续表

中文名	拉丁学名	株高 /cm	花期 / 月	花色
金叶风箱果	*Physocarpus opulifolius* var. *luteus*	100 ~ 200	4 ~ 5	白色
金叶女贞	*Ligustrum × vicaryi*	150 ~ 200	5 ~ 6	淡黄色
迎春花	*Jasminum nudiflorum*	30 ~ 100	2 ~ 3	鲜黄色
金叶莸	*Caryopteris clandonensis* 'Worcester Gold'	50 ~ 60	7 ~ 8	黄色
金边丝兰	*Yucca aloifolia* f. *marginata Bommer*	50 ~ 80	6 ~ 10	黄绿

4.2.4　花境布置场所

花境是模拟自然界中林地边缘地带多种野生花卉交错生长的状态，是一种带状种植形式。

4.2.4.1　建筑物墙基

花境可种植在建筑物的墙基，用来软化建筑的硬线条，通常布置单面观花境，色彩应与墙面色彩取得对比统一（图 4-2-9）。

4.2.4.2　道路中央或两侧

园林中的道路中央或两侧花境，即在道路一侧（图 4-2-10）、两边或中央设置的花境，通过设置花境可形成封闭式、半封闭式或开放式的道路景观。

4.2.4.3　挡土墙前

绿地中较长的绿篱、树墙、挡土墙前（图 4-2-11），用丰富的植物色彩和季相变化活化单调的绿篱和绿墙。

4.2.4.4　大面积草坪上

花境可布置在大面积的草坪上（图 4-2-12）。在宽阔的草坪上、树丛间设置的花境，适宜设置双面观花境，可丰富景观，组织游览路线，通常在花境两侧辟出步道，以便观赏。

图 4-2-9　建筑物墙基处的花境

图 4-2-10　路缘花境

图 4-2-11　挡土墙前花境

图 4-2-12　草坪边缘花境

4.2.5 花境设计要点

4.2.5.1 种植床设计

1. 形状

花境的种植床多是带状的，两边呈平行或近平行的直线或曲线；单面观花境的后边缘线多为直线，前边缘线可为直线或自由曲线；两面观花境的前、后边缘线基本平行，可以是直线，也可以是流畅的曲线；沿道路的走向布置前边缘线，自然流畅；也有的花境前边缘线是直线和曲线的结合，既规整，又不乏生动。

2. 朝向

花境的朝向要求，对应式花境要求长轴沿南北方向延伸，以使左右两个花境受光均匀，景观效果一致。其他花境的朝向不受限制，但在种植设计时，要考虑到花境朝向不同，光照条件也会有所不同，要根据花境的具体光照条件选择适宜的植物种类。

3. 长短

花境长轴的长短取决于具体的环境条件。通常花境的长轴长度不限，但是为了管理的方便及体现植物布置的节奏、韵律感，可将过长的种植床分成几段，每段以不超过 20 m 为宜；种植床内植物可采取段内变化、段间重复的方法，体现植物布置的韵律和节奏；在段与段之间可留 1 ～ 3 m 距离，设置座椅、园林小品等。

4. 宽度

4

花境的短轴宽度有一定要求。从花境自身装饰效果及观赏者视觉要求出发，花境应有适当的宽度，过窄不易体现群落景观，过宽超出视线范围造成浪费，也不便于管理。

一般而言，混合花境、双面观花境较宿根花境及单面观花境宽些。各类花境的适宜宽度大致为：单面观混合花境为 4 ～ 5 m；单面观宿根花境适宜宽度为 2 ～ 3 m；双面观花境为 4 ～ 6 m；家庭花园中花境一般为 1 ～ 1.5 m，不超过院宽的 1/4；较宽的单面观花境在种植床和背景间可留出 70 ～ 80 cm 宽的小路，便于管理和通风，并能防止背景树根系侵扰花境。

5. 形式

种植床依土壤条件及景观要求可设计成平床或高床，有 2% ～ 4% 的排水坡度。通常土质较好、排水力强的土壤，宜用平床，只将床后面稍微抬高，前缘与道路或草坪相齐，给人整洁感。在排水差的土质或阶地挡土墙前的花境，可用高度为 30 ～ 40 cm 的高床，边缘可根据环境用石头、砖头、木条等镶边，若不想露出硬质的装饰物，则可种植藤蔓植物将其覆盖。

4.2.5.2 背景设计

花境的背景以绿色最为理想。一般选用实际场地中的具体物，如建筑物、围墙、绿篱、树墙、树丛、栅栏、篱笆等。如果背景的色彩或质地不理想，可在背景前选种高大的观叶植物或攀缘植物，形成绿色屏障，再布置花境。

4.2.5.3 边缘设计

高床的边缘可用石头、碎瓦、砖块、木条等垒筑而成；平床的边缘用低矮的植物镶边（高 15 ～ 20 cm），其外缘一般就是道路或草坪的边缘，不用过分装饰。两面观花镜两边均需种植镶边植物，单面观花境在靠近道路一侧种植；若要求其边界分明整齐，也可在花境边缘以金属或塑料条板隔离。常用的镶边植物如马蔺、酢浆草、葱兰、沿阶草、半边莲等。

4.2.5.4 季相设计

花境的季相变化是它的特征之一。理想的花境应四季可观，即使在较冷的地方也应做到三季有景。利用植物材料的花期、花色及各季节的代表性植物创造季相景观，如早春的水仙、夏日的福禄考、秋天的菊花等。在某一季节中，开花植物应散布在整个花境内。花境中开花植物应连续不断，以

保证各季的观赏效果。

4.2.5.5 平面设计

花境平面种植采用块状混植的方式。每块为一个花丛，花丛大小没有定式，主花丛可重复出现。一般来说，开花后叶丛景观差的植物面积要相对小些，并在其前方配植其他花卉予以补充。

4.2.5.6 立面设计

花境要有较好的立面观赏效果，应充分体现群落的美观，植株高低错落有致、花色层次分明。总体上单面观花境前低后高，双面观花境中央高两边低，但整个花境中前后应有适当的高低穿插和掩映，形成错落有致的丰富的景观效果。

立面设计应充分利用植株的株形、株高、花序及质地等观赏特性，创造出丰富美观的立面景观。花境无论是立面还是平面设计，都不应单从景观角度出发，还应注意植物的习性，维持生态的稳定性，使花境的最佳观赏效果能够较长久地保持，取得事半功倍的效果。

4.2.5.7 图纸要求

绘制图纸应包括花境环境平面图、花境效果图、设计说明和植物材料表等。

1. 花境环境平面图

花境总平面图需标出花境周围环境，如建筑、道路、绿地及花境所在的位置。依环境面积大小选用 1 : 1 000 ～ 1 : 500 的比例绘制（图 4-2-13）。

用平滑的曲线勾勒出花境边缘线及植物团块的外轮廓，在植物团块上注明植物编号或直接注明植物的名称及株数（图 4-2-14）。也可绘制出各个季节或主要季节的色彩分布图。根据花境的大小可选用 1 : 50 ～ 1 : 20 的比例尺。

2. 花境效果图

效果图以人的观赏视觉展现花境的预期景观。在绘制效果图时，最佳季节或各季节应该分别作效果图，注意不能将所有季节花卉同时在一张图上表现（图 4-2-15）。

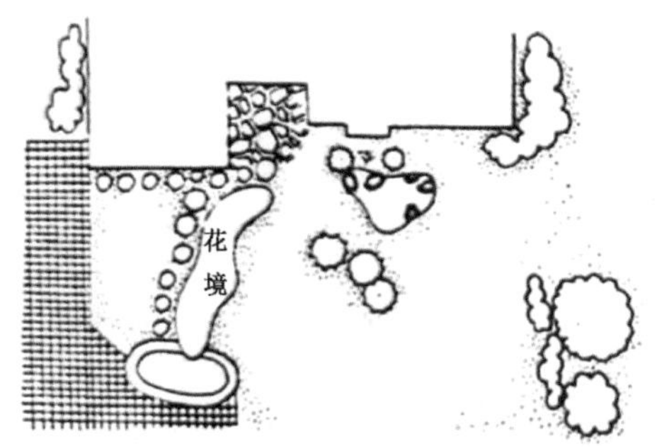

图 4-2-13 花境环境平面图

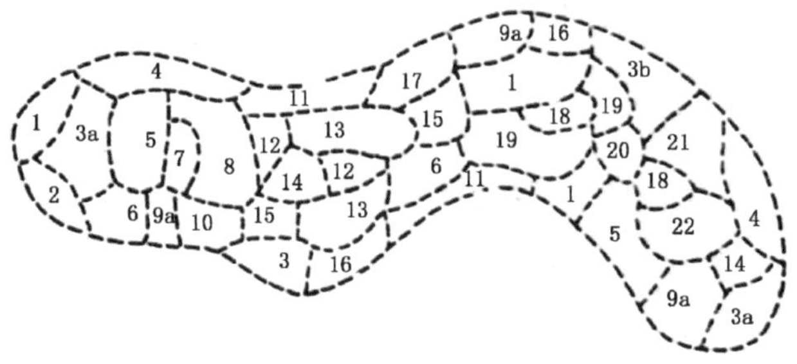

图 4-2-14 花境平面图

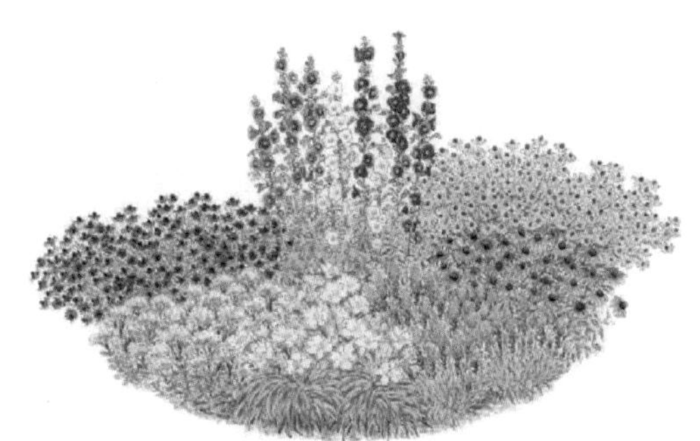

图 4-2-15 花境效果图

3. 设计说明

对花境的环境条件、创作意图、管理要求等进行说明，并对图中难以表达的内容做出说明。

4. 植物材料表

列出整个花境所需植物材料，包括植物中文名、拉丁名、株高、花色、花期、用量，同时注明需要更换的一二年生花卉。

任务实施

（1）了解花境布置区域环境的特点。场地位于城市广场的次入口处，人流量比较大，设计面积可自由选择。

（2）确定花境的设计主题。根据环境和设计要求，确定花境的设计主题，要求主题鲜明、构思新颖。

（3）选择配置形式和植物材料。选用当地可露地生长的植物材料，以宿根花卉为主，可搭配一二年生花卉以及灌木。配置的植物高低错落，表现出植物本身所特有的自然美以及不同种类之间自然组合的群落美。

（4）确定设计方案。确定最终的设计方案，并绘制花境平面图（图 4-2-16）、立面图与效果图。撰写设计说明，完成植物材料表（表 4-2-3）。

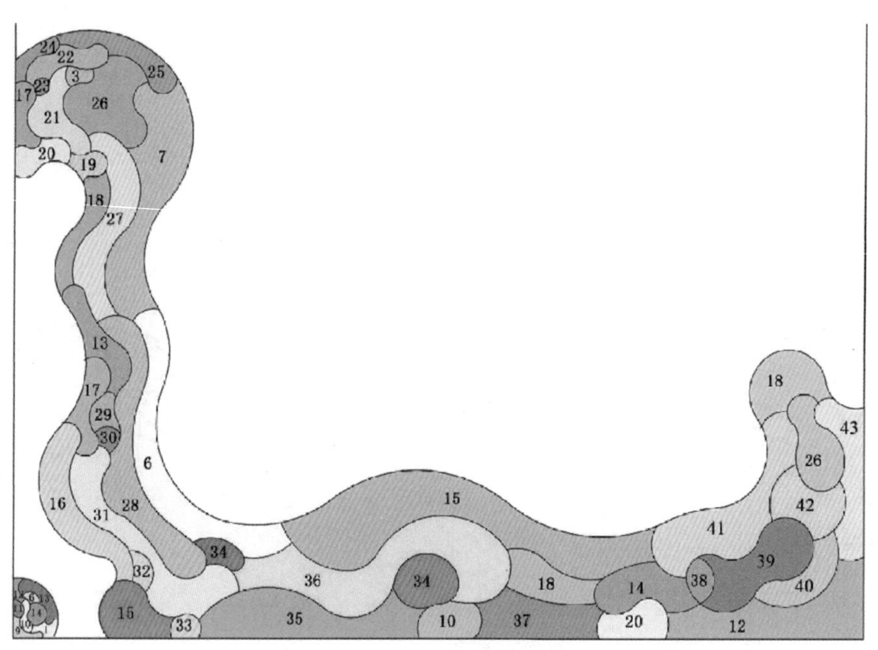

图 4-2-16　花境平面图

表 4-2-3　花境植物材料一览表

序号	名称	拉丁文名	株高 /cm	花期 / 月	花色
1	金叶苔草	*Carex oshimensis* 'Evergold'	20 ~ 30	4 ~ 5	—
2	蜜糖草	*Melinis minutiflora*	30 ~ 40	6 ~ 10	淡粉色
3	醉鱼草	*Buddleja lindleyana*	40 ~ 50	4 ~ 10	紫色
4	斑叶芒	*Miscanthus sinensis* 'Zebrinus'	40 ~ 50	5 ~ 11	黄色
5	细茎针茅	*Stipa tenuissima*	30 ~ 40	6 ~ 9	—

续表

序号	名称	拉丁文名	株高 /cm	花期 / 月	花色
6	小兔子狼尾草	*Pennisetum alopecuroides* cv.‘Little Bunny’	30 ~ 40	6 ~ 9	黄色
7	柳叶马鞭草	*Verbena bonariensis*	20 ~ 30	6 ~ 8	紫色
8	矮蒲苇	*Cortaderia selloana*‘Pumila’	40 ~ 50	9 ~ 10	白色
9	紫竹梅	*Tradescantia pallida*	15 ~ 20	6 ~ 10	蓝色
10	银叶菊	*Jacobaea maritima*	20 ~ 30	6 ~ 9	黄色
11	矾根	*Heuchera micrantha*	20 ~ 30	4 ~ 10	淡粉色
12	木茼蒿（粉色）	*Argyranthemum frutescens*	25 ~ 30	2 ~ 10	粉色
13	千日红	*Gomphrena globosa*	25 ~ 30	6 ~ 10	紫色
14	绣球花	*Hydrangea macrophylla*	50 ~ 60	6 ~ 8	淡粉色
15	木芙蓉（红色）	*Hibiscus mutabilis*	40 ~ 50	4 ~ 5	红色
16	矮牵牛（亮粉色）	*Petunia hybrida*	20 ~ 30	4 ~ 10	亮粉色
17	天竺葵（粉色）	*Pelargonium hortorum*	30 ~ 40	5 ~ 7	粉色
18	凤仙花（红色）	*Impatiens balsamina*	25 ~ 30	4 ~ 11	红色
19	变色木	*Codiaeum variegatum*	45 ~ 50	5 ~ 7	—
20	金叶番薯	*Ipomoea batatas*‘Tainon No.62’	10 ~ 15	10 ~ 11	粉色
21	银姬小蜡	*Ligustrum sinense*‘Variegatum’	50 ~ 55	4 ~ 6	—
22	凤仙花（粉色）	*Impatiens balsamina*	25 ~ 30	5 ~ 7	粉色
23	火焰狼尾草	*Pennisetum alopecuroides*‘FireWorks’	35 ~ 40	6 ~ 10	淡粉色
24	欧石竹（紫色）	*Carthusian pink*	30 ~ 35	4 ~ 10	紫色
25	矮牵牛（红色）	*Petunia hybrida*	15 ~ 25	4 ~ 10	红色
26	毛杜鹃	*Rhododendron pulchrum*	35 ~ 40	4 ~ 5	粉色
27	醉蝶花（粉色）	*Tarenaya hassleriana*	40 ~ 45	7 ~ 9	粉色
28	香彩雀（蓝色）	*Angelonia angustifloia*	30 ~ 35	6 ~ 9	蓝色
29	美人蕉（粉色）	*Canna indica*	40 ~ 45	3 ~ 12	粉色
30	羽扇豆	*Lupinus micranthus*	50 ~ 55	3 ~ 5	亮粉色
31	木茼蒿（黄色）	*Argyranthemum frutescens*	25 ~ 30	2 ~ 10	黄色
32	蓝雪花	*Ceratostigma plumbaginoides*	20 ~ 30	6 ~ 10	蓝色
33	樱桃鼠尾草	*Salvia greggii*	60 ~ 65	5 ~ 11	蓝紫
34	金脉美人蕉	*Canna generalis*‘Striatus’	50 ~ 55	6 ~ 10	橙黄色
35	细叶美女樱（粉色）	*Glandularia tenera*	20 ~ 30	4 ~ 10	粉色
36	五色梅（黄色）	*Lantana camara*	30 ~ 35	5 ~ 10	黄色
37	木芙蓉（粉色）	*Hibiscus mutabilis*	40 ~ 50	4 ~ 5	粉色
38	毛地黄	*Digitalis purpurea*	60 ~ 65	5 ~ 6	粉色
39	蓝花鼠尾草	*Salvia farinacea*	30 ~ 35	4 ~ 10	蓝紫色
40	天竺葵（红色）	*Pelargonium hortorum*	30 ~ 40	5 ~ 7	红色
41	山桃草（粉色）	*Gaura lindheimeri*	50 ~ 60	5 ~ 9	粉色
42	金叶大花六道木	*Abelia grandiflora*‘Francis Mason’	50 ~ 60	6 ~ 11	淡粉色
43	金边阔叶麦冬	*Ophiopogon japonicus*	30 ~ 35	5 ~ 9	紫色

巩固训练

图 4-2-17 为校园绿地的一部分，请在学术交流中心的西北侧设计一个双面观花境。花境的大小和外形可自行设计，要求结合周围环境完成花境的设计。

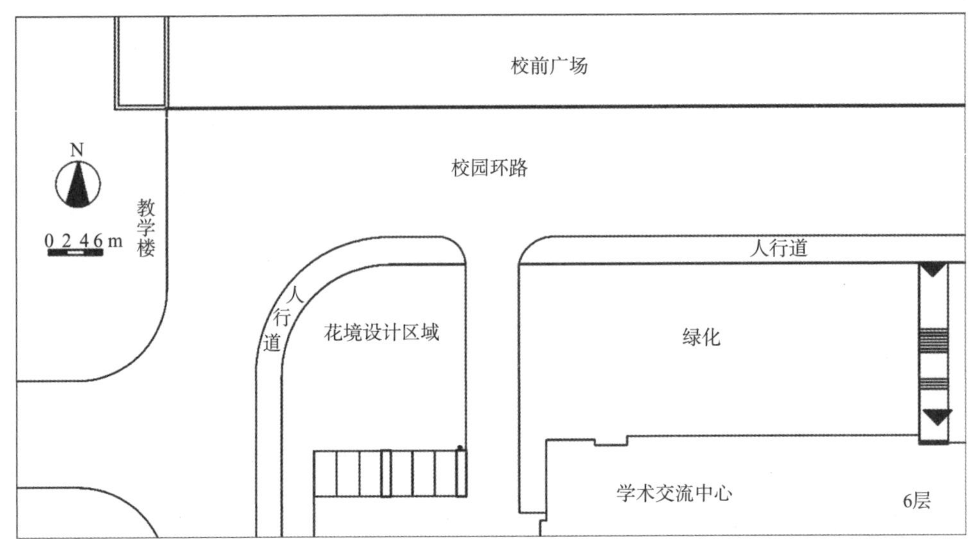

图 4-2-17　花境总平面图

评价与总结

对花境设计内容的学习和任务的完成情况进行评价，具体见表 4-2-4。

表 4-2-4　花境设计评分表

作品名：　　　　姓名：　　　　学号：

考核指标	标准	分值 / 分	等级标准				得分
			优	良	及格	不及格	
设计主题和立意构思	能结合场地环境特点及要求设计，主题明确，立意构思新颖、巧妙	15	12～15	9～11	5～8	0～4	
设计图案	线条流畅舒展，比例协调，花卉品种适当	15	12～15	9～11	5～8	0～4	
季相设计	花境开花植物应连续不断，做到三季有景，四季可观	15	12～15	9～11	5～8	0～4	
方案可实施性	在保证花境性质、风格、功能与周围环境相协调的前提下，方案可实施性强	8	7～8	5～6	3～4	0～2	
设计图纸表现	设计图纸美观大方，能够准确表达设计构思，种植位置标注正确，符合制图规范	15	12～15	9～11	5～8	0～4	
设计说明	设计说明能够较好地表达设计构思	7	6～7	4～5	2～3	0～1	
方案的完整性	包括花境总平面图、花境平面图、花境立面图、花境季相图、花境效果图、设计说明、植物材料统计表等	15	12～15	9～11	5～8	0～4	
方案汇报	思路清晰，语言流畅，能准确表达设计图纸，PPT 美观大方，答辩准确合理	10	8～10	5～7	3～4	0～2	

续表

考核指标	标准	分值 / 分	等级标准				得分
			优	良	及格	不及格	
总分							
任务总结							

习题

一、单项选择题

1. 在广场上设计花坛时，花坛大小一般不超过广场面积的（　　）。

A. 1/3 ～ 1/2　　B. 1/5 ～ 1/4　　C. 1/5 ～ 1/3　　D. 1/2 ～ 1

2. 关于花境的特点下列表述不正确的是（　　）。

A. 单面观赏的花境可以没有背景

B. 内部的植物配植是自然式的斑块混交，基本构成单位是一组花丛

C. 主要表现植物群丛的平面和立面的自然美

D. 一次种植可多年使用，具有较好的群落稳定性

3. 以下不是花卉规则式种植形式的是（　　）。

A. 花坛　　B. 花台　　C. 花钵　　D. 花丛

4. 花境过长时，为管理方便及体现植物布置的节奏韵律感，可将其分为几段，每段长度不超过（　　）为宜。

A. 20 m　　B. 30 m　　C. 40 m　　D. 50 m

5.（　　）是以宿根和球根花卉为主，结合一二年生草花和花灌木，沿花园边界或路缘布置而成的一种园林植物景观，亦可点缀山石、器物等。

A. 花坛　　B. 花境　　C. 花丛　　D. 花群

二、填空题

1. 绘制花坛设计图时，应该绘制________、________、________、________、________等。

2. 从设计形式上花境的类型有________、________、________。

3. 依据植物材料花境可分为________、________、________、________。

4. 模纹花坛可以分为________、________、________。

5. 花境通常布置在________、________、________、________等。

三、判断题

1. 盛花花坛主要表现群体的图案美。（　　）

2. 造型花坛又称立体花坛，即用花卉栽植在各种立体造型物上而形成竖向造型景观。（　　）

3. 花坛应有主调色彩，配色不宜太多，应根据四周环境设计花坛主色调。（　　）

4. 混合花境具有观赏期长、季相景观丰富、结构较稳定、管理简便等特点。（　　）

5. 花境的朝向要求，对应式的要求长轴沿南北方向延伸，以使左右两个花境受光均匀，景观效果一致。（　　）

项目5 道路及广场植物景观设计

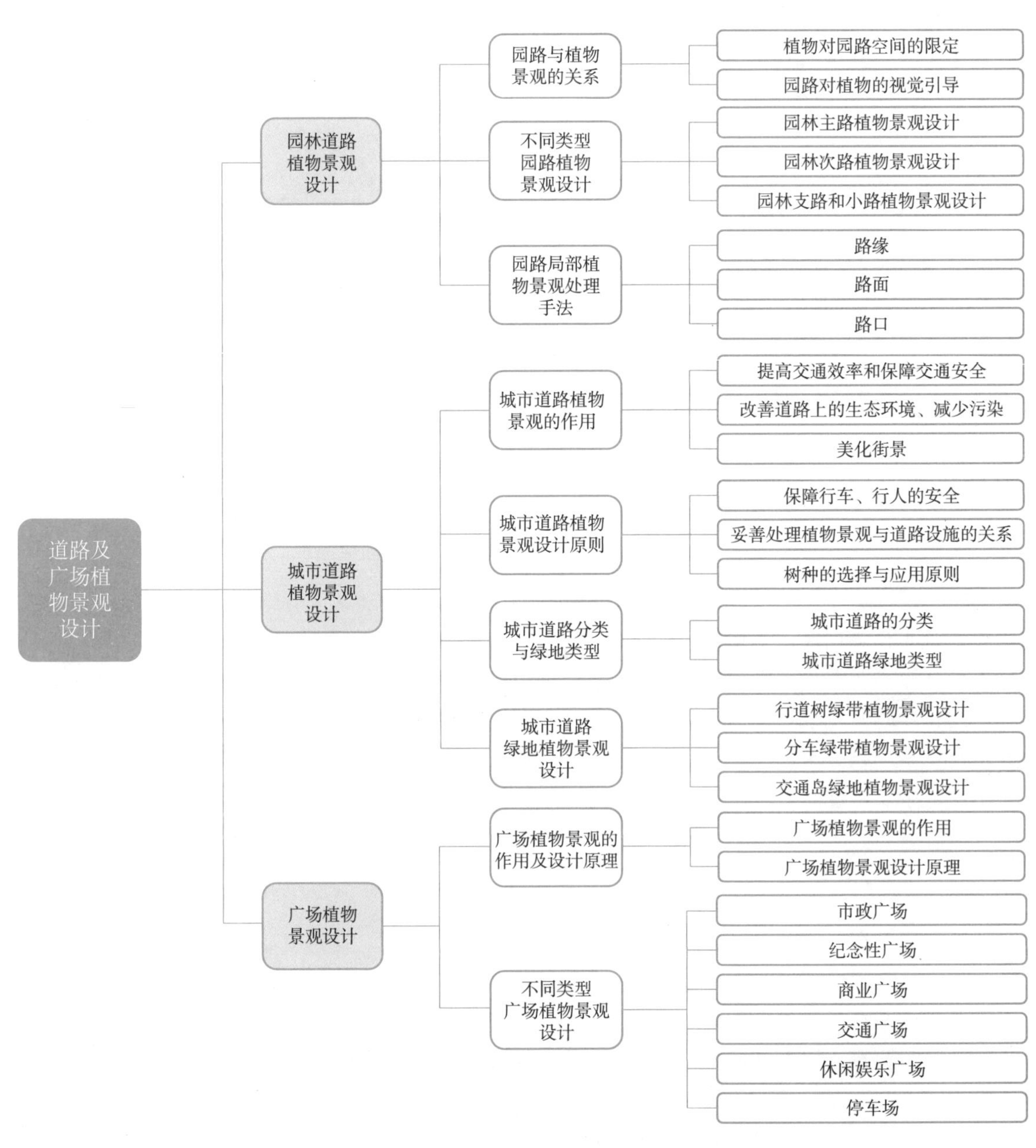

任务 5.1　园林道路植物景观设计

任务要求

通过园林植物与园路组景方式调查任务的实施，学习园路与植物景观的关系、不同类型园路的植物景观设计以及园路局部的植物景观处理手法。

学习目标

➢ 知识目标

（1）熟悉园路植物景观设计的特点和园路的分级。
（2）掌握不同级别园路的植物景观设计要点。
（3）掌握不同园林形式下的园路植物景观设计方法。

➢ 技能目标

（1）能根据特定环境的功能做出合理的植物选择，并进行园路的植物景观设计。
（2）能够应用园路植物景观设计的相关理论对城市绿地中的园路进行组景分析。

➢ 素养目标

（1）提升发现问题、解决问题的能力，并培养独立分析问题的思维能力。
（2）在调查实践中，培养吃苦耐劳的品质和团结协作的意识。
（3）通过调研考察，感悟精湛的造园技艺，培养精益求精的工匠精神。

5

任务导入

园林植物与园路组景方式调查

选取所在城市的公园绿地，调查绿地中植物与园路的组景方式，并将其组景方式绘制出来。

● 任务分析

首先分析所调查绿地的周围环境、绿地的功能和服务对象，调查绿地中园路的分级情况，分析该绿地不同级别的园路植物景观设计方式。

● 任务要求

（1）选取所在城市中有代表性的公园绿地进行调查。
（2）调查园路的绿化植物及植物景观设计方法。
（3）在调查过程中要注意拍照记录现场情况。
（4）撰写调查分析报告，要求图文并茂，对不同级别的园路植物景观设计方式进行分析。
（5）绘制出所调查园路与植物的组景方式。

● 材料和工具

绘图纸、绘图工具、测量仪器等。

知识准备

5.1.1 园路与植物景观的关系

微课：园路与植物景观的关系

5.1.1.1 植物对园路空间的限定

利用植物大小和树姿形体，通过疏密围合，创造出封闭或开放的空间。空间虚实明暗的相互对比，互相烘托，形成丰富多变、引人入胜的道路景观。封闭处幽深静谧，适合散步休憩；而开阔处明朗活泼，宜于玩赏活动。

植物对园路空间的限定，通常采用对植与列植的形式。对植是指用两株或两丛相同或相似的树种，按照一定的轴线关系，作相互对称或均衡的种植，主要用于强调道路的出入口，在构图上形成配景与夹景。列植是指乔灌木按一定的株行距成排成行地种植，多用于规则式园林绿地中，形成的景观比较整齐，与道路配合，可起到夹景的作用。另外利用植物对视线进行遮蔽及引导，在道路借景时做到"嘉则收之，俗则屏之"，来丰富道路植物景观的层次与景深。

5.1.1.2 园路对植物的视觉引导

我国自古就有"曲径通幽"之说，唐代诗人常建在《题破山寺后禅院》中写下脍炙人口的诗句"曲径通幽处，禅房花木深"，形象地点出了道路对于景观的导向性和对植物的视觉引导，通过道路引人入胜，引导游人进入情景之中。这就要求园路有生动曲折的布局，做到"出人意外，入人意中"。通过巧妙地布置植物，步移景异，让人感到"山重水复疑无路，柳暗花明又一村"，给人带来愉悦和美的享受，使道路充满人情味。园林植物和园路之间需要相互配合，达到相辅相成，互成兴趣。

5.1.2 不同类型园路植物景观设计

微课：不同类型园路的植物景观设计

园路除了满足游人集散、消防和运输的功能外，游览观景是园路的主要功能，游人通过道路的流动性、导向性，可到分散的景点。因此，如何从游赏的角度来完成其导游的作用是园路设计的重要内容。在崇尚自然的中国园林规划设计总体思想中，园路设计强调的是园路与路旁的景物结合，其中尤以其植物景观取胜，它不仅限于路旁的行道树，而且包括由不同植物组成的空间环境与空间序列。

根据中华人民共和国行业标准《公园设计规范》(GB 51192—2016)，园林道路主要分为主路、次路、支路和小路四级。根据公园陆地面积的不同，各级园路的宽度有较大的差别，详见表 5-1-1。

表 5-1-1 园路级别和宽度

园路级别	公园总面积 A/hm²			
	$A<2$	$2\leqslant A<10$	$10\leqslant A<50$	$A\geqslant 50$
主路	2.0～4.0	2.5～4.5	4.0～5.0	4.0～7.0
次路	—	—	3.0～4.0	3.0～4.0
支路	1.2～2.0	2.0～2.5	2.0～3.0	2.0～3.0
小路	0.9～1.2	0.9～2.0	1.2～2.0	1.2～2.0

5.1.2.1 园林主路植物景观设计

园林主路是沟通各功能区的主要道路，往往设计成环路，一般宽 3～5 m，游人量大。

平坦笔直的主路两旁常采用规则式配置（图 5-1-1）。最好植以观花类乔木或秋色叶植物，如玉兰、合欢、银杏、槭树、枫香、凤凰木、乐昌含笑等，并以花灌木、宿根花卉等作为下层植物，以丰富园内色彩，如石榴、丁香、棣棠、鸢尾、萱草、一叶兰等。

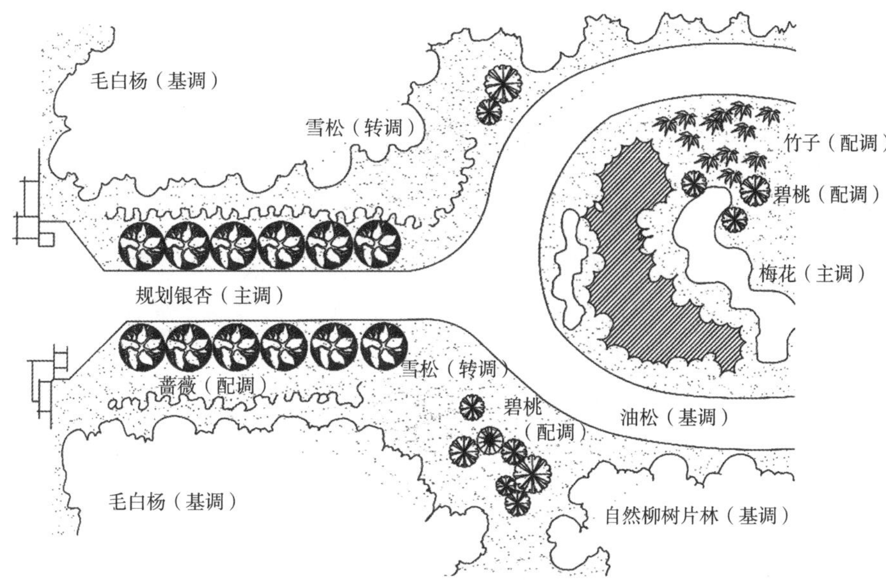

图 5-1-1　某公园入口处园林主路植物配置

蜿蜒曲折的园路，不宜成排成行种植，应以自然式配置为宜。景观类型上，路旁可以布置草坪、花境、灌木丛、树丛、孤植树，甚至水面、山坡、建筑小品等，以求变化。例如，杭州植物园槭树杜鹃园的三条园路的交叉口，种植鸡爪槭、红枫、桂花、朴树、杨梅以及杜鹃等。在槭树的对面和后面，自然地散植着一丛丛毛白杜鹃。五月初，槭树的低矮红色树冠和开白花的杜鹃，相映成趣，构成“柳暗花明”的转折路景，引人入胜。春秋季，槭树的红叶又与桂花、杨梅、朴树等暗绿的叶色相衬托，更增加了色彩的变化（图 5-1-2）。

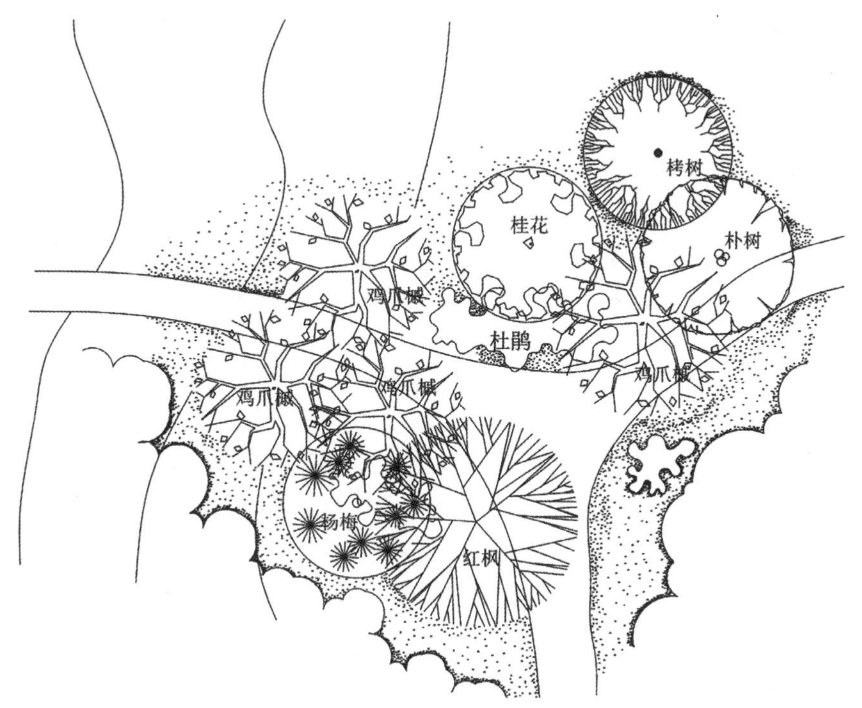

图 5-1-2　槭树杜鹃园主路平面图

园林主路的入口处，也常常以规则式配置，可以强调气氛。例如，南京中山陵入口两旁种植高耸的松柏科植物，给人以庄严、肃穆的气氛（图 5-1-3）；上海延中绿地入口种植高大的水杉，给人进入森林的气氛（图 5-1-4）。

图 5-1-3　南京中山陵入口景观

图 5-1-4　上海延中绿地入口景观

当主路前方有漂亮的建筑作为主景时，两旁的植物可以密植，使道路成为甬道，以突出建筑主景。路边无论远近，若有景可赏，则在配置植物时留出透视线。如遇水面，对岸有景可赏，则路边沿水面一侧不仅要留出透视线，在地形上还需稍加处理，在沿水面方向略向下倾斜，再植上草坪，诱导游人走向水边欣赏对岸景观。

5.1.2.2　园林次路植物景观设计

次路是主路的一级分支，连接主路，是园中各区内的主要道路，一般宽度为 2 ～ 3 m。次路的布置既要利于便捷地联系各区，沿路又要有一定的景色可观。

次路的植物景观设计应注意沿路视觉上要有疏有密、有高有低、有遮有敞。两侧可根据景观需要布置草坪、花丛、灌丛、树丛、花境等美化道路，使游人散步其中有多种形式的体验。

5.1.2.3　园林支路和小路植物景观设计

支路是园中各功能区内的主要道路，一般宽 2 ～ 3 m；小路则是供游人漫步在宁静的休息区中，一般宽度仅为 1 ～ 1.5 m，在小型公园中甚至不及 1 m。

支路和小路是园林中最多、分布最普遍的园路，有的可长达千米，有的只有数米，随其功能或景观立意而定。作为一种线状游览的环境，其设计应随境而定，循景而设，既有导游作用，本身也是赏景所在。支路和小路两旁的植物景观设计比主路更加灵活多样。

1. 山径

山水园是中国传统园林的基本形式。大型园林多借助于自然山体，小型园林则创造自然式的山，除完全为观赏用的小山石外，大山、小山多有路通入而形成山径。

山径旁的树木要有一定的高度，使人产生高耸入林的感觉，宜选择高大挺拔的乔木，树下可配置低矮的地被植物，较少使用灌木，以加强树高与路狭的对比。

径旁树木宜密植，郁闭度在 90% 以上，浓荫覆盖，光线阴暗，如入森林。同时山径要有一定的坡度和起伏，坡陡则山径的感觉强。山径须有一定的长度和曲度，长则深远，曲则深邃（图 5-1-5）。

图 5-1-5　山径

即使在平地造园，也能形成宁静的山林之趣。例如，杭

州花港观鱼的密林区，将地形稍加改造，降低路面，提高路旁坡度，使高差达 2 m，并利用山坡的曲折，遮挡视线，在坡上种高大浓密的乔木，如枫香、麻栎、沙朴、刺槐等，布局自然（图 5-1-6）。

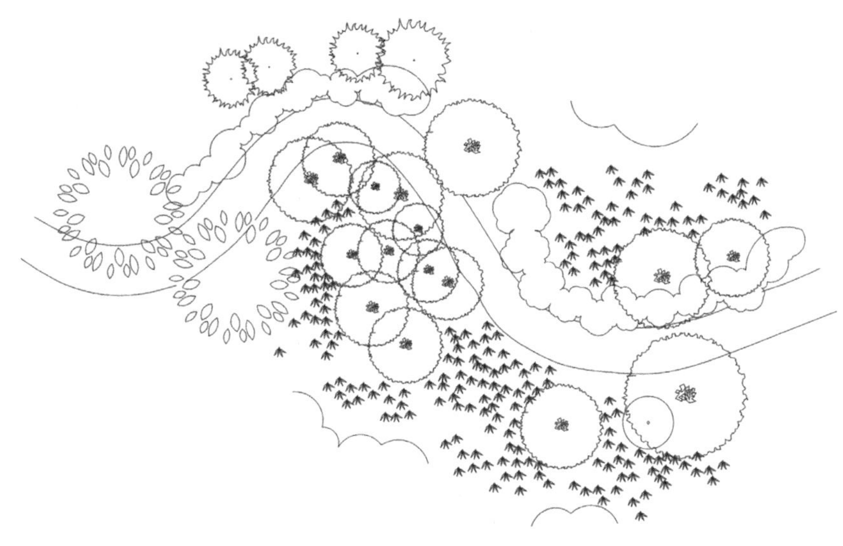

图 5-1-6　杭州花港观鱼密林区山径

2. 林径

在平原的树林中设径称为林径。与山径不同的是林径多在平地，径旁的植物多为量多面广的树林，林有多大，则径有多长，森林气氛极为浓郁。在公园中，不一定有很大的森林面积，在小树林、小树丛中的径路，仍可具有“林中穿路”的韵味（图 5-1-7）。如果径旁的树木种类较多，色彩会更加丰富，季相变化明显。径路的弯曲宜短而频繁，则“曲径通幽”意境更浓。但由于受到用地的限制，公园中设计的径路不像大自然深山老林中的径路景观那么纯粹。

3. 花径

花径是以花的形、色观赏为主的径路。花径在园林中具有独特的风趣，它是在一定道路空间里，以花的姿态和色彩创造出一种浓郁的气氛，给人以艺术的享受（图 5-1-8）。花径的形成要选择开花丰满、花形美丽、花色鲜明、有香味和花期较长的植物。常见的花径有郁金香花径、樱花径、桂花径、碧桃花径、连翘花径等。

图 5-1-7　林径

图 5-1-8　花径

4. 草径

草径是指突出地面的低矮草本植物的径路。可以在草坪之上开辟小径，设步石；也可在路径旁铺设草带或草块；还可以在地形略有起伏的草坪中开径，创造一种动态景观。

5. 竹径

竹径（图 5-1-9）是中国园林中极为常见的造景手法。竹径的营造要注意园路的宽度、曲度、长度和竹子的高度。过宽、过于平直或短距离的竹径都不会使人产生“曲径通幽”的感觉，而过长的竹径则给人单调感，两旁竹子的高度也应与园路的宽度和长度相协调。

图 5-1-9　竹径

5.1.3　园路局部植物景观处理手法

园路局部的植物景观可以影响整个道路景观的效果。园路局部包括园路的边缘、路面与路口，其配置要求精致细腻，有时可起画龙点睛的作用。

5.1.3.1　路缘

路缘是园路范围的标志，其植物配置主要是指紧邻园路边缘栽植的较为低矮的花、草和植篱，也有较高的绿墙或紧贴路缘的乔灌木，其作用是使园路边缘更醒目，加强装饰和引导效果。

1. 草缘

草缘常以如沿阶草、书带草、红绿草等配置在道路边缘（图 5-1-10）。以沿阶草配置于路缘，是中国传统园林的一个特色，特别是在长江流域一带的私家园林中更为常见，沿阶草终年翠绿，生长茂盛，常作为园路边饰，也可用于山坡保持水土。

2. 花缘

花缘是以各种颜色一年或两年生草花作路缘，大大丰富了园路的色彩，好像园林中一条条瑰丽的彩带，随路径的曲直而飘逸于园林中（图 5-1-11）。

图 5-1-10　草缘

图 5-1-11　花缘

3. 植篱

园路以植篱饰边是常见的形式之一。植篱高度为 0.5 ～ 3 m 不等，一般在 1.2 m 左右，其高度与

园路的宽度并无固定比例，视道路植物景观的需要而定，除了常用的绿篱外，许多观花、观叶灌木甚至藤本类均可作为路缘植篱。

5.1.3.2　路面

路面植物景观是指在园林中与植物有关的路面处理，一般采用"石中嵌草"或"草中嵌石"的方式，形成人字形、砖砌形、冰裂形、梅花形等各种形式，并可作为区别不同道路的标志（图 5-1-12）。这种路面除有装饰、标志作用外，还具有降低温度的生态作用，据测定，嵌草的水泥或石块路面，在距路面 10 cm 处，比水泥路的温度低 1 ～ 2 ℃。

5.1.3.3　路口

路口的植物景观一般是指园路的十字交叉口的中心或边缘，三岔路口或道路终点的对景，或进入另一空间的标志植物景观。转角处的树种配置，除了栽植一株具有特色造型或花叶奇美的树之外，也可以配置一个与周围树种不同色彩或造型的树丛作为引导（图 5-1-13）。

图 5-1-12　"石中嵌草"路面

图 5-1-13　园路交叉口的植物配置

5

任务实施

（1）调查绿地中园路的分级情况，并调查各级园路的植物景观设计方式。
（2）了解所调查绿地中植物生长状况。
（3）现场绘制各级园路植物景观设计方式草图。
（4）绘制园路与植物组景方式平面图。
（5）撰写园林植物与园路组景方式及植物景观调查报告。

巩固训练

调查所在校园绿地园路的分级情况，分析校园绿地不同级别园路植物景观设计的方式，并绘图表示出来，撰写调查报告。

评价与总结

对园林道路植物景观设计内容学习和任务完成情况进行评价，具体见表 5-1-2。

表 5-1-2　园林道路植物景观设计评价表

评价类型	考核点	自评	互评	师评
理论知识点评价（20%）	不同类型园路的植物景观设计方法，园路局部的植物景观处理方法			
过程性评价（50%）	园路组景设计分析能力（15%）			
	绘图能力（10%）			
	植物识别能力（10%）			
	工作态度（5%）			
	团队合作能力（10%）			
成果性评价（30%）	报告观点清晰、新颖（10%）			
	报告的完整性（10%）			
	报告的规范性（10%）			
任务总结				

任务 5.2　城市道路植物景观设计

任务要求

通过分车绿带设计任务的实施，学习城市道路植物景观的作用、城市道路植物景观设计的原则、城市道路分类与绿地类型以及行道树绿带、分车绿带和交通岛绿地的植物景观设计。

学习目标

➢ 知识目标

（1）了解城市道路植物景观设计的作用及原则。

（2）熟悉城市道路的分类及绿地的类型。

（3）掌握行道树绿带、分车绿带和交通岛绿地的设计要点。

➢ 技能目标

（1）能够合理选择城市道路绿化植物材料。

（2）能够根据设计要求合理地进行行道树绿带、分车绿带和交通岛绿地的植物景观设计。

（3）能够规范绘制城市道路绿地植物景观设计图纸。

➢ 素养目标

（1）提升发现问题、解决问题的能力，并培养独立分析问题的思维能力。

（2）培养严谨的治学态度及精益求精的工匠精神。

（3）树立严格的法律规范意识。

（4）提高口语表达及方案汇报的能力。

任务导入

分车绿带设计

图 5-2-1 为华东地区某海滨城市道路绿地设计平面图，所选路段长约 100 m，两侧分车绿带宽 1.5 m，中央分车绿带宽 3 m。作为城市主要景观道路，设计要体现城市特色，完成道路中央分车绿带和两侧分车绿带的设计。

● 任务分析

结合城市特色、道路绿地的周边环境以及道路绿地的功能，选择合适的植物种类，使道路绿地充分发挥防护、美化城市等功能。根据道路绿地的设计原则及要点完成道路中央分车绿带和两侧分车绿带的设计。

● 任务要求

（1）要求植物配置与城市道路的性质和功能相协调。

（2）正确运用植物景观设计方法，植物的选择应适宜当地室外生存条件。

（3）立意明确，风格独特，设计方案要体现城市特色。

（4）图纸绘制规范，完成道路绿地植物种植设计。

● **材料和工具**

测量仪器、绘图工具、计算机（包含绘图软件）等。

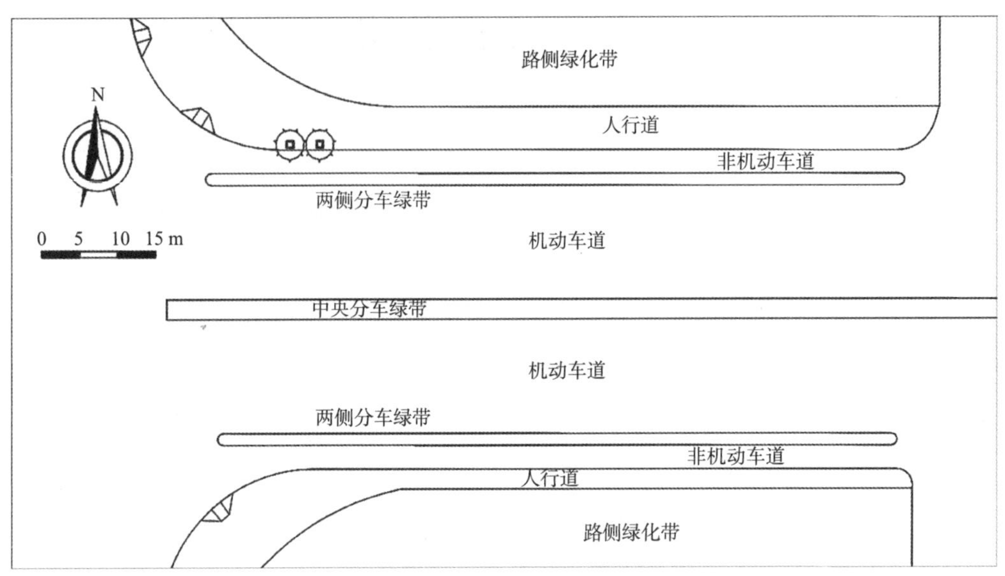

图 5-2-1　城市道路绿地景观设计平面图

知识准备

5.2.1　城市道路植物景观的作用

城市道路构成了一个城市的骨架，城市道路绿化则直接反映了一个城市的精神面貌和文明程度，在一定意义上体现了一个城市的政治、经济、文化的总体水平。

城市道路植物景观设计是指城市道路两侧、中心环岛、立交桥四周、人行道、分车带、街头绿地等区域的植物景观设计，以创造出优美的城市道路景观，同时为城市居民提供日常休息的场地，在夏季为街道提供遮荫。

城市道路主要有交通运输、布置城市基础设施和组织沿街建筑及划分城市空间的功能，同时城市道路植物景观在城市中具有举足轻重的作用。

5.2.1.1　提高交通效率和保障交通安全

合理的植物景观设计可以有效地协助组织车流、人流的集散，保障交通运输的畅通。

从人生理方面的感受来看，司机在长时间的驾驶过程中，城市枯燥乏味的硬质景观很容易造成视觉疲劳，易于引发交通事故。植物材料本身具有形态美、色彩美、季相美，艺术地运用这些特征进行植物景观设计，创造出美丽的自然景观，不仅能表现平面、立体的美感，还能表现运动中的美感，能有效地缓解司机的不良反应，提高交通效率。

5.2.1.2　改善道路上的生态环境、减少污染

城市道路上汽车的尾气、噪声及烟尘对城市环境的污染相当严重，而植物材料可以在一定程度上降低这些污染，达到净化空气、改善城市生态环境的目的。有关数据统计，城市公园内大气中的粉尘约为 100 mg/m³，而无树的街道高达 850 mg/m³，相差 8.5 倍。另外，植物还可以遮荫降暑，在炎炎夏季，树荫下的气温比硬质铺装路面低 10 ℃左右。

5.2.1.3　美化街景

优美的植物景观与成几何图形的建筑物产生动和静的统一，既丰富了建筑物的轮廓线，又遮挡了

不美观的景观。因而，道路的景观是体现城市风貌特色最直接的一面。如果能和周围的环境相结合，选择富有特色的树种来布置，则可以体现街道的个性。

5.2.2　城市道路植物景观设计原则

在城市中，植物的生长环境与野外的自然环境不同，其中人为因素的影响、建筑环境、小环境等特点突出。在进行城市道路植物景观设计时应统筹考虑道路的功能、性质、人行和车行的要求、景观空间构成、立地条件，以及与市政公用及其他设施的关系。

5.2.2.1　保障行车、行人的安全

道路植物景观设计，首先要遵守安全的原则，保证行车与行人的安全，注意行车视距、行车净空要求、行车防眩要求等。

1. 行车视距要求

道路中的交叉口、弯道、分车带等植物景观设计对行车的安全影响最大，这些路段的植物景观需要符合行车视线的要求。例如，在交叉口设计植物景观时应留出足够的透视线，以免相向往来的车辆碰撞；弯道处要种植提示性植物，起到引导的作用。

行车视距是指机动车辆行驶时，驾驶人员必须能望见道路上相当的距离，以便有充足的时间或距离采取适当措施，防止交通事故发生。这一保证交通安全的最短距离称为行车视距。

停车视距是行车视距的一种，是指机动车在行进过程中，突然遇到前方路上行人或坑洞等障碍物，不能绕越且需要及时在障碍物前停车时所需要的最短距离（表 5-2-1）。

表 5-2-1　平面交叉视距表

行车速度 / ($km \cdot h^{-1}$)		100	80	60	40	30	20
停车视距 /m	一般值	160	110	75	40	30	20
	低限值	120	75	55	30	25	15

当纵横两条道路呈平面交叉时，两个方向的停车视距构成一个三角形，被称为视距三角形（图 5-2-2）。进行植物景观设计时，视距三角形内的植物高度应低于 0.7 m，以保证视线通透。

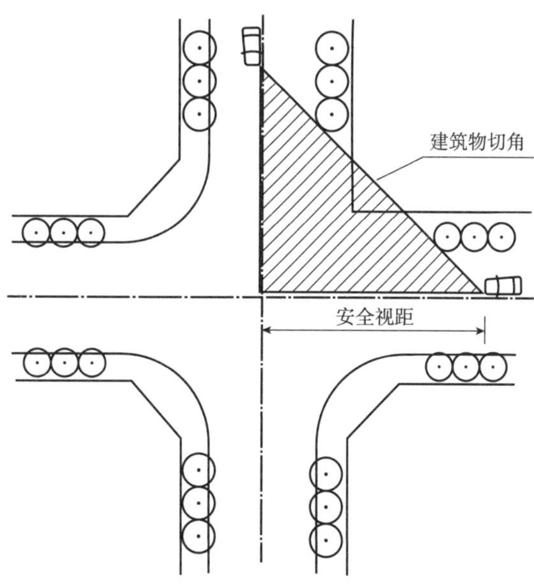

图 5-2-2　安全视距三角形示意图

道路转弯处内侧的建筑物、树木或其他障碍物可能会遮挡司机的视线，影响行车安全。因此，为保证行车视距的要求，在道路设计与建设时应将视距区内障碍物清除，道路植物景观必须配合视距要求进行设计。

2. 行车净空要求

道路设计根据车辆行驶宽度和高度的要求，规定车辆运行空间，各种植物的枝干、树冠和根系都不能侵入该空间内，以保证行车净空的要求。

3. 行车防眩要求

在中央分车带上种植绿篱或灌木球，可防止相向行驶车辆的灯光照射到对方驾驶员的眼睛而引起目眩，从而避免或减少交通意外。种植绿篱时可参照司机的眼睛与汽车前照灯的高度，绿篱高度应比司机眼睛与车灯高度的平均值高，故一般采用 1.5 ～ 2.0 m。

5.2.2.2 妥善处理植物景观与道路设施的关系

现代化城市中，各种架空线路和地下管网越来越多。管线一般沿城市道路铺设，因而与道路植物景观产生矛盾。一方面，在城市总体规划中应系统考虑工程管线与植物景观的关系；另一方面，在进行植物景观设计时，应在详细规划中合理安排。

一般而言，在分车绿带和行道树上方不宜设置架空线，以免影响植物生长，从而影响植物景观效果。必须设置时，应保证架空线下有不小于 9 m 的树木生长空间。架空线下配置的乔木应选择开放型树冠或耐修剪的树种，树木与架空电力线路的最小垂直距离应符合设计规范的规定（表 5-2-2）。

表 5-2-2　树木与架空电力线路导线之间的最小垂直距离

线路电压 /kV	<1	1 ～ 10	35 ～ 100	220	330	500	750	1 000
最小垂直距离 /m	1.0	1.5	3.0	3.5	4.5	7.0	8.5	16

新建道路或经改建后达到规划红线宽度的道路，其绿化树木与地下管线外缘的最小水平距离也应符合有关规定（表 5-2-3）。

表 5-2-3　树木与地下管线外缘最小水平距离

管线名称	距乔木中心距离 /m	距灌木中心距离 /m
电力电缆	1.0	1.0
电信电缆（直埋）	1.0	1.0
电信电缆（管道）	1.5	1.0
给水管道	1.5	—
雨水管道	1.5	—
污水管道	1.5	—
燃气管道	1.2	1.2
热力管道	1.5	1.5
排水盲沟	1.0	—

5.2.2.3 树种的选择与应用原则

1. 城市道路环境的特点

城市道路是一个非常特殊的地段，故其环境也具有特殊性。从地上部分来讲，由于每天车流、人流量很大，空气中充斥着各种有害物质，二氧化硫、氯化物、粉尘等对植物的生长非常不利。例如，

二氧化硫会直接伤害植物的叶表皮细胞，破坏叶肉组织的结构，影响植物的正常生长；粉尘覆盖在植物的叶表面上，会影响光合作用的进行。同时，城市的空中布满了各种各样的电力、电信、电缆的线网，对植物的生长有一定的限制，而不像公园里的树，可以任意生长。另外，很多道路两旁高楼大厦鳞次栉比，留给植物的阳光非常有限，破坏了植物正常生长所需的生态环境。

就地下部分而言，城市道路的很多地段是由城市建筑垃圾填充而成，土壤的物理、化学性质与一般植物的生长要求差异很大，极不利于植物的生长。由于车辆、行人过度碾压、踩踏，土壤的密实度较大；同时冬天用于融化积雪的盐水很大一部分渗入了土壤中，致使土壤中的盐分浓度很高，造成植物根系吸水困难。城市地下管网种类繁多、深浅不一、功能各异，形成了植物在夹缝中求生存的状态。

2. 城市道路树种的选择

由于城市道路立地条件的特殊性，植物景观设计的关键在于绿化树种的选择。因此在进行植物景观设计时，要针对环境特点，科学地选择和配置绿化树种。

选择绿化树种时，需要注意以下要求：选择适应城市生态环境，生长迅速而健壮的树种；树种管理粗放，对土壤、水分、肥料要求不高，抗性强，寿命长；主干端直，分枝点高，不妨碍车辆和行人的安全行驶；树冠整齐，姿态优美，可为行人及车辆遮荫；可通过修剪整形控制其生长高度，不会影响空中电线电缆；发叶早、落叶晚，花果无毒、无臭味，落果不致伤行人，落叶时间较为集中，便于清扫；种苗来源丰富，大苗移植易活；根蘖少，老根不凸出地面破坏铺装。

5.2.2.4　近期与远期相结合

道路植物景观必须注重近期和远期相结合的原则。道路植物景观从建设开始到形成较好的景观效果往往需要十几年的时间。因此要有长远的观点，近期、远期规划相结合。近期内可以使用生长较快的树种，或适当密植，以后适时更换、移栽，充分发挥道路绿化的功能。

5.2.3　城市道路分类与绿地类型

5.2.3.1　城市道路的分类

微课：城市道路分类与绿地类型

为了保证城市生产、生活正常进行，交通运输经济合理，按照《城市综合交通体系规划标准》（GB/T 51328—2018）的规定，以道路在城市道路网中的地位和交通功能为基础，同时考虑对沿线的服务功能，将城市道路分为快速路、主干路、次干路和支路四类。

1. 快速路

快速路完全是为交通功能服务的，是解决城市长距离快速交通要求的主要道路。设计车速为 60 ～ 100 km/h。快速路设有中央分车带，全部或部分采用立体交叉，与次干道可采用平面交叉，与支路不能直接相交。

2. 主干路

主干路是以交通功能为主的城市道路，是联系城市各分区之间的主要道路。设计车速为 40 ～ 60 km/h。行车全程可以不设立体交叉，基本为平面交叉，通过扩大交叉口提高通行能力，机动车道和非机动车道分离。

3. 次干路

次干路是城市区域性的交通干道，为区域交通集散服务，兼有服务功能，配合主干路组成道路网，起到广泛连接城市各部分与集散交通的作用。设计车速为 30 ～ 50 km/h。

4. 支路

支路是联系各居住小区的道路，解决地区交通，直接与两侧建筑物出入口相连接，以服务功能为主。设计车速为 20 ～ 30 km/h。

5.2.3.2 城市道路绿地类型

城市道路植物景观是道路建设工作的一部分。道路绿地的类型与道路的分类是对应的，一般按照所处位置、设计等级、功能等进行划分。

城市道路绿地是指红线之间的绿化用地，包括道路绿带、交通岛绿地、停车场绿地和立体交叉绿地。道路绿带是道路红线范围内的带状绿地，道路绿带分为分车绿带、行道树绿带和路侧绿带。

城市道路绿地表现了城市设计的定位，不同位置、等级、功能的道路，其环境、安全辅助要求、景观要求等状况均不同，在植物景观设计、施工及养护管理工作中应区别对待，这样才能达到科学性、艺术性和经济性的完美结合。

5.2.4 城市道路绿地植物景观设计

5.2.4.1 行道树绿带植物景观设计

行道树绿带是指布设在人行道与车行道之间，以种植行道树为主的条形绿带。行道树绿带既起到与嘈杂的车行道分隔的作用，也为行人提供安静、优美、遮荫的环境。在一个城市中，行道树的种植代表着城市的景观形象。

微课：行道树绿带植物景观设计

1. 选择合适的行道树树种

每个城市、每个地区的情况不同，要根据当地的具体条件，选择合适的行道树种，所选树种应尽量符合街道绿化树种的选择条件。就山东地区来说，常用的行道树树种有国槐、悬铃木、垂柳、馒头柳、银杏、白蜡、栾树、黄山栾、合欢、元宝枫、核桃、臭椿、大叶女贞等。

2. 确定行道树种植点距道牙的距离

行道树种植点距道牙的距离取决于两个条件，一是行道树与管线的关系，二是人行道铺装材料的尺寸。行道树是沿车行道种植的，而城市中许多管线也是沿车行道布置的，因此行道树与管线之间经常相互影响，在设计时要处理好行道树与管线的关系，使它们各得其所，才能达到理想的效果。

在满足与管线关系的前提下，行道树距道牙的距离应不小于 0.75 m。确定种植点距道牙的距离还应考虑人行道铺装材料及尺寸。如果是整体铺装则可不考虑；若是块状铺装，最好在满足与管线的最小距离的基础上，确定与块状铺装的整数倍尺寸关系的距离，这样施工起来比较方便快捷。

3. 确定合理的株距与定干高度

正确确定行道树的株行距，充分发挥行道树的作用，合理使用苗木并进行管理。行道树的定植株距要根据所选树种壮年期冠幅为准，但实际情况比较复杂，影响的因素较多，如苗木规格、生长速度、交通和市容的需要等。最小种植株距宜为 4 m，中国各大城市行道树株距规格略有不同，逐渐趋向于大规格苗木加大株距和定植株距，有 4 m、5 m、6 m、8 m 不等。行道树的胸径，快长树不得小于 5 cm，慢长树不宜小于 8 cm。进入路面的枝下净高不小于 2.8 m，枝下净空需满足行人通行。

4. 确定行道树种植方式

不同的地区与环境中树种的选择与种植方式不同，但一般而言，行道树的种植方式主要有树带式和树池式两种（图 5-2-3）。

（1）树带式。在人行道和车行道之间留出一条不加铺装的种植带，种植带宽度一般不小于 1.5 m，可种植一行乔木和树篱，如宽度适宜则可分别种植两行或多行乔木，并与花灌木、宿根花卉、地被相结合。

一般在交通、人流量不大的路段采用这种方式，有利于树木生长。种植带下可铺设草皮，以免裸露的土地影响路面的清洁。同时在适当的距离要留出铺装过道，以便人流通行或汽车停靠站。

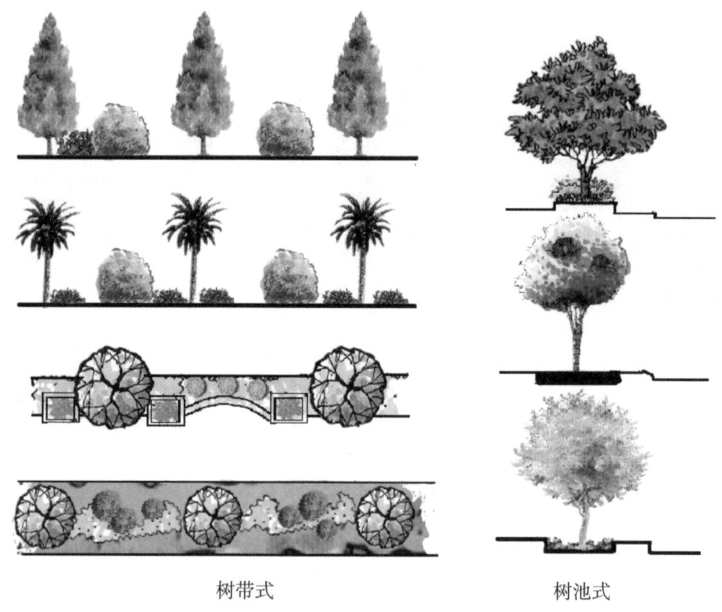

图 5-2-3　树带式和树池式

（2）树池式。在交通量较大，行人多而人行道又窄的路段，宜设计正方形、长方形或圆形空地，种植花草树木，形成池式绿地。树池以正方形为好，正方形树池边长不宜小于 1.5 m；若为长方形，长方形以（1.2 ～ 1.5）m×（2.0 ～ 2.2）m 为宜；若为圆形，其直径不宜小于 1.5 m。行道树宜栽植于树池的几何中心。为了防止树池被行人踏实，可使树池边缘高于人行道 8 ～ 10 cm。

5. 其他注意事项

在设计行道树时应注意路口、电杆及公交车站的处理，保证安全所需要的最小距离。行道树绿带的设计要考虑绿带宽度、减弱噪声、减尘及街景等因素，还应综合考虑园林艺术和建筑艺术的统一。为了使街道绿化整齐统一，又能够使人感到自由活泼，行道树绿带的设计以采用规则与自然相结合的形式最为理想。

5.2.4.2　分车绿带植物景观设计

分车绿带是指车行道之间可以绿化的分隔带，其位于上下行机动车道之间的为中央或中间分车绿带；位于机动车与非机动车道之间或同方向机动车道之间的为两侧分车绿带。

微课：分车绿带植物景观设计

1. 中央分车绿带的植物景观设计

中央分车绿带应阻挡相向行驶车辆的眩光。在距相邻机动车道路面高度 0.6 ～ 1.5 m 内种植灌木、灌木球、绿篱等枝叶茂密的常绿植物，能有效阻挡夜间相向行驶车辆前照灯的眩光。

中央分车绿带不得布置成开放式绿地，通常中央分车带的种植形式有以下几种：

（1）绿篱式。在绿带内密植常绿树，经过整形修剪，使其保持一定的高度和形状，或用不同种类的树木间隔片植（图 5-2-4）。这种形式栽植宽度大，行人难以穿越，由于树间没有间隔、杂草少，易于管理，适于车速不高的非主要交通干道。

（2）整形式。树木按固定的间隔排列，有整齐划一的美感，但路段过长会给人单调的感觉。可采用改变树木种类、树木高度或株距等方法丰富景观效果，这是目前使用最普遍的方式。可采用同一种类单株等距种植或片状种植，也可采用不同种类单株间隔种植，或用不同种类树木间隔片植。

（3）图案式。这种方式将树木或绿篱修剪成几何图案，整齐美观。但需经常修剪，养护管理要求高，可在树木园林景观路、风景区游览路使用（图 5-2-5）。

图 5-2-4　绿篱式中央分车绿带

图 5-2-5　图案式中央分车绿带

2. 两侧分车绿带的植物景观设计

两侧分车绿带距交通污染源最近，其绿化所起到的滤减烟尘、减弱噪声的效果最佳，并能对非机动车有庇护作用。因此应尽量采取复层混交配置，扩大绿量，提高保护功能。两侧分车绿带的乔木树冠尽量不要在机动车道上面搭接形成绿色隧道，这样会影响汽车尾气及时向上扩散，污染道路环境。

两侧分车绿带常用的植物配置方式有：

（1）两侧分车绿带宽度小于 1.5 m 时，应以种植灌木为主，并应采用灌木与地被植物相结合的种植方式。

（2）分车绿带宽度在 1.5 ～ 2.5 m 时，以种植乔木为主。这种形式遮荫效果好，并容易施工和养护。也可在两株乔木间种植花灌木，增加色彩，尤其是常绿灌木，可改变冬季道路景观，但要注意选择耐荫的灌木和草坪草，或适当加大乔木的株距。

（3）绿带宽度大于 2.5 m 时，可采取落叶乔木、灌木、常绿树、绿篱、草坪和花卉相互搭配的种植形式，景观效果较好。

（4）被人行横道或道路出入口断开的分车绿带，其端部应采取通透式栽植。目的是使穿越道路的行人容易看到过往车辆，以利于行人和车辆的安全。

5.2.4.3　交通岛绿地植物景观设计

微课：交通岛绿地植物景观设计

交通岛是设置在城市道路中为了回车、控制车流行驶路线、约束车道、限制车速和装饰街道而设置在道路交叉口范围内的岛屿状构造物，主要起到疏导与指挥交通的作用。交通岛绿化设计时应结合这一功能。

交通岛多呈圆形，车辆绕岛逆时针单向行驶，其半径必须保持车辆能按一定速度以交织方式行驶，因此在交通量较大的主干道上，或有非机动车或行人多的交叉口不宜设置环形交通。

交通岛绿地是指可绿化的交通岛绿地，可分为中心岛绿地、导向岛绿地和立体交叉绿岛。交通岛绿地周围的植物配置宜增强导向的作用，在行车视距范围内应采用通透式配置。

1. 中心岛

中心岛是设置在交叉口中央，用来组织左转弯车辆交通和分割对向车流的交通岛，俗称转盘（图 5-2-6）。中心岛一般多用圆形，也有椭圆形、卵形、圆角方形和菱形等。常规中心岛直径在 25 m 以上，目前我国大中城市所采用的圆形交通岛，一般直径为 40 ～ 60 m。

中心岛外侧汇集了多处路口，为保证清晰的视野，便于绕行车辆的驾驶员准确、快速识别路口，不宜过密种植乔木，在各路口之间保持行车视线通透；也不宜布置成供行人休息用的小游园，以免分散司机的注意力，成为交通隐患。

中心岛通常以草坪、花坛为主，或以低矮的常绿灌木组成简单的图案花坛，外围栽种修剪整齐、高度适宜的绿篱。在面积较大的环岛上，为了增加层次感，可以零星点缀几株乔木。位于主干道交叉口的中心岛因位置适中，人流量大、车流量大，是城市的主要景点，可在其中以雕塑、市标、组合灯柱、立体花坛等为构图中心，但其体量、高度等不能遮挡视线。

2. 导向岛

导向岛绿地是指位于交叉十字路口上可绿化的用地。导向岛用以指引行车方向、约束车道、使车辆减速转弯，保证行车安全（图 5-2-7）。

图 5-2-6　中心岛

图 5-2-7　导向岛

导向岛绿地内不能有建筑物、构筑物、树木等遮挡驾驶员视线的地面物。一般以低矮灌木、草坪、花坛或地被植物为主，植物高度不得超过 0.7 m。如有行道树，枝下高应在 2.5 m 以上。

3. 立体交叉绿岛

立体交叉是指两条道路不在一个平面上的交叉。立体交叉绿地包括绿岛和立体交叉外围绿地。

立体交叉绿地设计应满足交通功能的需要。立体交叉出入口应有指示性标志的种植，使驾驶员可以方便地看清入口；在道路转弯处植物应连续种植，起到预示道路方向的作用；主、次干道汇合处，不宜种植遮挡视线的树木（图 5-2-8）。

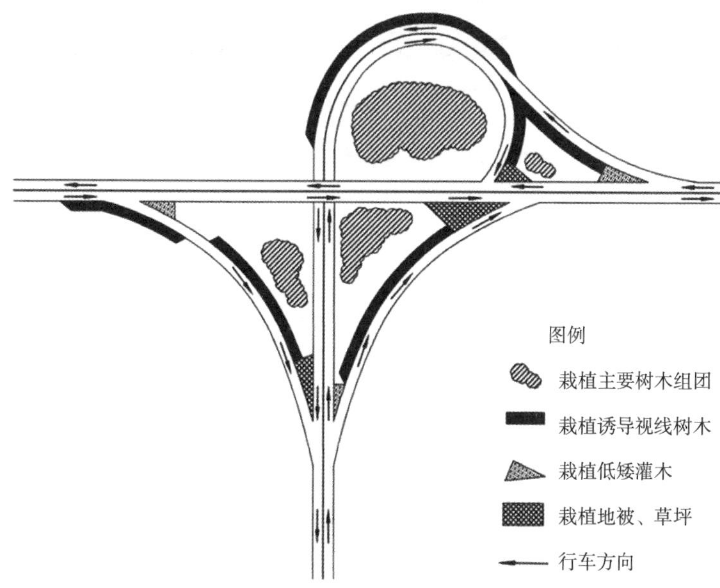

图 5-2-8　互通式立体交叉范围内绿化示意图

在面积较大的绿岛上，可以种植地被植物或铺设草坪，草坪上点缀树丛、孤植树木或花灌木，形成疏朗开阔的绿化空间。也可以用常绿植物、花灌木及宿根花卉组成模纹花坛，使高处可见的地面景观更加精致美观。如果绿岛面积足够，在不影响交通的情况下，也可以按照街心花园的形式进行布置，设置园路、花坛、座椅等。立体交叉绿化还可以充分利用桥下空间，设置园路和小型服务设施，桥下植物应选择耐荫性植物。

任务实施

（1）了解给定需设计道路绿带的宽度、地理环境等要求。分析任务给定条件，该道路位于华东地区某海滨城市，需设计的两侧分车绿带宽 1.5 m，中央分车绿带宽 3 m，并要求设计要体现城市特色。

（2）了解该道路所在地的自然条件及植物生长状况，选择配置的植物种类。综合分析城市气候、土壤环境等因素，结合海滨城市植物的特点，选择的植物要注重乔木和灌木、常绿和落叶树种的相互搭配，注重色彩美、丰富的季相变化。主要选择的植物有黑松、海桐、木槿、红叶石楠、紫薇、银边沿阶草等。

（3）确定植物景观设计方案，完成植物景观设计图。根据道路绿带景观设计要求，结合植物景观设计方法和配置形式，确定配置方案。中央分车绿带种植海桐、细叶麦冬和银边沿阶草作为地被植物，上层植物为红叶石楠、木槿、黑松等（图 5-2-9）。两侧分车绿带用红花酢浆草和银边沿阶草，形成大曲线代表海浪，突出海滨城市主题（图 5-2-10）。

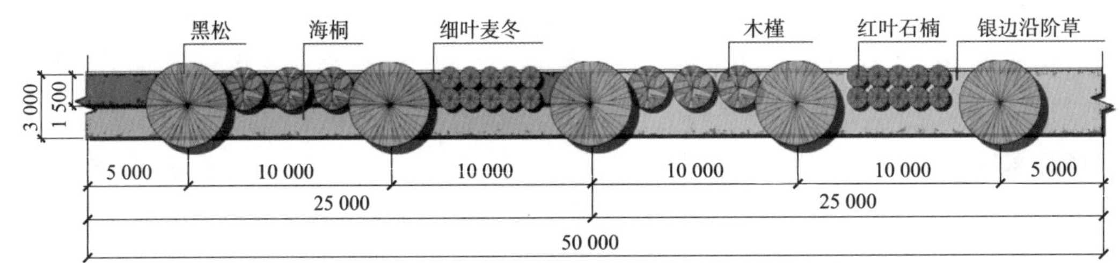

图 5-2-9　中央分车带绿化方案（单位：mm）

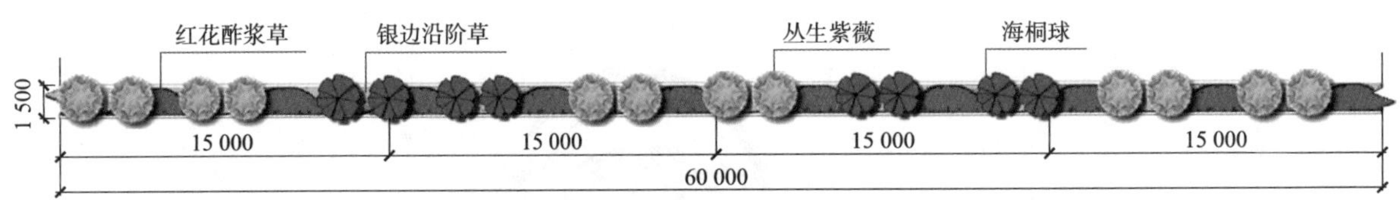

图 5-2-10　两侧分车带绿化方案（单位：mm）

巩固训练

城市立交桥绿化植物调查及配置分析

城市立交桥绿化在城市环境的改善以及城市景观塑造中扮演着重要角色。现对所在城市主城区立交桥的绿化植物进行调查，并对其植物景观进行分析，撰写调查分析报告。

评价与总结

对城市道路景观设计学习内容和任务完成情况进行评价，具体见表 5-2-4。

表 5-2-4　城市道路植物景观设计评分表

作品名：　　　　　　　　　　　　　　　　姓名：　　　　　　　　　　学号：

考核指标	标准	分值 / 分	等级标准				得分
			优	良	及格	不及格	
立意构思	能结合城市历史文化及特点进行设计，立意构思新颖、巧妙	20	15 ~ 20	10 ~ 14	5 ~ 9	0 ~ 4	
植物配置	植物能适应室外环境，配置合理，植物景观主题突出，季相分明	20	15 ~ 20	10 ~ 14	5 ~ 9	0 ~ 4	
方案可实施性	在保证功能的前提下，可实施性强	8	7 ~ 8	5 ~ 6	3 ~ 4	0 ~ 2	
设计图纸表现	设计图纸美观大方，能够准确表达设计构思，符合制图规范	15	12 ~ 15	9 ~ 11	5 ~ 8	0 ~ 4	
设计说明	设计说明能够较好地表达设计构思	7	6 ~ 7	4 ~ 5	2 ~ 3	0 ~ 1	
方案的完整性	包括植物种植平面图、立面图、设计说明、苗木统计表等	15	12 ~ 15	9 ~ 11	5 ~ 8	0 ~ 4	
方案汇报	思路清晰，语言流畅，能准确表达设计图纸，PPT 美观大方，答辩准确、合理	15	12 ~ 15	9 ~ 11	5 ~ 8	0 ~ 4	
总分							
任务总结							

任务5.3 广场植物景观设计

任务要求

通过广场绿地植物景观设计调查任务的实施，学习广场植物景观的作用和设计原理以及市政广场、纪念性广场、商业广场等不同类型广场的植物景观设计。

学习目标

➢ 知识目标

（1）了解广场植物景观的作用及其设计原理。
（2）掌握不同类型广场植物景观设计要点。

➢ 技能目标

（1）能结合广场的功能选择合适的植物，并进行广场植物景观设计。
（2）能够对广场绿地的植物景观设计进行分析。

➢ 素养目标

（1）提升发现问题、解决问题的能力，并培养独立分析问题的思维能力。
（2）培养吃苦耐劳的品质和精益求精的精神，树立团结协作的意识。
（3）通过案例解析，感悟精湛的造园技艺，培养精益求精的工匠精神。

任务导入

广场绿地植物景观设计调查

调查所在城市各类型广场绿地的绿化植物种类，统计分析其绿化植物的类群组成，并对广场的植物景观设计进行分析。

● **任务分析**

调查所在城市的各类型广场，分析广场的类型及功能，调查广场所应用的绿化植物种类及其植物景观设计方法，并利用所学知识对广场的植物景观设计进行分析。

● **任务要求**

（1）分类型选取城市代表性广场进行调查。
（2）调查广场的绿化植物及植物景观设计方法。
（3）在调查过程中要注意拍照记录现场情况。
（4）对各类型广场的植物景观设计进行分析，撰写调查分析报告，要求图文并茂。

● **材料和工具**

绘图纸、绘图工具、测量仪器等。

知识准备

5.3.1　广场植物景观的作用及设计原理

广场、绿地等公共空间在城市中占有重要地位。城市广场常被亲切地比喻为城市的“会客厅”，被认为是城市文化底蕴的表达，也是市民娱乐、交流、集会等社交活动的重要载体。谈到广场的景观设计，人们往往更关注其形态及空间设计，而忽视了植物景观的作用。

广场一般是指由建筑物、道路和绿化地带等围合或限定形成的开敞公共活动空间，是人们日常生活和进行社交活动不可缺少的场所。它可组织集会，集散公共交通，同时也有休息、停留、美化与装饰等作用。广场所具有的多功能、多景观、多活动、多信息、大容量的特征与现代人所追求的娱乐性、参与性、文化性以及多样性相吻合，所以广场对城市形象的塑造以及对市民的吸引力越来越大。城市广场植物景观设计是城市广场设计中不可缺少的环节，具有重要的作用。

5.3.1.1　广场植物景观的作用

1. 美化广场环境

通过分析广场的性质、使用要求等，在大自然中选择适宜的植物材料，经过科学的设计和艺术加工，创造出丰富多彩的广场绿地景观。

2. 改善广场环境条件

广场植物景观设计可以创造良好的小气候环境，可以调节温度、湿度，吸收烟尘，降低噪声，减少太阳辐射等，给人带来清新舒适的感觉。

3. 丰富广场空间形态

植物在广场景观中充当构成要素，形成有生命力的空间。植物可以界定空间，限制视线行为，具有控制私密性以及遮挡、导向等作用，为广场提供隐蔽、可防卫的安全空间。通过合理的植物景观设计，结合广场地形变化，构成连续的空间层次，丰富广场的空间形态，创造出富有活力和生机的广场环境。

4. 协助广场功能的实现

不同的广场具有不同的功能要求，植物景观设计合理，不仅能给广场增添美景，在很大程度上还可以协助广场其他功能的实现。

5.3.1.2　广场植物景观设计原理

1. 广场植物景观应体现广场丰富的文化内涵

在进行植物景观设计时，要尊重周围环境的变化，注重设计的文化内涵，深刻理解和领悟不同文化环境独特的差异性与特殊性。合理利用具有中国传统文化的植物，创造出具有时代精神，富有历史文化内涵的人性化广场空间。

2. 广场植物景观要与周围整体环境在空间比例上统一协调

植物景观的设计要考虑广场的性质、规模及尺度，要符合人的观赏习惯和比例与尺度。设计不仅可以给人带来美感，也可以为人们的活动与交流营造舒适的场所空间。

3. 广场植物景观要与广场内外的交通组织设施相结合

在保证广场环境质量的条件下，考虑到人们活动的主要内容，结合广场的性质，形成轻松随意的内部空间，使人们在不受干扰的情况下参观、游览、交往以及休息。

5.3.2　不同类型广场植物景观设计

不同类型的广场由于其使用特点、功能要求、环境因子各不相同，因而在进行植物景观设计时，要根据类型的不同有所侧重。城市广场按功能分为市政广场、纪念性广场、商业广场、交通广场、休闲娱乐广场、停车场等。

5.3.2.1 市政广场

市政广场通常位于城市中心位置，是政府或城市的行政中心，用于集会、庆典、礼仪和传统民间节日活动等。面积一般较大，以硬质铺装为主，便于大量人群活动。

该类广场的植物主要呈周边式配置，中央以硬质铺装或软质的耐踏草坪铺装作会场，广场内视线通透，广场的植物景观通常呈规则式或自然式。规则式常采用树列、树阵、绿篱、花坛、可移动花箱等形式。自然式常采用花境、花池、树丛、缀花草坪、疏林草地、花带等形式。在建筑前不宜种植高大乔木，建筑两旁可点缀庭荫树，使广场不过于暴晒。如果广场的背景是大型建筑，如政府大楼或议会大厦，则植物应能很好地衬托建筑立面，丰富城市面貌。

5.3.2.2 纪念性广场

纪念性广场是为了表现某一纪念性建筑、纪念碑或纪念塔而设立的广场，因而植物景观设计应当以衬托纪念性的气氛为主。植物种类不宜过于繁杂，应以某种植物重复出现为好，以达到强化的目的。

在布置形式上宜采用规则式，使整个广场有章可循。选择的树种以常绿树为最佳，如松树、女贞、玉兰、白兰、杜鹃等，象征着永垂不朽，流芳百世。

5.3.2.3 商业广场

以商贸活动为主的广场，须兼顾景观功能和生态功能。植物景观设计在不遮挡行人视线的前提下，尽量提供种类丰富的植物景观供人欣赏，宜采用灵活多样的植物配置方式。

宽阔地带的乔木树池，在不影响商贸活动的情况下，可设计成既可围护树干，又可充当桌椅的花池，还可间空种植花灌木，这样一景多用可节约空间。基于安全考虑，商业广场应人车分流，车行道可环绕广场周边，与广场分开并在广场与周边设置行道树、绿篱、花境、花池、花坛等（图 5-3-1）。

5.3.2.4 交通广场

交通广场主要作用为组织交通，同时也可装饰街景。在进行植物景观设计时，必须服从交通安全的需要，能有效疏导车辆和行人。交通广场通常分为城市交通内外汇合处交通广场和城市干道交叉口交通广场两类。

1. 城市交通内外汇合处交通广场

汽车站、火车站前广场属于此类广场。此类广场的植物景观设计应体现出地方特色、城市风格以及地域性差异。在设计时要求在不影响交通实用功能的前提下见缝插绿、见缝插景，使得景观效益和生态效益最大化。

2. 城市干道交叉口处交通广场

城市干道交叉口处交通广场即环岛交通广场，这类交通广场应有足够的面积及空间满足车流、人流和安全的需要，保证畅通无阻。面积较小的环岛交通广场可采用草坪花坛为主的封闭式布置，植株要求矮小，不影响驾驶人员的视线。面积较大的环岛交通广场可用树丛、灌木和绿篱组成不同形式的优美空间，但在车辆转弯处不宜种植过高过密的树丛和过于鲜艳的花卉，以免分散司机的注意力。

5.3.2.5 休闲娱乐广场

休闲娱乐广场是为居民提供娱乐休闲的场所，体现公众的参与性。因而在广场绿化上，可根据广场自身的特点进行植物景观设计，表现广场的风格，使广场在植物景观上具有可识别性，同时要善于运用植物材料划分组织空间，使不同的人群都有适宜的活动场所，避免相互干扰。

在选择植物材料时，应在满足植物生态要求的前提下根据景观需要进行。若想创造一个热闹欢乐的空间，则以开花植物组成盛花花坛或花丛的形式；若想闹中取静，则可以依靠某一角落设立花架，种植枝叶繁茂的藤本植物；没有特殊要求的，可根据环境、地形及景观特点合理安排。总之，文化娱乐休闲广场的植物景观设计比较灵活自由，最能发挥植物材料的美妙之处。

小型的休闲娱乐广场面积较小，地形较简单，在设计时不需要太多的植物材料进行复杂的设计。在选择植物时，应充分考虑具体的环境条件，让植物和现有景观有机结合，用最少的费用创造最优美

的景观，从植物种类到布置形式都要遵守少而精的原则（图 5-3-2）。

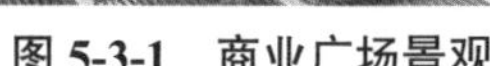
图 5-3-1　商业广场景观

图 5-3-2　休闲娱乐广场景观

5.3.2.6　停车场

随着城市车辆的日益增多，出现了越来越多的停车场，对城市的景观也有很大影响。现在的停车场不仅仅只为满足停车的需要，还应通过绿化美化使它变成一道美丽的景致。比较常采用的绿化方法有种植遮荫树、铺设草坪或嵌草铺装，要求草种要非常耐践踏、耐碾压。如果是地下停车场，地上可以建造花园。

任务实施

（1）调查广场的周边环境、广场的类型及功能。

（2）调查广场的绿化植物种类及植物景观设计方法。

（3）对各类型广场的植物景观设计方法进行分析比较。

（4）撰写调查分析报告。

巩固训练

利用分组的方式，对所在城市具有代表性的市政广场进行测绘，绘制出广场植物配置图和代表性植物组团配置图，并对广场植物景观进行分析。

评价与总结

对广场植物景观设计学习内容和任务完成情况进行评价，具体见表 5-3-1。

表 5-3-1　广场植物景观设计评价表

评价类型	考核点	自评	互评	师评
理论知识点评价(20%)	广场植物景观的作用及设计原则、不同类型广场植物景观设计方法			
过程性评价（50%）	植物景观分析能力（20%）			
	植物识别能力（10%）			
	工作态度（10%）			
	团队合作能力（10%）			
成果性评价（30%）	报告观点清晰、新颖（10%）			
	报告的完整性（10%）			
	报告的规范性（10%）			
任务总结				

习题

一、单项选择题

1. 园路中平坦笔直的主路两侧植物配植常用（　　）配植，最好观花乔木、观花灌木为下木。

A. 自然式　　B. 混合式　　C. 规则式

2. 蜿蜒曲折的园路，不宜成排成行，而以（　　）配植为主，有高有低，有疏有密，有挡有敞，有草坪、花池、灌丛、树丛、孤立树，甚至有水面、山坡、建筑小品等不断变化。

A. 自然式　　B. 混合式　　C. 规则式

3.（　　）植物配置时种植可灵活多样，有的只需路的一旁种植乔灌木，可达到遮荫和观花效果，有的用拱形枝条形成拱道，有的植成复层混交林群落，曲径通幽。

A. 园路　　B. 次路与小路旁　　C. 所有道路

4. 城市道路植物配置树种选择的（　　）原则，是指分别选择适合当地立地条件的树种。

A. 适地适树　　B. 科学　　C. 因地制宜　　D. 美观

5. 城市道路植物配置树种选择原则（　　）。

A. 应以乡土树种为主，从当地自然植被中选择优良树种，但不能排斥经过长期驯化考验的外来树种

B. 应以引入树种为主

C. 只要本地植物

D. 什么树种都可以

二、填空题

1. 根据中华人民共和国行业标准《公园设计规范》（GB 51192—2016），园林道路主要分为________、________、________和________四级。

2. 支路和小路是园林中最多，分布最普遍的园路，设计形式比主路更加灵活多样，常见的园林支路或小路造景形式有________、________、________、________、________等。

3. 道路绿带是道路红线范围内的带状绿地，道路绿带分为________、________和________。

4. 行道树的种植方式主要有________和________两种。

5. 城市道路绿地是指红线之间的绿化用地，包括________、________、________和________。

三、判断题

1. 路面是园路范围的标志，其植物配置主要是指紧邻园路边缘栽植的较为低矮的花、草和植篱，也有较高的绿墙或紧贴路缘的乔灌木。（　　）

2. 道路中的交叉口、弯道、分车带等的植物景观设计对行车的安全影响最大，这些路段的植物景观要符合行车视线的要求。（　　）

3. 在以安全视距所构成的三角视距范围内，不宜有阻碍视线的物体。（　　）

4. 树带式行道树种植常用于行人多、人行道狭窄的道路。（　　）

5. 广场植物景观要与周围整体环境在空间比例上统一协调。（　　）

项目6 建筑植物景观设计

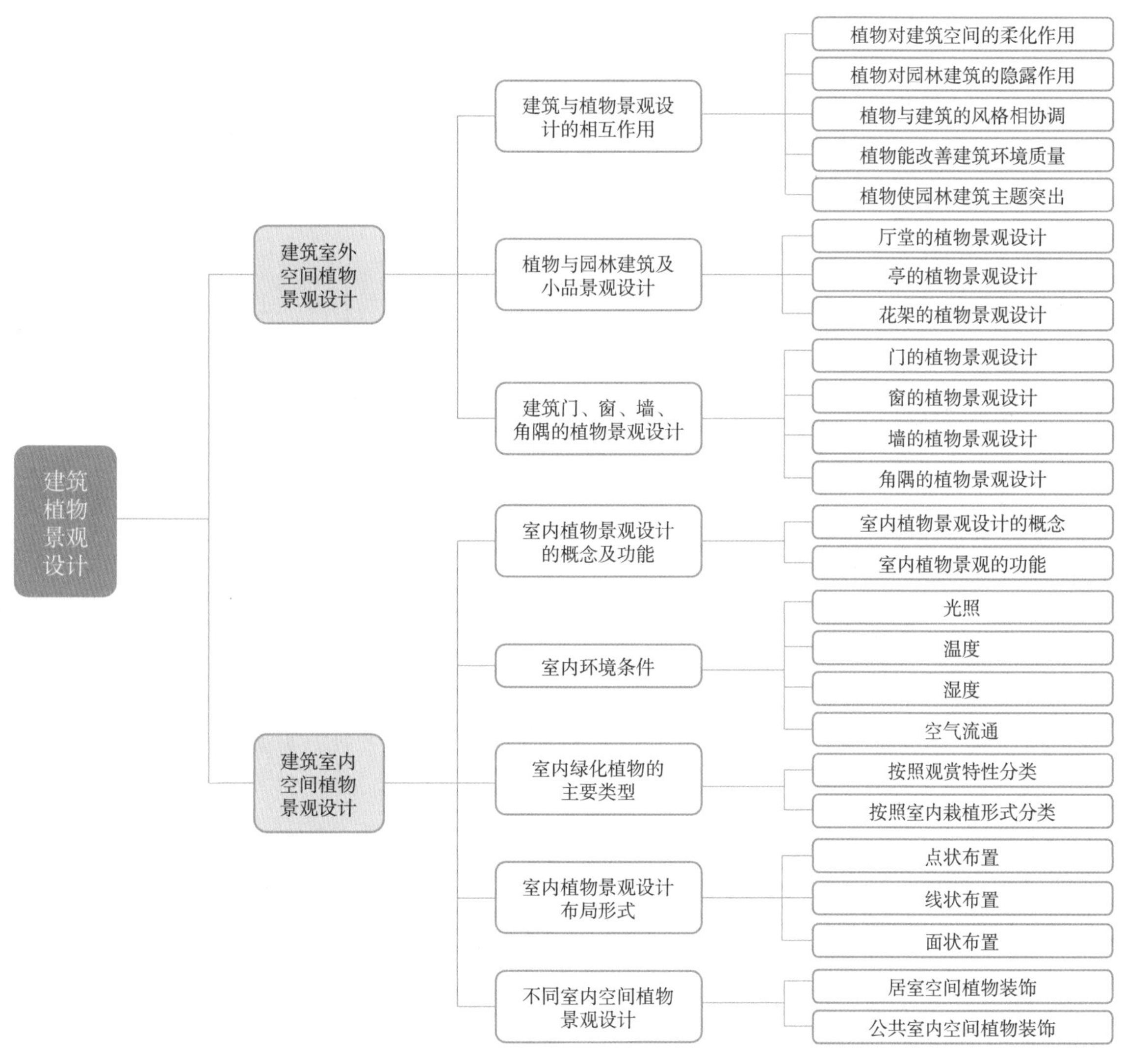

任务 6.1 建筑室外空间植物景观设计

任务要求

通过植物与建筑小品组景设计形式调查任务的实施，学习建筑与植物景观设计的相互作用、植物与园林建筑和小品的景观设计以及建筑门、窗、墙和角隅的植物景观设计。

学习目标

➢ 知识目标

（1）了解建筑与植物景观设计的相互作用。

（2）掌握建筑及小品的植物景观设计要点。

（3）掌握建筑门、窗、墙和角隅的植物景观设计要点。

➢ 技能目标

（1）能够对园林中常见的建筑及小品的植物景观进行设计。

（2）能够结合建筑小品植物景观设计的相关理论对城市绿地中植物与建筑小品组景进行分析与评价。

➢ 素养目标

（1）培养对园林建筑的鉴赏能力、审美情趣，树立高尚的审美观。

（2）提升发现问题、解决问题的能力，培养独立分析问题的思维能力。

（3）增强文化自信，培养家国情怀。

（4）感悟精湛的造园技艺，培养精益求精的工匠精神。

任务导入

植物与建筑小品组景设计形式调查

选取所在城市代表性的公园绿地，调查其植物与建筑小品的组景设计形式，总结并分析植物与建筑小品的设计形式及优缺点。

● 任务分析

根据所学建筑及小品的植物景观设计要点对公园绿地中植物及建筑小品的组景设计进行分析。

● 任务要求

（1）调查植物与建筑小品的组景形式，并绘图表示。

（2）在调查过程中要注意拍照记录现场情况。

（3）撰写植物与建筑小品组景形式调查分析报告，要求图文并茂，并对有代表性的建筑小品植物景观设计形式绘图表示。

● 材料和工具

绘图纸、绘图工具、测量仪器等。

知识准备

微课：植物与建筑景观设计的相互作用

6.1.1　建筑与植物景观设计的相互作用

6.1.1.1　植物对建筑空间的柔化作用

建筑的线条往往比较生硬，而植物枝干多弯曲，线条柔和、活泼，若植物景观设计得当，能使建筑突出的体量与生硬的轮廓柔化在绿树环绕的自然环境之中，使建筑旁的景色取得一种动态均衡的效果。同时植物的颜色是调和建筑物各种色彩的中间色。比如北京北海的白塔掩映在绿色的树丛中，植物的绿色更加突出了白塔的白色色调（图 6-1-1）。

6.1.1.2　植物对园林建筑的隐露作用

“露则浅，隐则深”，园林建筑在植物的遮掩下若隐若现，形成“竹里登楼人不见，花间觅路鸟先知”的绿色景深和层次，使人产生欲观全貌而后快的心理需求（图 6-1-2）。同时从建筑内向外观景时，窗下的树干、树叶又可以成为“前景”和“添景”。

图 6-1-1　北京北海的白塔掩映在树丛中

图 6-1-2　建筑在植物的遮掩下若隐若现

6.1.1.3　植物与建筑的风格相协调

由于地域的差异及园林功能的不同，导致园林建筑风格各异，因此，植物景观设计应随建筑风格的变化而与之相协调、相适应。北方的皇家园林中，为了反映帝王至高无上、尊贵无比的思想，宫殿建筑一般都体量庞大、色彩浓重、布局严整，多种植侧柏、油松、白皮松等树体高大且长寿的常绿树种（图 6-1-3）。

苏州的私家文人园林中，白墙灰瓦，建筑色彩淡雅，体现文人士大夫清高、风雅的情趣。由于园林面积不大，造园上力求小中见大，通过“咫尺山林”营造大自然的美景（图 6-1-4）。在造景时，植物景观要体现诗情画意的意境，窗前一株清标雅韵的古梅，墙角一丛潇洒挺拔、清丽俊逸的秀竹，无不衬托出文人超尘隐逸的情致。常用的植物除梅、兰、竹、菊“四君子”之外，还有桂花、丁香、石榴、海棠、玉兰、紫薇、南天竹、芍药、牡丹、芭蕉等。

图 6-1-3　皇家园林

图 6-1-4　私家园林

6.1.1.4 植物能改善建筑环境质量

建筑围合的庭院式空间，铺装面积往往较大，游人停留的时间较长，由硬质材料产生的日照热辐射、人流量等几种因素造成的高温与污浊空间，均可被园林植物所调节，为建筑空间创造良好的环境质量。另外，园林建筑在空间组合中作为空间的分割、过渡、融合等所采用的花墙、花架、漏窗、落地窗等形式，都需要借助植物进行装饰和点缀。

6.1.1.5 植物使园林建筑主题突出

园林中有许多景是以植物命题又以建筑为标志的。例如，杭州西湖十景之一的“柳浪闻莺”，在这个景点里，“柳浪”通过种植大量柳树来体现，但主景则是通过标志性建筑“闻莺馆”和“柳浪闻莺”碑亭作为标志，使得建筑与植物相得益彰，突出主题（图 6-1-5）。北京颐和园中的知春亭小岛上遍植桃树和柳树，柳桃报春信，点出知春之意，小亭隐现其间，春光无限。

图 6-1-5 杭州西湖“柳浪闻莺”景点

6.1.2 植物与园林建筑及小品景观设计

常见的园林建筑小品如亭、廊、榭、花架等，体量一般不大，但起着点缀风景，甚至是画龙点睛的突出作用。园林中的建筑大多讲究立意，以营造出大自然鸟语花香、充满生机的氛围，以体现园主的情操为目的，而这种气氛的营造，在很大程度上依赖于周围的植物景观设计。建筑的形式不同、性质不同，对环境植物的要求也不同。

6.1.2.1 厅堂的植物景观设计

在中国古典园林中，尤其是私家园林，厅堂主要是供园主人家人团聚、会聚宾客、文化交流、处理事务以及进行其他活动的主要场所。

《园冶・立基》中写到“凡园圃立基，定厅堂为主”。厅堂是全园的主体建筑，应居于宽敞显要之地，必须朝南向阳且有景可取，其建筑空间要求宽敞精丽、堂堂高显，表现出严正的气度，体现出其独特的建筑性格之美。由于传统的惰性和功能的要求，其性格往往流于一般化，显得厅堂严正有余，活泼变化不够，这就要求通过合理的植物景观设计，来打破沉闷的局面，进而创造丰富多彩的园林景观。

厅堂前通常应用的植物景观设计手法为堂前对植。厅堂前的植物种类多选用玉兰、海棠、碧桃、牡丹、桂花等，有“玉堂春富贵”的美好寓意。例如，玉兰堂，堂前对植玉兰，院内栽植多棵高大的广玉兰（图 6-1-6）。

6.1.2.2 亭的植物景观设计

亭是园林中最为重要、最富于游赏性的建筑，同时也是应用最广、形式最多样的建筑。亭的形式多种多样。亭从平面的形式可分为圆形、长方形、三角形、四角形、六角形、八角形、扇形等；从屋顶的形式分为单檐、重檐、三重檐、攒尖顶、平顶等；从位置上又可分为山亭、半山亭、桥亭、沿山亭、廊亭、半亭及路亭等。

在进行植物景观设计时需根据建亭的目的与功能选择合适的树种配置成景。常见的植物景观设计方式有林中抱荫和花海簇拥。

图 6-1-6　玉兰堂

1. 林中抱荫

在古典园林中，时常将亭建于大片丛林中，使其若隐若现，令人有深郁之感。对于丛植林的配置，有将同一树种种植成林的，如苏州拙政园的雪香云蔚亭，周围遍植白梅，待至早春，花开如雪，暗香浮动，景色迷人（图 6-1-7）；也可以用多种树种配置，这种形式要注意树种的大小，开花季节的先后，色彩的调和与对比，以及常绿树与落叶树的搭配等，如苏州沧浪亭中的沧浪亭，四周古木葱郁，一派山林景象（图 6-1-8）。在丛植林景观中，往往以一种或数种树木作为主题，寻求意境上的营造。主题植物多选择一些形神具备、立意高远的植物，如"岁寒三友"松、竹、梅，"四君子"梅、兰、竹、菊等。

图 6-1-7　苏州拙政园的雪香云蔚亭

图 6-1-8　苏州沧浪亭

2. 花海簇拥

花海簇拥就是把亭子建在大片的开花植物之中。在古典园林中，有许多亭子是利用花木为主题来命名，此种命名方法有画龙点睛之妙。例如，苏州拙政园中的梧竹幽居，既有韵雅圣洁的梧桐，又有潇洒挺拔的翠竹（图 6-1-9）。再如，拙政园的荷风四面亭，夏日里四面荷花三面柳，柳丝如披，荷香四溢，情景交融，欣然而忘我（图 6-1-10），小小亭子将生活诗意化、艺术化。建筑的精巧之美与环境的隐逸之善，在小亭身上合二为一。

图 6-1-9　苏州拙政园梧竹幽居亭

图 6-1-10　苏州拙政园荷风四面亭

6.1.2.3　花架的植物景观设计

花架是在园林游憩空间里可用作藤本植物攀缘的支架或艺术观赏的构架性园林建筑景观（图 6-1-11）。一方面供人停歇休息、欣赏风景；另一方面又可创造攀缘植物生长的条件。

花架兼有建筑空间的特性，又因加入植物具有生长的时间性，因此花架具有双重特性，能形成以花架为主的观赏空间，又能点缀环境，可与其他造园要素一起构成复合的园林空间。植物生长的时间性又能形成花架独特的四维空间，使之在每一季都有不同的观赏性。在进行植物选择时，可以选择薜荔、常春藤、爬山虎、金银花、凌霄、炮仗花、紫藤等藤本植物；也可以选择茑萝、牵牛花等草本植物；还可以选择瓜果，如葡萄、葫芦、丝瓜、猕猴桃等。

图 6-1-11　公共空间的花架

在景观花架设计时需要注意以下几点：景观花架既可作遮荫休息之用，又可点缀园景；景观构架则在营造游憩空间的同时着重营造建筑景观；景观花架设计要了解所配置植物的原产地和生长习性，以创造适宜于植物生长的条件和配合造型的要求。花架下应尽量设置休闲桌椅供人们休憩。

6.1.3　建筑门、窗、墙、角隅的植物景观设计

门、窗洞口在园林建筑中除具有交通及采光通风作用之外，在空间上可以把两个相邻的空间既分隔开又联系起来。在园林设计中经常利用门、窗洞口，通过植物景观设计，形成园林空间的渗透及空间的流动，以实现园内有园、景外有景、变化多姿的意境。

6.1.3.1　门的植物景观设计

门是游客游览必经之处，门和窗连在一起，主要用于组织游览路线和形成空间的流动。

微课：门、窗的植物景观设计

门的造型主要可分为以下三类。

（1）曲线型：如月洞门、花瓶门、葫芦门、梅花门等。

（2）直线型：如方门、六方门、八方门等。

（3）混合型：即以直线为主体，在转折部位加入曲线进行连接，或将某些直线变为曲线。

在进行植物景观设计时，需要充分利用门的造型，以门为框，通过植物景观设计，与路、石等进行精心的艺术构图，不但可以入画，还可以扩大视野，延伸视线（图 6-1-12）。苏州园林中的门洞植物景观设计，其艺术精湛、文化内涵丰富，堪称天下一绝，如拙政园的梧竹幽居方亭，东西翠竹碧梧相拥，环境雅致，透过方亭的四个圆洞门看外部景物，通过不同的角度，可以得到不同的景致，山水清风扑面而来，犹如人在画中游。

6.1.3.2　窗的植物景观设计

窗是园林建筑中的重要装饰小品，在组景中起到框景的作用，另外花窗自身成景，窗花玲珑剔透，具有含蓄的造园效果，以窗框景、以窗漏景又称为“尺幅画”。窗外一丛秀竹、一枝古梅、数株芭蕉或几块小石，皆可成为“尺幅画”的题材。人们凭借窗框，可将自然界的种种微妙变化，融入意识，铸就一幅幅巧妙的图画（图 6-1-13）。

图 6-1-12　月洞门景观

图 6-1-13　漏窗景观

在进行窗外的植物景观设计时须注意，由于窗框的尺度是不变的，而植物却不断生长，体量不断增大，会破坏原来的画面，因此要选择生长缓慢、变化不大的植物，如芭蕉、南天竹、孝顺竹、棕竹、苏铁等，近旁可配些剑石、湖石，增添其稳固感，有动有静，构成稳定持久的画面。为了突出植物主题，窗框的花格不宜过于花哨，以免喧宾夺主。

6.1.3.3　墙的植物景观设计

墙是建筑环境的实体部分，其主要功能是承重和分隔空间。在园林中墙还具有丰富景观层次及控制、引导游览路线的功能，是空间构图的一项重要手段，同时还可以利用墙的南面良好的小气候特点栽培一些美丽的不抗寒的植物。墙的植物景观设计形式主要有垂直绿化和立体绿化。

微课：墙、角隅的植物景观设计

1. 垂直绿化

垂直绿化即用攀缘植物或其他植物装饰建筑物墙面和围墙。墙面垂直绿化，具有点缀、烘托、掩映的效果。在进行墙面垂直绿化时需要注意墙面的类型、墙面的朝向和季相景观等方面。

（1）墙面的类型。根据墙面类型选择恰当的攀缘植物是墙面绿化成功与否的关键。水硬性建筑材料强度高且不溶于水，加之表层结构粗糙，可用地锦、常春藤等植物。气硬性建筑材料，强度低且抗水性差，可以选择木香、藤本月季等加以扶持进行绿化。

（2）墙面的朝向。不同朝向的墙面，光照、干湿条件不同，植物选择也不同。木香、紫藤、藤本月季、凌霄属喜阳植物，不适宜用在光照时间短的北向或庇荫墙体上，只能用在南向和东南向墙体上。薜荔、常春藤、扶芳藤、地锦等耐荫性强，适宜背阴处墙体绿化。

（3）季相景观。垂直绿化时，还需要注意植物的季相景观。很多攀缘植物的季相变化非常明显，因此不同建筑墙面应合理搭配不同植物。另外，墙面绿化设计除考虑空间大小外，还要顾及与建筑物和周围环境色彩相协调。

2. 立体绿化

立体绿化一般是指除去必要墙面垂直绿化外，在墙前栽植观花、观果的灌木，以及少量的乔木美化墙面，同时辅以各种球根、宿根花卉作为基础栽植。常用的植物种类有紫藤、木香、藤本月季、金银花、迎春、连翘、火棘、平枝栒子、银杏、广玉兰等。

江南园林中的白粉墙常起到画纸的作用，墙前以观赏植物自然的姿态和色彩作画。常用的植物有红枫、山茶、木香、杜鹃、枸骨、南天竹等，红色的叶、花、果跃然于墙上。例如，苏州拙政园的海棠春坞，一丛翠竹与太湖石搭配，依着南墙白壁，好似一幅活的画（图 6-1-14）。

在进行植物景观设计时，要注意植物色彩与墙面色彩的协调。灰色或黑色墙面前，宜选择开白花的植物，如木绣球、白玉兰等，使硕大饱满的白色花序明快地跳跃出来，起到扩大空间的视觉效果。在一些花格墙或虎皮墙前，宜选用草坪和低矮的花灌木以及宿根、球根花卉，因为高大的花灌木会遮挡墙面的美观，喧宾夺主。

6.1.3.4 角隅的植物景观设计

通常建筑的角隅线条生硬，空间较为闭塞，通过植物景观设计进行缓和是最为有效的手段。可选择一些观果、观花、观干等种类成丛种植，略作地形，竖石栽草，再种植优美的花灌木组成一景，为建筑景观锦上添花（图 6-1-15）。

图 6-1-14　苏州拙政园海棠春坞

图 6-1-15　园林角隅

6

 任务实施

（1）首先调查建筑小品的周边环境，建筑的性质、功能和立意。

（2）调查建筑小品所应用的植物种类及组景方法。

（3）对建筑小品植物景观设计方法进行分析。

（4）绘制有代表性的建筑小品植物景观设计平面图。

（5）撰写调查分析报告。

 巩固训练

调查所在居住区植物与建筑小品的组景设计形式，总结并分析植物与建筑小品的设计形式及优缺点。

评价与总结

对建筑物及建筑小品植物景观设计内容的学习及任务完成情况进行评价，具体见表 6-1-1。

表 6-1-1　建筑物及建筑小品植物景观设计评价表

评价类型	考核点	自评	互评	师评
理论知识点评价（20%）	常见园林建筑及小品的植物景观设计方法，建筑门、窗、墙和角隅的植物景观设计方法			
过程性评价（50%）	建筑小品植物景观分析能力（20%）			
	植物识别能力（10%）			
	工作态度（10%）			
	团队合作能力（10%）			
成果性评价（30%）	报告观点清晰、新颖（10%）			
	报告的完整性（10%）			
	报告的规范性（10%）			
任务总结				

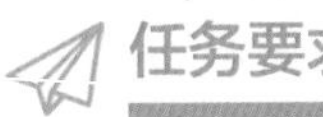

任务6.2 建筑室内空间植物景观设计

任务要求

通过某酒店大厅植物景观设计任务的实施，学习室内植物景观设计的概念及功能、室内环境条件、室内绿化植物的主要类型、室内植物景观设计布局形式以及不同室内空间植物的景观设计。

学习目标

➢ 知识目标

（1）了解室内植物景观设计的概念及功能。
（2）掌握公共场所和家庭空间植物景观设计的要点。
（3）了解不同室内空间植物应用和代表的花语。

➢ 技能目标

（1）能熟练应用植物对不同室内空间进行植物的景观设计。
（2）能正确安全的利用室内植物，并对室内植物景观的合理性进行分析与评价。

➢ 素养目标

（1）提升发现问题、解决问题的能力，培养独立分析问题的思维能力。
（2）培养审美情趣和高尚的审美观。
（3）树立团结协作的意识。
（4）营造温馨室内空间的同时，培养关爱他人的品质和家国情怀。
（5）提高口语表达及方案汇报的能力。

任务导入

某酒店大厅植物景观设计

选择附近某一酒店，根据酒店环境及客户要求，对该酒店内部空间进行景观设计。

● **任务分析**

首先需要了解该酒店的内部环境、客户要求和服务对象，调查酒店的光照、温度、湿度、通风、供水条件及植物的生长状况，调查酒店的音响、灯光、空调等布置情况，在此基础上完成酒店植物景观空间设计方案。

● **任务要求**

（1）选取的酒店应该具备多种空间类型，并具有代表性。
（2）以小组为单位，对酒店进行空间调查，完成酒店植物景观空间设计方案。
（3）不允许出现随意损坏酒店物品、影响酒店经营等不文明行为。
（4）出行要注意安全，禁止个人单独行动。

● **材料和工具**

照相机、笔记本、笔、皮尺等。

知识准备

微课：室内植物景观设计的概念及功能

6.2.1　室内植物景观设计的概念及功能

6.2.1.1　室内植物景观设计的概念

室内植物景观设计，以美化建筑及建筑空间为主要意图，其目的是要创造一个使建筑、人与自然融为一体并协调发展的生存空间。室内植物景观设计是指在人为控制的室内环境中，艺术而科学地将富有生命力的室内植物与环境有机地组合在一起，从而创造出具有美学感染力、功能完善、洋溢着自然风情的空间环境。在进行室内植物景观设计时应结合具体情况，根据不同功能的室内空间，做到既和谐统一，又能体现艺术效果。

6.2.1.2　室内植物景观的功能

近年来，包括临床心理学、环境心理学、社会学、行为学等学科在内的研究者都开始着手研究与植物接触的好处，人们越来越多地将注意力转向室内环境中人与植物的关系，以及植物给人带来的益处。用室内植物装饰室内空间，其功能是多方面的，它特有的自然气息和生命美感能起到其他家居装饰所不及的功能。总的来说，室内植物具有改善室内小气候、美化环境、陶冶情操、组织室内空间等功能。

1. 改善室内小气候

环境的质量对于人们的心理和生理起着重要作用。室内布置装饰除必要的生活用品及装饰用品摆设之外，不可缺少生命的气息和情趣，而室内植物景观可使人享受到大自然的美感和舒适。

（1）植物可以保持室内空气清新。绿色植物通过光合作用，吸收空气中的二氧化碳释放氧气，使居室中的二氧化碳减少，氧气增多，空气中的负离子浓度增加。在室内合理种植绿色植物是净化空气的有效方法之一。例如，吊兰、虎皮兰、常春藤、龙舌兰、绿萝、白掌、君子兰、橡皮树、百合竹和龙血树等（图 6-2-1），都具有一定的净化空气的作用，让室内环境更加清新。

百合竹

龙血树

图 6-2-1　百合竹、龙血树具有净化空气的作用

（2）植物可以吸收有毒化学物质。现代建筑装饰中的涂料常对人体有害，而一些室内观叶植物具有较强的吸收和吸附这种有害物质的能力，可减轻人为造成的环境污染。吊兰细长优美的枝叶可以吸收甲醛，并充分净化空气（图 6-2-2）。在厨房或洗手间的门角摆放或悬挂一盆绿萝，可以有效吸收空气中的化学物质，分解这些残留的气味（图 6-2-3）。

（3）杀除病菌。玫瑰、桂花、紫罗兰、茉莉、柠檬、蔷薇、石竹、铃兰等芳香花卉产生的挥发性油类物质具有明显的杀菌作用。茉莉、柠檬（图 6-2-4）等植物五分钟内就可以杀死白喉菌和痢疾菌等原生菌。石竹、铃兰、紫罗兰、玫瑰、桂花等植物散发的香味对结核分枝杆菌、肺炎球菌、葡萄球菌的生长繁殖具有明显的抑制作用。

（4）吸附灰尘。绿色植物不仅能在光照作用下进行光合作用，吸收混合空气中的二氧化碳和水

6

分，释放大量氧气，增加空气中的含氧量和新鲜度，其叶片还可吸附室内空气中的大颗粒灰尘及细颗粒物（2.5-micrometer Particulate Matter，PM2.5），从而进一步净化空气。实验证明，大叶栀子花可在 24 小时内有效净化密闭气室中的 PM2.5。小天使、燕子掌、绿萝、发财树、吊兰滞尘能力较好（图 6-2-5）。兰花、桂花、红背桂等是天然的除尘器，其纤毛能截留并吸滞空气中的飘浮微粒及烟尘。

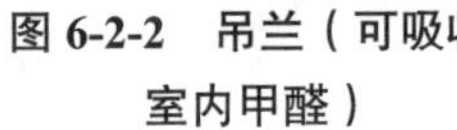

图 6-2-2　吊兰（可吸收室内甲醛）

图 6-2-3　绿萝（可吸收苯的挥发性气体）

图 6-2-4　柠檬（挥发性物质具有杀菌作用）

图 6-2-5　发财树（滞尘能力较好）

（5）植物还可以降低噪声，调节温湿度。较好的室内绿化能降低噪声，靠近门窗布置的绿化植物还能有效地阻隔传向室内的噪声，吸收热辐射。另外，植物在进行蒸腾作用的时候，不仅可以降低室内的温度，还可以增加室内空气的湿度，让家居生活更舒适。

2. 美化环境

植物具有特定的色彩、形态和芳香，如红掌、牡丹、月季等色彩艳丽；百合竹、澳洲杉、罗汉松等树形优美；琴叶榕、变叶木、铁树、肉桂等叶形独特；君子兰、珠兰、令箭荷花等花、叶兼具观赏性；米兰、月桂散发迷人的香气。在室内空间环境中摆放盆栽、插花、盆景，或观叶、或赏花、或观果、或赏其形态，别具乐趣。

现代建筑空间大多是由直线形的几何体组合而成，大多生硬冷漠。通过植物与室内环境恰当地组合，有机地配置，利用植物特有的曲线、多姿的形态、柔软的质感、悦目的色彩和生动的影子，可以改变人们对空间的印象，并产生柔和的情调，从而改善大空间生硬、空旷的感觉，创造尺度亲切、环境宜人的空间环境（图 6-2-6、图 6-2-7）。各类植物以其各式各样的外形、五彩缤纷的色彩、柔软飘逸的姿态与僵硬的建筑几何形体、冷漠刻板的金属与玻璃制品等形成强烈的对照。图 6-2-8 是酒店大堂设置的一组现代架构空间花艺作品，使用山归来飘逸柔软的枝条架设在大厅展示台上，底座刚硬厚重，山归来、百合、马蹄莲、郁金香等花材柔软飘逸，花艺作品改变了空间形态，赋予大堂柔美和生气。

3. 丰富季相变化

植物在四季时空变化中形成典型的四时即景：春花，夏实，秋叶，冬枝。一株翠绿的银杏盆栽，可以一夜间变成金黄色；含苞待放的鲜花，几天之后会盛放直至凋零。不同季节摆放不同的盆栽或插花作品，可改变室内的情调和气氛，使人获得时令感，新鲜感。图 6-2-9 为一组春季主题的传统插花作品，以牡丹、马蹄莲、松虫草、粉豆表现春天百花齐放、万物生长、欣欣向荣的景象。

4. 陶冶情操

绿色植物不论其色彩、香气、姿态，或其枝干、花叶、果实，都会显示出蓬勃向上、充满生机的

力量，引人奋发向上、热爱自然和生活。悉尼工业大学的一项研究表明，观赏植物有利于提神醒脑，减轻压力，植被多的地方更容易使人产生兴趣和保持注意力，并产生健康的情绪。美国美学家鲁道夫·阿恩海姆也曾说“绿色能唤起人们对自然美的联想”。

图 6-2-6　瓶插鲜花柔化空间

图 6-2-7　缸花柔化空间

图 6-2-8　花艺作品柔化空间

图 6-2-9　传统插花作品

室内绿化不仅能从形式上起到美化室内空间的作用，还能与其他室内设计手段相结合，使室内环境具有特定的气氛和意境，满足人们的精神要求，起到陶冶性情的作用。例如，客厅的仙客来表示主人对客人的欢迎，而置于书房的兰花则展示一种居静而芳、高雅脱俗的性格。

5. 组织室内空间

室内空间环境包括自用空间环境和共享空间环境两部分。自用空间环境的特点是一般具有一定的私密性，面积小，以休息、学习、交谈为主，如卧室和书房等，植物景观宜素雅、宁静。共享空间环境是以开放、流动、观赏为主。空间较大，植物景观宜活泼、丰富多彩。利用室内植物组织空间、强化空间，可表现在分割空间、联系引导空间和填充空间等方面。

（1）分割空间。利用盆栽植物可形成或调整空间，既能使各部分保持其功能作用，又不失整体空间的开敞性和完整性。以绿植分割空间的使用范围十分广泛。在两厅室之间、厅室与走道之间，以及在某些大的厅室内需要分割成小空间的，如办公室、餐厅、酒店大堂、展厅等；还有在某些空间或场地的交界线，如室内外之间、室内地坪高差交界处等都可用绿化分割（图 6-2-10、图 6-2-11）。

图 6-2-10　室内地坪高差交界处植物分割空间

图 6-2-11　采用鲜花分割、限定空间

（2）连接渗透空间。室内植物可以成为联系空间的纽带，使相邻的空间相互沟通。建筑物入口及

门厅的植物景观可以起到从外部空间进入建筑内部空间的自然过渡和延伸作用，用室内外动态的不间断感来达到连接的效果。室内的餐厅、客厅等大空间也常透过落地玻璃使外部的植物景观渗透进来，既作为室内的借鉴，又扩大了室内的空间感，给枯燥的室内空间带来一派生机。很多酒店、宾馆采用了此方法。

（3）填充空间。对较难处理的室内角落，如楼梯和墙角处，可以用绿化填充，这样不仅使空间更充实，还能使墙角等难以利用的空间富有生气，使空间景象焕然一新。

（4）指示和导向。在一些建筑空间灵活而复杂的公共娱乐场所，通过植物景观的设计可起到组织、疏导的作用。主要出入口的导向可以用观赏性强或体量较大的植物引起人们的注意，也可用植物引导方向，使之起到组织路线疏导人流的作用。

以酒店环境为例，大门入口、酒店大厅、前台等处，是室内空间的重要视觉中心，常放置特别醒目的、更富有装饰效果甚至名贵的植物或花卉，起到强化空间、突出重点的作用（图 6-2-12）。楼梯进出口处、转折处、走道尽端等，既是交通的连接点，也是空间的转折点，布置一些植物和花艺装置可以很好地指示空间，起到引导顾客的作用（图 6-2-13）。

（5）构架独立的立体空间。在高大、宽敞的建筑空间内，利用植物可以创造出独立的立体空间。例如，有些植物具有大型的伞状树冠，可以构成上部相对封闭的空间（图 6-2-14）；利用支架或网架，让植物或鲜花攀缘其上生长，可以构成既封闭又通透的“绿色空间”，从而在大空间中形成相对独立的小空间（图 6-2-15）。

图 6-2-12　利用大体量的缸花形成视觉和空间的中心

图 6-2-13　利用鲜花和装置艺术指示空间，引导顾客

图 6-2-14　利用绿植的伞状树冠构成立体空间

图 6-2-15　利用架构花艺形成多个相对独立的小空间

6.2.2　室内环境条件

6.2.2.1　光照

光照是影响植物生长发育的一个重要生态因子，是植物光合作用的能量源泉。室内光照与室外大不相同，室内多数区域只有散射光，较少直射光。根据室内直射光、散射光分布的情况，室内环境分为阳光充足区、光线明亮区和半阴区或阴暗区三种类型。阳光充足区，离窗口 5 cm 以内及西向窗口等处，有直射光照射，光线充足明亮。光线明亮区，离窗口 80 ～ 150 cm 和东向窗口四周，有部分直射光或无直射光。半阴或阴暗区离窗口较远及近北向窗口，无直射光，光线较阴暗。

微课：室内环境条件

室内光照时间因受到建筑结构、人为活动的制约而大大缩短。在有天窗的中庭空间，植物接受的直射光只有室外的 1/5 ～ 1/4，室内中庭空间的植物每天接受的直射光时间只有 2 ～ 3 个小时。而用

灯光照明的空间，如酒店包间，常是人在灯明，人走灯灭，正常的光照是营业时间，其他时间有的甚至完全不开灯。如果能为植物提供足够的光源，通过自动定时系统解决植物的日照问题，则可以既满足植物生长，又能适时开花。在室内空间中，植物经常是通过玻璃获得光线的，因此玻璃的性质就非常重要了。白玻璃能够均匀地透射整个可见光光谱的光线，为植物提供最适当的光谱能量，但不利于人的舒适性，而酒店、餐厅、图书馆等公共场所广泛使用的有色玻璃和反光玻璃则导致了室内光强的减弱，影响了室内植物的生长。

不同的观赏植物需要的光照强度各异，有的喜光、有的耐阴、有的耐半阴，根据观赏植物对光照的要求，可分为阳性植物（如郁金香、长寿花、天竺葵）、中性植物（如杜鹃、山茶）和阴性植物（如一叶兰、海芋）。鲜切花布置的环境则不需要过多的阳光。因此，设计师应根据不同的光照条件，选择不同的观赏植物和配置方式。

相对室外植物而言，大多数室内观赏植物要求较低的光照，一般为 215 ～ 750 lx，大多数为 750 ～ 2 150 lx。一般来说，观花植物比观叶植物需要更多的光照。室内植物对光照强度和光照时间的适应性见表 6-2-1 和表 6-2-2。

表 6-2-1　室内植物对光照强度的适应性

类别	光照强度适应性	常见种类
阳性室内植物	喜强光，通常在全光下正常生长	铁线莲、凤仙花、郁金香、百子莲、龙舌兰、部分仙人掌科植物（金琥、令箭荷花、绯花玉、星兜、丽蛇丸、鸾凤玉、杜威丸、短毛丸、多棱玉等）、景天科植物（长寿花、细叶景天、瓦松、八宝景天、落地生根、生石花、黑法师、玉树等）、部分凤梨科植物（老人须、艳凤梨、铁兰、蜻蜓凤梨、彩叶凤梨等）、鹤望兰、天竺葵、芭蕉、苏铁、棕榈、叶子花、变叶木、紫薇、月季、蔷薇、扶桑花、石榴等
中性室内植物	较喜光，在半阴环境下也生长良好	水仙花、风信子、紫罗兰、三色堇、毛地黄、花毛茛、仙客来、洋常春藤、君子兰、虎尾兰、蟹爪兰、蒲葵、朱蕉、香龙血树、酒瓶兰、印度橡皮树、红背桂、榕树、棕榈、栀子花、茉莉、米兰、杜鹃、山茶花、金钱树（雪铁芋）、发财树、幸福树（菜豆树）、南天竹、鸡爪槭、香樟等
阴性室内植物	需光量少，喜散射光，不能忍受强光照射	大岩桐、非洲紫罗兰、秋海棠、玉簪、宝莲灯、一叶兰、吊兰、竹芋类（孔雀竹芋、花叶竹芋、双线竹芋等）、蕨类（波士顿蕨、鸟巢蕨、凤尾蕨、鹿角蕨、铁线蕨、鹿角蕨等）、苔藓类、兰科植物（蝴蝶兰、文心兰、惠兰、墨兰、春兰、建兰等）、部分凤梨科植物（凤梨、水塔花等）、天南星科植物（龟背竹、绿萝、海芋、黄金宝玉、花叶芋、白掌、红掌、黑美人、广东万年青、观音莲、绿巨人、春芋、马蹄莲等）、豆瓣绿、文竹、袖珍椰子、八角金盘、棕竹、百合竹、龙血树等

表 6-2-2　室内植物对光照时间的适应性

类别	日照时间及花期	常见种类
长日性室内植物	日照时长大于 14 h 才能开花，春末夏初开花	郁金香、金盏菊、雏菊、瓜叶菊、翠菊、大岩桐、唐菖蒲、令箭荷花、百合花、山茶花、凤仙花、八仙花、水仙花、太阳花、碗莲、鸢尾、桂花、向日葵、茉莉花、米兰、桂竹香、沙漠玫瑰、矮牵牛、杜鹃等
短日性室内植物	日照时长低于 8 h 才能开花，秋冬季节开花	菊花、波斯菊、一品红、长寿花、蟹爪兰、三角梅、金鱼草、水仙花等
中日性室内植物	对日照时长不敏感，只要温度条件适合，一年四季均可开花	紫罗兰、仙客来、非洲菊、香石竹、天竺葵、四季秋海棠、月季、长春花、马蹄莲、扶桑花等

6.2.2.2　温度

温度是室内观赏植物养护的重要环境条件，在温度适宜的情况下，观赏植物生长较旺盛、花繁叶茂，呈现出独特的植物景观。

目前，一些大型公共建筑（如写字楼、酒店、宾馆、候机大厅、体育馆、博物馆、商场等），其室内温度大都可以通过空调等设备加以控制，实现增温、降温和通风，以保持相对恒定的温度，最大限度地满足特定人群和环境的需求。与室外建筑环境相比，室内温度相对恒定，主要表现在以下三个方面。

1. 季节性温差小

室内温度是根据人的舒适度来调整的，人需求的最适温度为 18 ～ 24 ℃。因此，在空调控制的室内环境，温度变幅在 15 ～ 25 ℃，最低不宜低于 10 ℃。但是，植物属于变温生物，其根、茎、叶、花、果实均随着气温的变化而形成一定的生长规律。来自不同原产地的各种植物对温度的周期性感应也不一样。原产温带地区的植物随四季的周期性变化而相应形成生长发育的周期性变化，春季萌芽生长，夏季旺盛生长，秋季落叶生长缓慢准备休眠，冬季停止生长进入休眠。原产热带的植物，也可观察到干湿两季的变化，在干季常出现落叶，在湿季旺盛生长。原产地中海式气候的植物，如水仙、郁金香、仙客来等，则在干燥炎热的夏季进入休眠。建筑内基本恒定的室内温度可能打破植物随季节变化而生长的规律。只有极个别情况下，冬季室内温度有可能低于 5 ℃，甚至低于 0 ℃。

2. 昼夜温差小

室内昼夜温差往往变化不大，对人来说是最舒适的。在自然界，昼夜温差十分明显。白天温度高有利于植物的光合作用，产生更多的有机物和水。夜间温度相对较低，植物光合作用受到阻碍，但光合作用还是在进行，只是进行的速度较慢，没有光的条件，植物会分解自身的有机物作为能量进行光合作用。如果夜间温度相对白天低，分解速度就更缓慢，植物体存储的有机物含量相对就多。因此，昼夜温差大，有利于植物的养分积累。显然，完全恒温的房间内不利于植物的生长发育。

3. 没有极端温度

室外植物还受温度异常变化（如寒潮、霜冻）以及高温酷热的影响，而室内没有过热、过冷等极端情况出现。这对某些要求低温刺激的植物（如君子兰、大花蕙兰、天竺葵、藤本月季、矮牵牛、牡丹、芍药、风信子、郁金香等）是一个不利的因素，长期的恒温可能会影响观赏植物的生存和发育模式。比如室内栽植君子兰，需要有 8 ～ 12 ℃的温差，低温环境有利于花芽分化，很容易出花箭，而且不会形成“夹箭”；如果没有低温春化的条件，一直在恒温的环境中，君子兰较少开花，甚至不开花。

按照观赏植物越冬所需的最低温度，可将室内盆栽植物大致分为耐寒植物、低温植物、中温植物和高温植物，见表 6-2-3。

表 6-2-3　室内植物对温度的适应性

类别	温度适应性	常见种类
高温室内植物	越冬温度 10 ℃以上	网纹草、海芋、广东万年青、花叶万年青、凤梨类（彩叶凤梨、丽穗凤梨、水塔花、铁兰等）、热带兰、花烛属（红掌、粉掌、绿掌、白掌、火鹤、水晶花烛等）、竹芋类（孔雀竹芋、花纹竹芋、斑叶竹芋、双色竹芋）、景天科植物（宝石花、子持莲华、花乃井、黑骑士、粉彩莲、艳日伞、红叶祭、钱串、香格里拉等）、彩叶芋、喜阴花、虎尾兰、朱蕉、星点木、龙血树、变叶木、南洋杉等
中温室内植物	越冬温度 5 ℃以上	秋海棠、天竺葵、仙客来、景天科植物（长寿花、观音莲、姬胧月等）、五色梅、冷水花、鸭跖草、金琥、吊兰、吊竹梅、芦荟、凤梨类（空气凤梨等）、铁线蕨、鸟巢蕨、鹿角蕨、波士顿蕨、彩叶草、虎耳草、龟背竹、合果芋、白鹤芋、喜林芋属（琴叶喜林芋、心叶喜林芋、杏叶喜林芋、红帝王喜林芋、绿宝石喜林芋、青苹果喜林芋、红锦喜林芋等）、鹤望兰、鹅掌柴、文竹、散尾葵、袖珍椰子、夏威夷椰子、三药槟榔、墨西哥铁树、橡皮树、琴叶榕、棕竹、孔雀木、一品红、非洲茉莉、扶桑花、白兰花、发财树、香龙血树等
低温室内植物	越冬温度 0 ℃以上	吊兰、洋常春藤、春兰、天门冬、一叶兰、水仙、八角金盘、山茶、含笑、柑橘、苏铁、棕榈、部分观赏竹等
耐寒植物	越冬温度 0 ℃以下	金叶佛甲草（-3 ℃以上）、冬美人（-3 ℃以上）、菊花（-5 ℃以上）、风信子（-5 ℃以上）、郁金香（可耐 -14 ℃低温）、朱顶红（-5 ℃以上）、月季（有的品种可耐 -15 ℃的低温）、杜鹃（-30 ～ -20 ℃）、南天竹（可耐 -20 ℃低温）

6.2.2.3　湿度

和建筑室外环境相比，室内空气流通差，室内的相对湿度较高。如果不怎么通风，室内湿度在 40% ～ 50%，通风的室内与室外差不多。室内湿度一般控制在 45% ～ 65%，人体会感觉比较舒适，夏季室内湿度以 40% ～ 80% 为宜，冬季多控制在 30% ～ 60%。如果湿度过高，且温度也很高，人的情绪容易烦躁，室内也容易滋生细菌。如果湿度过低，空气干燥，容易引起呼吸系统问题和皮肤疾病。尤其是秋冬季，原本就是比较容易干燥的季节，如果再开了暖气和空调的话，会使室内变得更加干燥。因此，室内多放置一些绿化盆栽，通过蒸腾作用，能有效缓解干燥的空气，提高空气湿度。室内装饰植物除个别的种类比较耐干燥外，大多数在生长期都需要比较充足的水分。

室内空气相对湿度过低不利于植物生长，过高人们又会感到不舒服，因此需要协调人与植物的关系。对一些附生性和气生性植物，以及很多观叶植物，可局部增大湿度满足其生长需要，在内庭设置水池、叠水、瀑布、喷泉等或安装智能型灌溉以及喷雾系统，有助于提高空气湿度；成丛、立体化配置植物，使之形成一个相互依赖的群落，各单株植物蒸腾放出的水分增加了周围空气的湿度，从而使植物相互受益。室内观赏植物对湿度的要求也有所不同，室内盆栽植物对水分的适应性见表 6-2-4。

表 6-2-4　室内植物对水分的适应性

类别	湿度适应性		浇水原则
旱生性室内植物	仙人掌科、景天科、番杏科、萝藦科以及大戟科等多肉、多浆植物，如长寿花、老人须、佛甲草、观音莲、姬胧月、冬美人、黑法师、宝石花、子持莲华、花乃井、黑骑士、粉彩莲、艳日伞、红叶祭、钱串、香格里拉、金琥、令箭荷花、绯花玉、星兜、丽蛇丸、鸾凤玉、虎刺梅等		宁干勿湿
半耐旱性室内植物	山茶、橡皮树、白兰花、杜鹃、天竺葵、龙吐珠、天门冬、文竹等		干透浇透
中生性室内植物	月季、扶桑、茉莉、花石榴、桂花、棕榈、苏铁		
湿生性室内植物	相对湿度 60% 以上	凤梨类、蕨类、热带兰、竹芋类、喜林芋类、花叶芋、花烛、黄金葛、绿巨人、冷水花、金鱼草、龟背竹、马蹄莲、海芋、广东万年青等	宁湿勿干
	相对湿度 50% ～ 60%	天门冬、金脉爵床、球兰、椒草、亮丝草、秋海棠、散尾葵、三药槟榔、袖珍椰子、夏威夷椰子、发财树、龙血树、花叶万年青、春羽、伞树、合果芋等	
	相对湿度 40% ～ 50%	酒瓶兰、一叶兰、鹅掌柴、橡皮树、琴叶榕、棕竹、美丽针葵、变叶木、垂叶榕、苏铁、美洲铁、朱蕉等	
水生性室内植物	千屈菜、水葱、荷花、睡莲、凤眼莲等		水中生长

6.2.2.4　空气流通

建筑室内环境空气质量和通气状况与室外环境有着明显的区别。建筑内部因高密闭性以及室内装修、采暖、烹饪、吸烟等致使室内甲醛、苯、总挥发性有机化合物（Total Volatile Organic Compounds，TVOC）、颗粒物污染超标；同时，室外 PM 2.5 经门窗穿透至室内加剧了空气的污染，严重威胁着人们的身体健康。和室外环境相比，室内环境空气流通性差，室内植物若在通风不畅的环境下，很多细菌迅速繁殖，会引起植物生病甚至枯死，所以植物在室内环境条件下生长，需要经常通风。通风换气是有效稀释建筑室内污染物浓度、保证良好室内空气质量的重要手段。

以酒店、宾馆、餐厅等公共建筑为例，由于室内人员密集，通风换气必不可少，一般春季、秋季多采用自然通风结合排风系统的方式加强空气流通，夏季、冬季多采用空调设备结合新风系统进行排风。然而室内的开窗通风、空调换气和新风排风作用还是有限的，建筑室内空气质量和空气流通性还是弱于室外环境，可在室内布置具有净化空气作用的植物（表 6-2-5）。

表 6-2-5　室内植物净化空气一览表

净化空气功能	植物种类
对吸附甲醛具有辅助作用	芦荟、虎尾兰、吊兰、绿萝、黄金葛、常青藤、绣球花、非洲茉莉、鹅掌柴、龙舌兰、波士顿蕨、袖珍椰子、龟背竹、散尾葵、肉桂、幸福树、白鹤芋、橡皮树、千年木、黄金香柳等
对吸附苯具有辅助作用	菊花、合果芋、虎尾兰、常春藤、绿萝、合果芋、红掌、袖珍椰子、花叶万年青、绣球花、迷迭香、黄金香柳、垂叶榕、肉桂、橡皮树、铁树、千年木等
对吸收二氧化硫具有辅助作用	金橘、佛手柑、仙客来、虎尾兰、金鱼草、牵牛花、石竹、洋绣球、秋海棠、文竹等
对吸收氯、乙醚、乙烯、一氧化碳、过氧化氮等有害物质具有辅助作用	菊花、文竹、铁树、石榴、山茶等
吸收氨污染	棕竹、孔雀竹芋、马拉巴栗、无花果等
去除室内油烟和香烟中的有毒气体	仙人掌、鹅掌柴、冷水花、花叶芋等
除尘	兰花、燕子掌、小天使、绿萝、吊兰、花叶芋、桂花、蜡梅、红背桂、大叶栀子、发财树等
驱蚊虫	蚊净香草、天竺葵、艾蒿、薄荷、薰衣草、逐蝇梅、除虫菊、食虫草、马缨丹、七里香等
杀病菌	玫瑰、桂花、紫罗兰、茉莉、米兰、柠檬、蔷薇、石竹、铃兰等
减少居室电磁辐射	金琥、黄毛掌等
增加空气负离子	仙人掌、令箭荷花、仙人指、量天尺、昙花等

6.2.3　室内绿化植物的主要类型

微课：室内绿化植物的主要类型

近年来，由于室内植物可以改善和调节室内生态环境，使得室内植物的地位显著上升。室内绿化发展迅速，不仅体现在植物种类增多，与此同时室内植物配置的艺术性及养护水平也愈来愈高。在进行室内植物设计时，从功能不同选择适宜的种类。

6.2.3.1　按照观赏特性分类

室内植物按观赏特性可分为观叶植物、观花植物、观果植物、芳香植物、攀缘及垂吊植物等种类。

1. 观叶植物

微课：室内观叶植物

观叶植物是指以植物的叶茎为主要观赏特征的植物类群。此类植物主要观赏绿色叶或彩色叶，有的观赏植物奇特的叶形，种类繁多，是室内绿化的主要材料。常见的室内观叶植物有滴水观音、白掌、文竹、棕竹、袖珍椰子、鹅掌柴、富贵竹、虎尾兰、龙血树等（图 6-2-16）。

滴水观音

白掌

文竹

鹅掌柴

富贵竹

金边虎尾兰

龙血树

图 6-2-16　常见室内观叶植物

2. 观花植物

微课：室内观花植物

观花植物是以观花为主的植物，开花时为主要观赏期，有些既可观花也可观叶。其花色艳丽，花朵硕大，花形奇异，并具有香气。室内观花植物由于植物花朵的色彩绚丽，清香四溢，备受人们的青睐。与观叶植物相比，观花植物要求较为充足的光照和较大的昼夜温差，才能使植物储备养分供花芽发育，因此，室内观花植物的布置受到更多的限制。常见的室内观花植物有杜鹃、蝴蝶兰、仙客来、大花惠兰、马蹄莲等（图 6-2-17）。

杜鹃　蝴蝶兰　仙客来　大花惠兰　马蹄莲

图 6-2-17　常见室内观花植物

3. 观果植物

微课：室内观果植物

观果植物主要以果实供观赏。其中有的色彩鲜艳，有的形状奇特，有的香气浓郁，有的着果丰硕，有的则兼具多种观赏性能。常用观果植物以点缀园林风景，以花败后不断成熟的果实弥补观花植物的不足。若是种植在花盆中，点缀家居，又是一种别样的体验，还有着美好的象征意义。常见的室内观果植物有金橘、佛手、北美冬青、朱砂根、火棘等（图 6-2-18）。

6

金橘　佛手　北美冬青　朱砂根

图 6-2-18　常见室内观果植物

4. 芳香植物

微课：室内芳香植物

芳香植物花色淡雅，香气幽远，沁人心脾，既是绿化、美化、香化的设计材料，又是提炼天然香精的原料。室内常用的芳香植物有茉莉、米仔兰、栀子花、桂花、瑞香等（图 6-2-19）。

茉莉

米仔兰

金边瑞香

图 6-2-19　室内常用芳香植物

5. 攀缘及垂吊植物

微课：室内攀缘及垂吊植物

攀缘植物是指能缠绕或借附属器官攀附他物向上生长的植物。垂吊植物则可悬挂在室内养护，不占用地面上的空间，可以装饰空中空白的位置，达到装饰家居和净化空气效果，它们有些是观叶型的，有的也能够在室内开花。室内常用攀缘及垂吊植物有吊兰、龟背竹、常春藤、吊竹梅等（图 6-2-20）。

龟背竹

常春藤

吊竹梅

图 6-2-20　室内常用攀缘及垂吊植物

随着人们回归自然的渴望不断提高，室内环境中的植物种类不断丰富。为了满足需求，一些非室内植物也被用于室内观赏，如盆花中的许多种类，虽然不能长期适应室内环境，但可以用于短期装饰。

6.2.3.2　按照室内栽植形式分类

室内植物按照室内栽植绿化植物的形式，通常可分为盆栽、盆景和插花等。

1. 盆栽

盆栽是指栽在花盆或其他容器中的，以自然生长状态的叶、杆及花果供人们观赏的植物。

（1）单一盆栽观赏。常见的室内盆栽是将一种植物种在一个容器中。如一盆红掌盆栽单独放置于书桌旁，造型小巧别致，赏心悦目（图 6-2-21）。

（2）组合盆栽。组合盆栽又叫组盆、混植，是把不同的植物自由组合，种植在同一个花器中的观赏盆栽，具有色彩丰富、观赏期长、充满趣味等特征。

组合盆栽中的花卉由于栽植在同一容器里，需要选择对光照、温度、水分、基质、肥料等要求相近似的花卉进行组合，便于养护管理，因此不能选择“相克”的花卉。“相克”就是两种植物养在一起，所需生长环境或散发出的气味，会导致两种或其中一种植物长得不好。例如，绣球和茉莉不能养在一起，首先两者均属于浅根系植物，都喜欢水，养在一起会争夺水分；其次，绣球喜欢阴凉环境，茉莉喜欢强阳光照射，养在一起势必会对其中一种植物有坏处。铃兰和水仙最好不要养在一起，因为铃兰花和水仙释放的香气，相互抑制，容易造成生长不良。

图 6-2-21　单一盆栽观赏

（3）组摆设计。多个盆栽容器组合放置（图 6-2-22），注重不同植物高低、质感、色彩的搭配，丰富室内空间的景观效果。

图 6-2-22　盆栽组摆设计

2. 盆景

盆景是以植物、水、石、土等为主要素材，经过艺术处理和园艺加工，栽植或布置在盆钵中，以表现大自然优美景观的一种造型艺术品。作为一种艺术，盆景具有多种艺术风格类型（流派）和地方特色，具有丰富的文化内涵与艺术境界。盆景根据其组成材料的不同一般分为植物盆景（图 6-2-23）、树石盆景（图 6-2-24）和山水盆景（图 6-2-25）等类型。

图 6-2-23　植物盆景

图 6-2-24　树石盆景

图 6-2-25　山水盆景

盆景陈设是指盆景在特定的环境中加以艺术的装点设置，以体现盆景艺术的完整性和艺术品的群体美。不但要体现盆景的个体美，更要体现出环境的整体美。

（1）盆景陈设应与房间大小相协调。布置房间与写字、作画一样讲究留白。盆景陈设只是居室的一种点缀，要根据室内空间的大小选择盆景，如果房间很小而盆景很大，就会给人一种压抑感。

（2）位置不同，盆景样式选择不同。根据室内不同位置特点选择不同样式的盆景，如橱柜、书柜等顶部应选择放置悬崖式盆景，位置宜靠边；茶桌、茶几上应选择矮式呈平展形或放射形的盆景，位置宜中；墙壁上可选择挂壁式盆景；墙角可用高几架盆景，或用高低组合架陈设小型或微型盆景。

（3）室内空间用途不同，选择不同类型的盆景。家庭卧室、书房要求创造宁静、清雅的环境，应选择形态雅致、飘逸的盆景；会场要求创造庄严和隆重的气氛，可于入口处对称布置松柏、苏铁等大中型常绿盆景；纪念堂气氛庄重肃穆，可陈设一些具有象征性特征的盆景，如梅、兰、竹、菊和松柏类盆景等；宾馆、商场等的大厅注重表现庄重、典雅的气氛，应选用形态端庄、枝叶丰满的大中型树木盆景。

（4）背景要淡雅简洁。盆景后面的墙壁宜选择淡雅的单色，才能更好地衬托出盆景的姿态，一般以白色、乳白色、淡蓝色或淡黄色为最好。

（5）注意盆景的采光。盆景是有生命的艺术品，植物离不开阳光，因此，盆景最好设置在有光线、通气良好的地方。

3. 插花

插花是指将剪切下来的植物的枝、叶、花、果等作为素材，经过一定的技术（修剪、整枝、弯曲等）和艺术（构思、造型、设色等）加工，重新配置成一件精致美丽、富有诗情画意、能再现大自然美和生活美的花卉艺术品，又称为插花艺术。优秀的插花花艺作品以其新颖别致的造型、美丽和谐的色彩和深刻丰富的内涵，令人赏心悦目、美不胜收，为室内空间增添了自然美丽的生机。

微课：中国传统插花在室内的应用

（1）插花的类型。插花根据艺术风格和花材有不同的分类。

①按照艺术风格分类。按照艺术风格的不同，插花分为东方式插花、西方式插花和现代自由式插花。

a. 东方式插花。东方式插花以中国（图 6-2-26）和日本为代表。注重线条造型，充分利用植物材料的自然姿态，因材取势，抒发情感。插花作品讲究意境，以形传神，借物寓意，表现诗情画意。作

品细腻含蓄，耐人寻味；色彩朴素淡雅，选用花材不以量取胜，而是以姿、质取胜，使用花材以木本花枝为上乘。

b. 西方式插花。西方式插花又称几何式插花（图 6-2-27），以美国、荷兰等欧美国家为代表。注重几何形式的丰满造型，使用对称的插法，形成美丽的图案；采用较多数量的花枝，以盛取胜。花材以草本为主；色彩艳丽缤纷，气氛热烈欢快，有华贵之感。

图 6-2-26　中国传统插花

图 6-2-27　西方几何式插花

c. 现代自由式插花。现代自由式插花糅合了东西方插花的特点，既有优美的线条，又有明快艳丽的色彩，更渗入了现代人的意识。既具有装饰性，也有一些抽象的意念（图 6-2-28）。

架构花束

空间装饰

图 6-2-28　现代自由式插花

②按照花材分类。根据花材的不同，插花分为鲜花插花、干花插花和人造花插花等。

a. 鲜花插花。鲜花插花是指整个插花作品全部或主要用鲜花进行插制。其主要特点是最具自然花材之美，色彩绚丽、花香四溢，饱含真实的生命力，有强烈的艺术魅力，应用范围广泛。其缺点是水养不持久，费用较高，不宜在暗光下摆放。

b. 干花插花。干花插花是指全部或主要用自然的干花或经过加工处理的干燥植物材料进行插制。它既不失原有植物的自然形态美，又可随意染色、组合，插制后可长久摆放，管理方便，不受采光的限制，尤其适合暗光摆放。其缺点是怕强光长时间暴晒，也不耐潮湿的环境。

c. 人造花插花。人造花插花所用花材是人工仿制的各种植物材料，包括绢花、涤纶花等，有仿真性的，也有随意设计和着色的，种类繁多。人造花多色彩艳丽，变化丰富，易于造型，便于清洁，可较长时间摆放。

（2）插花在室内的陈设。插花作品必须有一个与它相适应、相协调的环境，两者才能互相陪衬和烘托，取得相得益彰的效果。插花花艺作品的室内陈设，必须注意以下问题。

①陈设在室内最引人注目的位置。插花花艺作品对环境有强烈的装饰效果，要陈设在室内最引人注目的位置，才能起到“一花在室，满堂生辉”的作用，如客厅长沙发前的茶几上、迎门的玄关、书房的书案上、酒店大堂等处。一面观的作品，要放在有背景的位置；而四面观的作品，要放在可四面观赏的位置。

②作品的体量应与室内空间大小相协调。体量较大、色彩鲜明、造型丰满的作品，适宜布置在客厅、会客室等处，形成欢快、热情、亲切的气氛，迎接客人的到来。体量小巧、色彩淡雅、造型别致、富于生活气息的作品，可以陈设在书房、卧室、办公室等处，营造轻盈安静、温馨典雅的舒适环境，利于工作和休息。造型较大，色彩缤纷、气势恢宏的插花花艺作品，则适于布置在宾馆大堂、大型酒会的中心部位等处，充满华丽热烈的气氛，显示宾馆不同凡响的豪华气派。

③作品应与室内家具及其他物品的风格相协调。东方风格的插花花艺作品陈设在雕梁画栋、古色古香的中式环境中，摆放在红木条案、八仙桌、花架等中式家具上，十分协调，倍增古朴典雅的韵味。西方式插花花艺作品，宜陈设在装饰考究的西式环境中。现代式家具宜配置西方式和现代自由式插花作品，符合现代的审美情趣、时尚追求，更容易得到人们的心理共鸣，产生良好的艺术效果。在宾馆大堂或橱窗布置中，也可用大型花艺装饰造型。展览布置中的展台设计与插花作品有着密切的关系，展台的设计宜与插花的风格、大小、高矮、色彩等相协调。

④插花作品应与室内墙壁、地板、天花板、背板的色彩相协调。通常室内墙壁、展台和背板、台布等色彩宜简洁素雅，以白色或浅蓝色为佳，最忌用艳色或杂色带图案的背景布和台布。

⑤不同的插花作品要求陈设在不同的高度进行欣赏。插花作品摆放的位置应与作品构图形式相适应，直立式、倾斜式作品宜平视；下垂式构图的作品或悬吊欣赏的作品宜仰视，可放置于角隅处的高几上或可于房间适当处挂起；水平式作品宜俯视。

⑥留出足够的欣赏空间。作品陈设时在作品间要留出适当的间距，以免相互影响；同时要留出适当的欣赏距离，保证欣赏的人既能看清作品的细部，又能看清作品的全貌。

⑦不能使插花作品受日光直射。日光直射会加速水分蒸腾，使作品加快萎蔫，严重时甚至造成作品灼伤，因此插花作品不能放在直射光下。

6.2.4 室内植物景观设计布局形式

一般来讲，现代室内植物景观设计的布局方式有点、线、面三种布局方法。

6.2.4.1 点状布置

点状布置是独立的或成组设置盆栽植物。它们往往是室内的景观点，具有较强的观赏价值和装饰性，以使点状绿化清晰突出，成为室内引人注目的景观点。安排点状绿化的原则是突出重点，要从形态、质地、色彩等各个方面精心挑选绿化材料。

6.2.4.2 线状布置

线状布置是将植物植于花槽内或连续摆放一排或几排盆栽植物。“线”的植物材料在形体、大小、

颜色上的要求都是一致的，以便使其外貌达到整体统一。线状布局多呈均衡对称状，借以划分室内空间，有时也用来强调线条的方向性。设计线状绿化要充分考虑空间组织。

6.2.4.3　面状布置

面状布置是应用植物群排布于室内墙壁前或大厅中心。这种绿化的体、形、色等都以突出其前景物为原则；选用的植物群要高矮搭配，反映出植物的群体美，适用于较大的居室。

6.2.5　不同室内空间植物景观设计

微课：不同室内空间植物景观设计

室内植物景观设计主要是创造优美的视觉形象，同时通过人的嗅觉、听觉及触觉等生理及心理反应，使人们感受空间的美。针对不同室内空间，设计形式和方法有所不同。

6.2.5.1　居室空间植物装饰

居室的植物装饰是环境心理学的组成部分，是提高、改善居室生活环境质量的重要手段，既能营造出居室空间的美感，又能将外界的自然生机移入居室内环境，从而弥补楼群内住宅居室远离大自然的缺陷与不足。

据统计，38% 的家庭将植物放置在客厅，22% 的家庭将植物放置在卧室，16% 的家庭将植物放置在门厅和楼梯间，13% 的家庭将植物放置于餐厅，6% 的家庭将植物放置于浴室，5% 的家庭将植物放置于厨房。据观察，我国居室绿化优先布置的顺序是：阳台、客厅、餐厅、卧室。厨房与浴室面积相对狭小而且污染较大，基本上没有布置绿化。

1. 门厅植物装饰

门厅是由外入内通往各个房间的必经之路，起着过渡、集散的作用。门厅植物装饰应该在保证人们方便通行，不影响视线和日常清洁工作的前提下进行。布置植物时，要选择花色明亮鲜艳的花卉植物，给人以热烈欢迎的感受。布置时还要看门厅的空间形式大小，如果门厅空间较宽敞，可以在中央陈列盆栽、盆景或插花作品（图 6-2-29），也可以在中央或一侧布置生态水族；如果门厅较小，可以在周边布置花盆，或者在上方吊挂观叶植物，或者沿墙面布置盆栽，借以保证行动方便，又不影响视线。

图 6-2-29　开阔的门厅，可选择盆栽、盆景或鲜花进行装饰

还要注意花卉的颜色与门厅墙面的对比，如淡色、白色墙面的门厅应该选择常绿或深色的花卉树木盆栽；如果门厅的墙裙为深色时，就应该选择单色的花卉相配，使其色彩对比鲜明。

2. 客厅植物装饰

客厅是日常起居的主要场所，空间相对较大，是居室植物装饰的重点。单功能客厅的植物陈设主要是沙发、座椅、茶几、电视、音响等，进行装饰布置时要注意数量、品种不宜太多。较大空间的客厅，入口处可以放置插花、盆景起到迎宾的作用；客厅中央可以放置一两盆较为高大的南洋杉、幸福树等分割空间（图 6-2-30）；墙角、柜旁、窗边可以放置龟背竹、橡皮树、棕竹等（图 6-2-31）。多功能客厅要兼具客厅、餐厅甚至书房的作用，它的主要位置一般安排沙发，再配以茶几组成交谈中心，沙发旁可以摆放盆花，茶几上可以摆放小型盆栽或鲜花（图 6-2-32），房角可以布置大盆栽如橡皮树、绿萝等，也可以利用盆栽分割空间，隔离出会谈、进餐、学习等空间。

图 6-2-30 客厅中央放置高大的幸福树分割空间

图 6-2-31 墙角放置高大的橡皮树丰富空间

图 6-2-32 客厅的茶几可以摆放鲜花

客厅植物装饰的方式有落地式、几架式、悬吊式以及桌饰等。最常见的装饰手法是：墙隅、沙发旁宜放置大型盆栽，如发财树、垂榕、散尾葵、南洋杉、橡皮树、苏铁、龟背竹、鹅掌柴、喜林芋、巴西木、绿萝、龙血树、朱蕉、酒瓶兰、合果芋等；也可以将三四种观叶植物（不同的叶质、叶色、叶形）组成组合盆栽装饰。桌面台几宜用迷你观叶盆栽点缀，如选用盆径 9 ～ 12 cm 以下的盆栽植物，茎的高度为 5 ～ 6 cm。

在较大的客厅，可以利用局部空间创造立体花园，突出主体植物表现主人性格；还可以采用吊挂花篮的布置，借以平衡画面，装饰空间（图 6-2-33）。在角落处还可以布置中型观叶植物如常春藤等，或盘绕支柱，或垂挂墙脚，形成丰富的层次。

图 6-2-33 客厅小花园

3. 阳台植物装饰

因阳台类型、朝向、封闭程度等不同而产生不同的光照条件、温度条件、湿度条件以及风向等。因此，进行阳台植物装饰时首先要了解和分

析所在阳台的生态因子和小气候特征，然后才能选择适合生长的植物种类，采取相应的布置方式。

阳台大多数在楼房的高处，有屋顶阳台也有挑出建筑的无屋顶阳台。单面、两面或三面敞开，大多数阳台位于向东或向南阳光充足的地方，相对于露地具有背风向阳、温度较高的优点，相对于室内具有光线充足的优点。阳台一般都存在空间小、风量大、空气干燥、阳光过于强烈不利于植物生长的缺点。阳台一般是水泥或砖石铺装，夏季日照强、吸热多、散热慢、蒸发量大，较为燥热；冬季风大而寒冷。

阳台植物装饰构成一般为植物、基质、容器、花架等。阳台空间小，种花的盆器容积小，阳台花卉应以植株小、紧凑、根系较浅的草花、藤蔓植物和小型木本花卉为主。不同朝向的阳台其环境因子各有不同，因此在选择植物时也有所区别。

一般南向阳台和东向阳台具有光线充足、温度高、易于干燥的特点，应该选择一些喜光、耐寒、喜温暖的观花、观果类植物（图6-2-34），如天竺葵、秋海棠、茉莉、米兰、石榴、含笑、矮牵牛、太阳花、扶桑、杜鹃、月季、盆栽葡萄、金橘、仙人掌类及其他小型多肉多浆植物、时令草本花卉等。

北向较阴的阳台宜选择一些喜阴的观花、观叶植物作为春、夏、秋三季的装饰（图6-2-35），如八仙花、玉簪、文竹、常春藤、万年青、椒草、喜林芋、吊兰、旱伞草、观赏蕨类、春芋、龟背竹、合果芋、绿萝、袖珍椰子、吊竹梅等，也可摆放鲜切花。

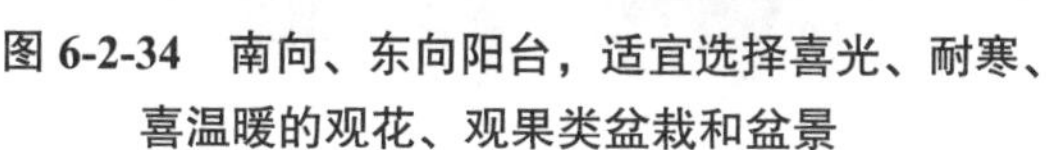

图6-2-34　南向、东向阳台，适宜选择喜光、耐寒、喜温暖的观花、观果类盆栽和盆景

图6-2-35　北向阳台，适宜选择喜阴的观花、观叶植物和鲜切花

西向阳台夏季西晒严重，一方面可以选择一些藤本植物如茑萝、牵牛、凌霄等形成绿帘，用以遮掩烈日；另一方面应该选择一些耐高温的植物如三角梅、扶桑、五色梅等。选择阳台花卉时还应该注意选择花期不同的植物种类，做到四季有花、次第开放。

阳台植物的装饰形式有花坛式、花架式、悬吊式以及藤蔓式。

4. 窗台植物装饰

窗台植物装饰与阳台植物装饰类似。公共建筑特别是临街的办公楼，多数不设阳台，而是利用窗台上下、左右进行点缀性美化。窗台植物装饰增加了建筑物的生气，对于在室内的居住者来说，平视窗外又是一个小花园，感觉自然就在身边。在植物的选择上既要美观具有装饰作用，又要株型矮小，这样在狭小的窗台上才能放得下，也不影响开窗，可以选择半支莲、蟹爪兰、仙人球、天竺葵等，两侧可以选择金银花、茑萝、牵牛花等攀缘性的植物，观叶植物则可以选择吊兰、文竹等，不宜选择那些植株高大的植物。窗台绿化应当确保盆器的固定牢固。

5. 卧室植物装饰

卧室是彻底放松身心休息的场所，追求宁静、雅致、舒适的气氛，内部放置植物有助于提高睡眠和休息的质量。卧室植物装饰的原则是柔和、宁静、舒适。一般以观叶植物为主，并随着季节的变化更换。高橱上可以放常春藤；茶几上放绿萝，阳光充足的窗边可以放四季秋海棠。由于卧室除了放床，余下的空间往往非常有限，应该以中小型盆花或吊盆为主。在宽敞的卧室中可以选用站立式的大型盆栽，小一点的卧室可以选择盆栽、吊挂式的植物和鲜切花（图 6-2-36）。

虽然家庭养花好处很多，但卧室摆花一定要有讲究。夜间花卉只进行呼吸作用即吸收氧气吐出二氧化碳，如果在卧室内摆花，到了晚上就会争夺氧气损害人的健康。因此在卧室内夜间最好不要放置花卉或者少放。绿色植物的光合作用能够增加室内的氧气，一些多叶植物值得提倡，但也不能过多。因为光照不足时，植物主要进行呼吸作用，不停地吸收氧气，放出二氧化碳。但也有例外，仙人掌没有绿叶，很少的光线条件下就能进行光合作用。

由于卧室生物污染严重，卧室的植物主要考虑家居的污染，可以选择具有杀菌、吸尘、吸甲醛等作用的植物，如吊兰、金橘、四季橘、朱砂橘和天南星科的植物等。

6. 厨房、餐厅的植物装饰

厨房植物装饰要讲究功能，方便炊事工作。如在壁面吊挂花篮、蔬菜；在窗台、角柜装饰草莓、月桂等。如果用花卉装饰要注意花的色彩，以白色、冷色、淡蓝色为主，体现环境的清凉感以及空间的宽敞感。餐厅作为团聚、进餐之室，室内植物装饰的盆花和鲜切花（图 6-2-37）要适当，注意花卉的色彩变化与对比，如在餐桌上点缀胡萝卜、番茄等，既好看又好吃。

图 6-2-36　小卧室植物装饰设计

图 6-2-37　餐厅植物装饰设计

7. 卫生间绿化装饰

目前我国很多家庭的卫生间较小，又多与梳洗、浴室、厕所结合，卫生间水分较多、湿度大，可以在花架、墙壁上适当摆设小羊齿、木棉、龟背竹、猪笼草、冷水花、椒叶草、网纹草等植物，也可以吊挂四季海棠等一些季节性花卉以及摆放鲜切花。如果卫生间空间较大，还可以在墙角点缀较低矮的印度橡皮树。日常生活中要注意防止肥皂沫飞溅到植物上，以免盆栽花木死亡。另外，梳洗室常与更衣室相结合，空间狭小，不宜摆放大型花木，尤其是带刺或花粉较多的植物，以免沾染衣物。

6.2.5.2　公共室内空间植物装饰

现在除了家居空间的室内植物装饰外，一些公共空间如宾馆酒店、商场、医院、写字楼、博物馆等，其室内空间的植物装饰也显得重要起来。

1. 宾馆或酒店的植物装饰

宾馆或酒店是人们就餐、住宿、娱乐的场所，这就决定了它的植物装饰必须给人热烈欢快、轻松愉悦的感受。宾馆一般可以分为几个大的功能空间，即门厅、餐厅、客房以及娱乐区。由于各个区域的功能不同，植物装饰的形式也各不相同。

（1）门厅。一般宾馆都有一个接待区，以便客人办理相关的手续或咨询等。这个区域必须保证热烈欢快，一般在门口两侧用一些鲜艳的花卉如一品红、一串红、彩叶草等草花布置成花坛或摆放鲜花（图 6-2-38），让客人有“宾至如归”的感觉。进门之后，在接待区往往摆放沙发、茶几供人休息，这个空间一般会比较安静，可以摆放一些中型的盆栽植物（图 6-2-39），如龙血树、橡皮树、棕竹等创造一个相对静谧的空间。

酒店大堂

酒店前台

接待休息区

图 6-2-38　酒店大堂、前台、接待休息区插花

图 6-2-39　酒店大堂摆放高大盆栽，营造静谧空间

（2）餐厅。这是客人最集中的场所。餐厅植物装饰最大的目的是为用餐者创造一个舒适的用餐环境和氛围，一般有三种风格：古典风格、民俗及地方风格、欧式风格。

①古典风格餐厅的植物装饰。更注重在搭配摆放上的精妙，在形式表现上为点式（小型的盆栽或盆景），这种形态的布置有两个作用：一是用来引导人们的视线，起到空间提示和指向的作用；二是作为艺术品单独观赏。古典风格植物装饰在布局上多为自然式，仿照大自然以及庭院景观，在室内砌石填土，结合人工喷泉，做成半泓秋水。小中见大，近中求远，使人身居室内，犹置郊野。这种传统风格餐厅宜选用具有古典韵味的植物装饰，如竹、兰、菊等。竹的使用可以结合假山以及小的水流营造古典园林的氛围；兰可以作为盆栽置于台柜之上，店堂中幽香阵阵，高雅之感顿生，但最好不要用极芳香的品种，以免冲淡饭菜的香味；菊花可以结合插花创造无穷的意境。另外，苏铁、芭蕉、文竹、吊兰、万年青、金橘可作为盆栽点缀在这种风格的餐厅（图 6-2-40）。

图 6-2-40　古典风格餐厅的植物装饰

②民俗及地方风格的餐厅。这类餐厅带有强烈的民俗色彩和乡土气息，其中又分南方风格和北方风格两种。南方风格常以水乡风情或西南民族风情为主题，它们在植物装饰上异曲同工，用材十分大胆，常以原木仿木构筑空间或竹架构筑空间，加上藤萝缠绕，处处绿意浓浓。用餐处常为封闭式空间，以灯光照明，光线不足时装饰植物多为人造植物或极耐阴湿的植物。北方风格常以农家风情为主，用色大胆，不仅选择一些有粗糙气质的绿色植物，而且常常用浓烈的红色和黄色植物装饰，如以悬垂成串的小辣椒、葱、蒜，或在拐角处插上金黄色的麦穗点缀，原始纯朴，热情奔放（图 6-2-41）。

图 6-2-41　民俗及地方风格的餐厅植物装饰（湘颂 · 稻田里的盛宴主题餐厅）

③欧式风格餐厅。室内绿化装饰秉承了西方园林追求以征服自然为美的传统，表现的是植物经过一定方式的摆设或人工整理之后的自然美。欧式风格植物装饰方式分为两种：一种是自然式的欧洲庭院风格，使用多种植物材料，小乔木、灌木和草本结合，布置显得丰满、层次丰富。应用时常常在餐厅的门前或后庭布置花坛，使用餐者可以透过玻璃观赏。另一种植物的种植与摆放讲究对称和均衡，常采用线状绿化的方式，表现出一定的走向性，成线状排列的盆花、花槽、花带，起着提示或引导人们行动方向的作用，自然也起到划分功能空间的作用，特别适合在庆典场合中使用。欧式风格餐厅营造的是高雅宁静、富有格调的环境，因此在植物的选择上要注意选取色彩素雅的植物（图 6-2-42），如白色马蹄莲、淡绿色的竹芋，以及较为高大的散尾葵等植物。

长桌花

圆桌花

图 6-2-42　欧式风格餐厅植物装饰

（3）客房。这里是客人休息睡眠的地方。其绿化装饰的风格应与整个环境保持一致，总的原则是创造一个宁静、舒适、轻松的环境。一般客房的绿化布置以淡雅的植物为主，在床头、电视柜上摆放一两盆小型盆花（图 6-2-43），让客人在淡淡的幽香中入睡。

图 6-2-43　客房植物装饰

2. 商场的绿化装饰

商场是人们购物、娱乐的场所。其绿化装饰有两个目的：首先是营造轻松愉快的氛围，如在一些大型商场的中庭，结合其他的园林小品如坐凳、亭子等，配置一部分的大型盆栽花卉，如图 6-2-44（a）所示，给人们创造一个小憩的空间；其次是起到空间分割的作用，如在出入口、转弯的地方可以摆放一些盆花起引导和方向指示的作用，如图 6-2-44（b）所示。

(a)

(b)

图 6-2-44　商场绿化装饰

（a）大型商场的中庭；（b）出入口、转弯的地方

3. 博物馆、办公室、医院等公共室内空间的绿化装饰

博物馆的室内绿化装饰要以创造比较严肃、庄重的氛围为主，再加上其空间相对比较大，一般采用一些大型的盆栽植物进行衬托。另外，还要结合每次展览的内容，采用一些草花进行气氛的调节。

办公室的绿化以创造整洁、安静的办公环境为目的，一般选用一些绿色植物如吊兰、文竹、绿萝等绿色植物进行装饰（图 6-2-45），另外适当摆放瓜叶菊、矮牵牛、非洲菊等小型盆花于案头。

医院要求有安静的环境，随时应对各种紧急病情，这要求通道必须畅通无阻。一般仅在大厅里布置一些大型的绿色植物如散尾葵、棕竹、橡皮树、绿巨人等（图 6-2-46），或是在病房有一些小型的盆栽花卉，但都要求不能影响交通，最好色彩淡雅，不刺激病人的神经。

总之，公共空间的绿化要根据其空间性质进行设计和布置，同时要考虑到与整个环境一致。

图 6-2-45　室内公共空间绿化装饰——办公室

图 6-2-46　室内公共空间绿化装饰——医院

任务实施

（1）外出调查前需要分配好小组，现场调查时以小组为单位。

（2）调查过程中对酒店空间环境进行拍照留存，并加以简单的文字描述。

（3）以小组为单位，完成酒店植物景观空间设计方案。

（4）以小组为单位完成调查报告，调查报告包括酒店植物景观设计平面图、立面图、效果图。

巩固训练

对某图书馆室内空间植物景观进行调查分析，绘制植物景观设计平面图、立面图、效果图。

评价与总结

对某酒店的大厅植物景观设计进行评价，具体见表 6-2-6。

表 6-2-6　某酒店大厅植物景观设计评分表

作品名：　　　　　　　　　　　　　　姓名：　　　　　　　　　　学号：

考核指标	标准	分值 / 分	等级标准				得分
			优	良	及格	不及格	
使用功能与空间围合	能充分结合环境，塑造满足功能的空间环境，功能布局合理	15	12～15	9～11	5～8	0～4	
植物配置	植物选择能适应室内环境、配置合理，植物景观主题突出	25	20～25	14～19	8～13	0～7	
方案可实施性	在保证功能的前提下，方案新颖，可实施性强	8	7～8	5～6	3～4	0～2	
设计图纸表现	设计图纸美观大方，能够准确表达设计构思，符合制图规范	15	12～15	9～11	5～8	0～4	
设计说明	设计说明能够较好地表达设计构思	7	6～7	4～5	2～3	0～1	
方案的完整性	包括植物种植平面图、立面图、效果图、设计说明、苗木统计表等	15	12～15	9～11	5～8	0～4	
方案汇报	思路清晰，语言流畅，能准确表达设计图纸，PPT 美观大方，答辩准确合理	15	12～15	9～11	5～8	0～4	
总分							
任务总结							

习题

一、单项选择题

1. 堂前通常用到的种植形式是（　　）。
   A. 林中报荫　　B. 花海簇拥　　C. 堂前对植　　D. 自然种植
2. 建筑物入口的植物配置是视线的焦点，起标志性作用，一般采用（　　）的种植设计。
   A. 规则式　　B. 自然式　　C. 对称式　　D. 不对称式
3. 以下不属于园林中门造型主要分类的是（　　）。
   A. 曲线型　　B. 直线型　　C. 混合型　　D. 梅花门

4. 在植物配置时，门和窗是很好的（　　）。
A. 植物材料　B. 建筑材料　C. 框景材料　D. 装饰材料
5.（　　）可作为墙面绿化、美化材料，可用来限定道路，覆盖地面，形成群体植物景观。
A. 草本　B. 藤本　C. 灌木　D. 乔木

二、填空题

1. 从观赏的角度室内植物分为________、________、________、________和________等种类。
2. 室内植物根据对光照强度的适应性可以分为________、________和________。
3. 一般来讲，现代室内植物景观设计的布局方式有________、________和________三种布局方法。
4. 请列举五种室内观叶植物：________、________、________、________、________。
5. 请列举五种室内观花植物：________、________、________、________、________。

三、判断题

1. 很多亭子都是利用花木主题来命名的，此种命名方法有画龙点睛之妙。（　　）
2. 私家园林体现士大夫清高风雅的情趣，建筑色彩淡雅，如黑瓦、白墙、栗色的梁柱和栏杆。（　　）
3. 用窗框景时，要选择生长较快的植物。（　　）
4. 窗可作为框景的材料，安坐室内，透过窗框外的植物配置，俨然一幅生动画面。（　　）
5. 门是游客游览必经之处，门和窗连在一起，主要用于组织游览路线和形成空间的流动。（　　）

项目7　水体植物景观设计

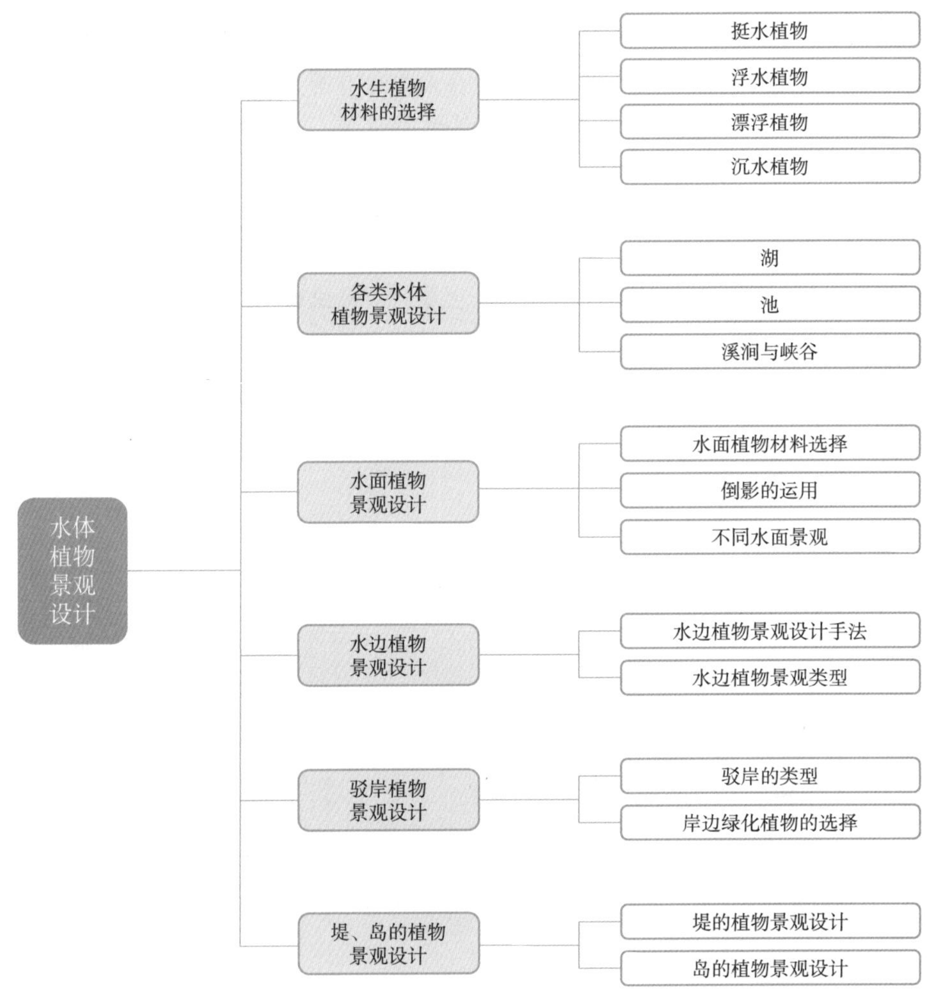

任务 7.1　水体植物景观设计

任务要求

通过城市绿地水体植物景观设计形式调查任务的实施，学习水生植物材料的选择、各类水体植物景观设计以及水面、水边、驳岸、堤和岛的植物景观设计。

学习目标

➢ 知识目标

（1）了解园林植物对水体的景观作用。

（2）熟悉和理解水体植物景观设计要点及注意事项。

（3）掌握水体植物景观设计方法和表现技巧。

➢ 技能目标

（1）能根据特定环境的功能做出合理的植物选择，并能进行水体的植物景观设计。

（2）能够应用水体植物景观设计相关理论对城市绿地中水体植物景观设计进行分析与评价。

➢ 素养目标

（1）提升感受植物景观多元的审美能力。

（2）提高独立思考和灵活解决实际问题的素质及培养团队合作的精神。

（3）提高人际交往能力及提高学生心理素质。

（4）提高口语表达及方案汇报的能力。

任务导入

城市绿地水体植物景观设计形式调查

选取具有代表性的城市绿地，调查其所应用的水生植物及水体植物景观设计形式。

● **任务分析**

对城市有代表性的水体景观进行调查，全面调查所应用的水生植物种类及水体植物景观设计方法，并根据所学的相关理论知识对其分析评价。

● **任务要求**

（1）调查水体植物景观设计所应用的水生植物种类及植物生长状况。

（2）调查水体植物景观设计形式。

（3）在调查过程中要注意拍照记录现场情况。

（4）撰写水体植物景观设计调查分析报告，要求图文并茂，并对有代表性的水体植物景观设计形式绘图表示（平面图和立面图）。

● **材料和工具**

绘图纸、绘图工具、测量仪器等。

知识准备

7.1.1 水生植物材料的选择

微课：水生植物材料的选择

在古今中外的园林中，水是不可或缺的造园要素，常被称为园林的“血液”或“灵魂”。这不仅仅因为水是自然环境和人类生存的重要组成部分，还因为水所具有奇特的艺术感染力。

园林中不仅要有水，还需要有植物与之进行组景。将这两种自然界中最有代表性的元素组合在一起，可形成最具特色、最宜人的景观空间。水是植物生活必不可少的生态因子，植物又是水景的重要依托。利用植物变化多姿、色彩丰富的观赏特性，才能使水体的美得到充分的体现和发挥。

水生植物按照生活方式与形态特征可分为挺水植物、浮水植物、漂浮植物和沉水植物四大类（图 7-1-1）。

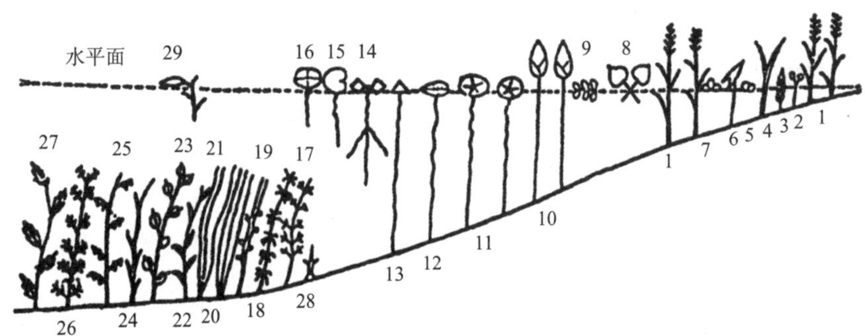

图 7-1-1　水生植物生态示意图

1—芦苇；2—花蔺；3—香蒲；4—菰；5—青萍；6—慈姑；7—紫萍；8—水鳖；9—槐叶萍；10—莲；11—芡实；12—两栖蓼；13—茶菱；14—菱；15—睡莲；16—荇菜；17—金鱼藻；18—黑藻；19—小茨藻；20—苦草；21—苦草；22—竹叶眼子菜；23—光叶眼子菜；24—龙须眼子菜；25—菹草；26—狐尾藻；27—大茨藻；28—五针金鱼藻；29—眼子菜

7.1.1.1 挺水植物

挺水植物是指扎根于泥土中，茎叶挺出水面之上，包括沼生到 150 cm 水深的植物，栽培中一般是 80 cm 水深以下。挺水型植物种类繁多，常见的有荷花、千屈菜、水生鸢尾、再力花、香蒲、慈姑等。

7.1.1.2 浮水植物

浮水植物扎根于泥土中，叶片漂浮于水面上，包括水深 1.5 ～ 3 m 的植物，栽培中一般是 80 cm 水深以下。浮水植物一般无明显的地上茎或茎细弱不能直立，而它们的体内通常储藏大量的气体，使叶片或植株能平衡地漂浮于水面上。常见种类有王莲、睡莲、芡实、荇蓬草等，种类较多。

7.1.1.3 漂浮植物

漂浮植物的根生长于水中，植株体漂浮于水面上，多数以观叶为主。因为它们既能吸收水中的矿物质，又能遮蔽射入水中的阳光，所以能够抑制水藻的生长。但是有些品种生长、繁衍特别迅速，可能会成为水中一害（如水葫芦），需要定期打捞，否则就会覆盖整个水面。

7.1.1.4 沉水植物

沉水型水生植物根茎生于泥中，整个植株沉于水中，仅在开花时花柄、花朵才露出水面。叶片无气孔，有完整的通气组织，能适应水下氧气含量较低的环境。常分布于 4 ～ 6 m 深的水中，如苦草、金鱼藻等。

园林中作为景观的水生植物主要是挺水植物和浮水植物，也使用少量的漂浮植物。沉水植物在园林中的大水体中自然生长，可以起到净化水体的作用，没有特殊要求一般不专门栽植这类植物。

7.1.2　各类水体植物景观设计

园林中的水体根据其动、静态，大体上可分为两类，即静水和动水。静态的水面给人以安静、稳定感，是适于独处思考和亲密交往的场所，其艺术构图常以倒影为主。静态的水面包括湖、池、塘等形式。动态的水活泼、多变、跳动，令人激昂、雀跃，加上种种不同的水声，更加引人注意，可以更好地活跃气氛，增添乐趣。常用的动态水景包括河、溪、瀑、泉、跌水、壁泉、水帘等，其中以喷泉的形式最为多变、丰富。

水体的大小不同、形状各异，根据形状有自然式和规则式之分，还有大小和深浅之分。

7.1.2.1　湖

湖是园林中最常见的水体景观，一般水面辽阔，视野宽广。比较有名的有济南大明湖、杭州西湖、南京玄武湖等。

在进行湖的植物景观设计时，沿湖景点要突出季相景观，注意应用彩叶树种丰富水景（图 7-1-2）。例如，杭州西湖的环湖秋色是以悬铃木的黄色、夕照山的红叶林与三潭印月和曲院风荷一带的水杉形成的，特别是宝石山下的橙黄色的悬铃木行道树，好像一条锦带系在以保俶塔为主景的锦袍上，周围还有枫香、无患子、槭树及香樟等组成的红色、黄色、绿色，色彩十分丰富。

湖边植物种植时以群植为主，注重林冠线的丰富和色彩的搭配，宜选用耐水喜湿植物，高低错落，远近不同，与水中的倒影内外呼应。进行湖面的总体规划设计时，常利用堤、岛、桥来划分水面，增加层次，并组织游览路线（图 7-1-3）。在较为开阔的湖面上，还常布置一些划船、滑水等游乐项目，满足人们亲水的愿望。

图 7-1-2　湖边彩叶植物的运用

图 7-1-3　用桥划分湖面

7

7.1.2.2　池

在较小的园林中，水体的形式常以池为主。中国传统园林中常建池，如苏州留园、拙政园、网师园等。为了获得小中见大的效果，植物景观讲究突出个体姿态或色彩，多以孤植为主，创造宁静的气氛；或利用植物分割水面空间，增加层次，同时也可创造活泼或宁静的景观，水面常种植萍蓬草、睡莲、千屈菜等小型水生植物，并控制其蔓延。例如，杭州植物园分类区中心自然式水池，以栽植毛茛目植物为主，池岸采用湖石堆叠，配置书带草及各种花灌木，池中栽植睡莲、荷花等水生植物，水池中建有水榭，四周种植樱花、桃花、棣棠、红枫、枫香、马尾松、水杉、水松、落叶松等乔灌木，构成美丽的春景和秋景（图 7-1-4）。

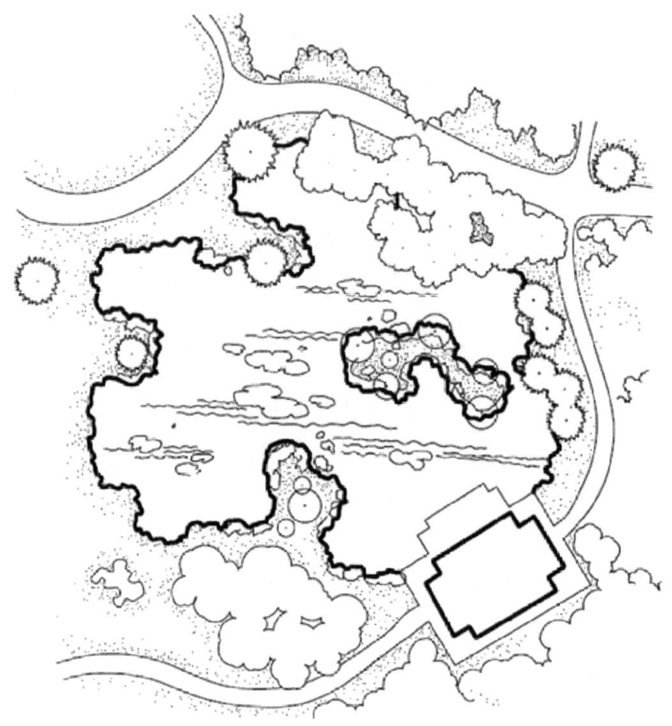

图 7-1-4　杭州植物园分类区中心水池平面图

池边植物在种植时不是围绕池边一周栽种，而是有的靠近水际，有的距池较远，使低平的草坪深入水面，空间更为开阔。树丛配置有疏有密，池边道路忽而临水，忽而转入树丛中，表现得若即若离、弯弯曲曲，增加了游览水景的趣味（图 7-1-5）。

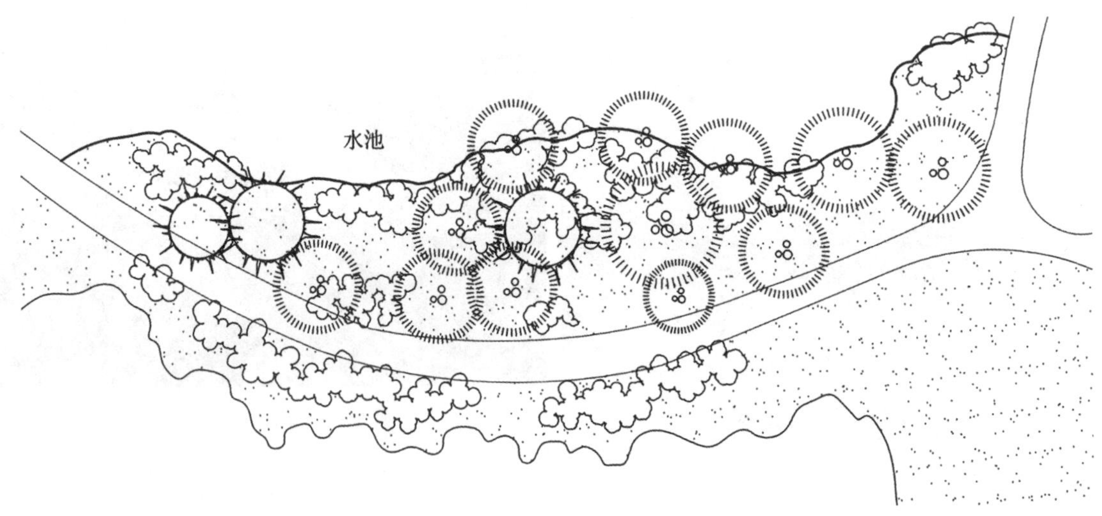

图 7-1-5　杭州植物园山水园水池旁道路植物景观

7.1.2.3　溪涧与峡谷

溪涧与峡谷最能体现山林野趣。溪涧中流水淙淙，因山石高低形成不同落差，冲出深浅、大小不一的池或潭，产生各种动听的水声效果。植物景观设计应因形就势，塑造丰富多变的林下水边景观，并增强溪流的曲折多变及山涧的幽深感觉（图 7-1-6）。例如，杭州九溪烟树（俗称“九溪十八涧”）位于茶叶山与理安山之间，溪水沿着龙井至九溪茶室长达六千米的山道，蜿蜒曲折，两旁峰峦

起伏，郁郁葱葱，峰回路转。溪边的植物有枫杨、香樟、马尾松及其他杂木，坡上为茶叶山，山上为自然的次生林，溪边水草丰盈。溪流中置以步石，也有砥石使溪水抨击铿锵之声，正如清代俞樾所描述的“重重叠叠山，曲曲环环路，叮叮咚咚泉，高高下下树”，完全呈现出一派自然朴实的溪谷风光（图 7-1-7）。

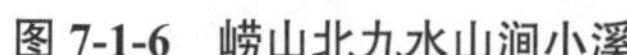

图 7-1-6　崂山北九水山涧小溪

图 7-1-7　杭州“九溪十八涧”

7.1.3　水面植物景观设计

水面的景观低于人的视线，与水边景观呼应，最适宜游人观赏。水面具有开敞的空间效果，特别是面积较大的水面常给人以空旷的感觉。用水生植物点缀水面，可以增加水面的色彩，丰富水面的层次，使寂静的水面得到装饰和衬托，显得生机勃勃。

微课：水面的植物景观设计

7.1.3.1　水面植物材料选择

不同的植物材料和不同的水面形成不同的景观，适宜布置水面的植物材料有荷花、睡莲、王莲、凤眼莲、萍蓬草、再力花、旱伞草等。

7.1.3.2　倒影的运用

水景的最大特点就是产生倒影。水面不仅能调和各种植物的底色，而且能形成变化莫测的倒影。无论是岸边的一组树丛，亭台楼榭，还是一弯拱桥，或是挺立于水面的荷叶，都会在水面形成美丽的倒影，产生对影成双、虚实相生的艺术效果。不仅如此，静谧的水面还可以倒映蓝天白云，云飘影移，变化无穷，产生静中有动的景观效果（图 7-1-8、图 7-1-9）。正因为如此，在面积较大的水景园中，切忌将水面植物种满，至少要留出 2/3 的面积供人欣赏倒影。

图 7-1-8　济南五龙潭公园景观倒影

图 7-1-9　济南大明湖公园景观倒影

水面花卉的种植位置需要根据岸边的景物仔细经营，才可以将最美的画面复现于水中。如果植物充满水面，不仅欣赏不到水中景观，也会失去水面能使环境小中见大的作用，水景的意境和赏景的乐趣也会消失。

7.1.3.3 不同水面景观

1. 布满植物的水面

布满植物的水面多适用于小水池，或是水池较独立的一个局部。北京颐和园的谐趣园水池，铺满绿萍，也栽种了一部分荷花，并设了一个漏斗状的喷泉，虽不一定是园林的立意所致，但在某一种特定环境中，丰富了水景，创造了野趣（图 7-1-10）。

图 7-1-10 北京颐和园谐趣园水池

2. 部分栽种植物的水面

水面部分栽植水生植物是水景造景中最常用的形式，但要与周围景物协调，无论是栽植的位置、占用水面的大小和管理时是否会妨碍游览等，都要事先设计好。例如，杭州西湖的三潭印月景观不同于西湖的大湖面沿岸遍植荷花，三潭印月岛的内湖面积相对较小，且水波平静，又有蜿蜒的九曲桥凌驾其上，游人量大，栽种了恬静的睡莲供游人观赏，充分发挥了睡莲的观赏作用（图 7-1-11）。在较大的水面，为了欣赏远景，还可结合人的视点近距，栽植水生鸢尾、芦苇等植株较高的水生植物，以增加景深，便于游人观赏和留影。

7.1.4 水边植物景观设计

水边植物景观设计是水面空间的重要组成部分，是水面和堤岸的分界线。水体边缘的植物景观设计既能对水面起到装饰作用，又能实现从水面到堤岸的自然过渡，尤其是在自然水体景观中应用较多。水边植物种植要选择耐水湿的植物材料，而且要符合植物的生态要求。

微课：水边的植物景观设计

7.1.4.1 水边植物景观设计手法

1. 林冠线

林冠线即植物群落配置后的立体轮廓线。植物配置不仅产生郁密的绿色屏障，塑造高低起伏的林冠线，还要注意与园林风格及周围环境相协调。例如，作为杭州西湖十景之一的三潭印月景观，植物景观以树形开展、姿态苍劲的大叶柳为主要树种，与园林风格非常融合（图 7-1-12）。

图 7-1-11　西湖三潭印月的睡莲

图 7-1-12　西湖三潭印月景观林冠线

2. 透景线

在有景可借的地方，水边种树时，要留出透景线，但水边的透视景与园路的透视景有所不同，它并不限于一个亭子、一株树木或一座山峰，而是一个景面（图 7-1-13）。配置植物时可选用高大乔木，加宽株距，用树冠构成透景面。一些姿态优美的树种，其倾向水面的树枝也可被用作框架，以远处的景色为画，构成一幅自然的画面，探向水面的枝、叶，尤其是水边的大乔木，在构图上可起到增加水面层次的作用，并且富有野趣（图 7-1-14）。

图 7-1-13　透景线（来自摄图网）

图 7-1-14　水边树枝构成的框景（来自摄图网）

3. 季相色彩

植物因四季的气候变化而有不同形态和色彩的变化，映于水中可产生十分丰富的季相水景。一片杏林、樱花、桃花可构成繁花烂漫、活泼多姿的春景；粉红色的合欢、满树黄花的栾树可以表现夏景；各种彩叶树种如枫香、槭树类可丰富秋季的水边色彩；冬季则可利用摆设耐寒的盆栽小菊以弥补季相不足。

7.1.4.2　水边植物景观类型

水边的植物景观类型主要有开敞植被带、稀疏型林地、郁闭型密林地和湿地植被带四种类型。

1. 开敞植被带

开敞植被带是指由地被和草坪覆盖的大面积平坦地或缓坡地。场地上基本无乔木、灌木或仅有少量的孤植景观树，空间开敞明快、通透性强，构成了岸线景观的虚空间，方便了水域与陆地空气的对流，可以改善陆地空气质量，调节陆地气温（图 7-1-15）。另外，这种开敞的空间也是欣赏风景的透景线，对滨水沿线景观的塑造和组织起到重要作用。由于空间开阔，适宜游人聚集，所以开敞植被带往往成为滨河游憩中的集中活动场所，满足集会、户外游玩等活动的需要。

图 7-1-15　开敞植被带景观

2. 稀疏型林地

稀疏型林地是由稀疏的乔灌木组成的开敞型绿地。乔灌木的种植方式多种多样，或多株组合形成树丛式景观，或小片群植形成分散于绿地的小型林地斑块。在景观上，稀疏型林地可构成岸线景观半虚半实的空间。稀疏林地空间通透，有少量遮荫树，尤其适合炎热地区开展游憩等户外活动。

3. 郁闭型密林地

郁闭型密林地是由乔灌草组成的结构紧密的林地，郁闭度在 0.7 以上。这种林地结构稳定，有一定的林相外貌，往往成为滨水绿带中重要的风景林。在景观上，这种林地构成岸线景观的实空间，保证了水体空间的相对独立性。密林具有优美的自然景观效果，是林间散步、寻幽探险、享受自然野趣的场所。在生态上，郁闭型密林地具有保持水土、改善环境、提供野生生物栖息地的作用。

4. 湿地植被带

湿地植被带是介于陆地和水体之间，水位接近或处于地表，或有浅层积水的过渡性地带（图 7-1-16）。湿地具有保护生物多样性、蓄洪防旱、保持水土、调节气候等作用，具有丰富的动植物资源和独特的景观，吸引大量游客观光游憩或科学考察。湿地上的植物类型多样，如海边的红树林、水杉落羽杉林、芦苇丛等。

图 7-1-16　湿地植被带景观

7.1.5　驳岸植物景观设计

7.1.5.1　驳岸的类型

微课：驳岸的植物景观设计

驳岸按材料分为土岸、石岸、混凝土岸等，按形式分为自然式和规则式。我国园林中采用石驳岸和混凝土驳岸居多，线条显得生硬而枯燥，需要在岸边配植合适的植物，借植物枝叶遮挡枯燥之处。驳岸植物可与水面点缀的水生植物一起组成丰富的岸边景色。

1. 土岸

自然式土岸曲折蜿蜒，线条优美（图 7-1-17）。植物配植时最忌等距离用同样大小的同一树种，更忌按整形式修剪，绕岸栽植一圈，而应结合地形、道路、岸线，有近有远、有疏有密、有断有续、曲曲弯弯、自然有趣地种植。为引导临水倒影，应在岸边植以大量的花灌木、树丛及姿态优美的孤立树，尤其是变色叶树种，使一年四季具有丰富的色彩。

图 7-1-17　土岸

土岸常少许高出最高水面，可以站在岸边伸手可及水面为宜，这样便于游人亲水、嬉水。但要考虑到儿童的安全问题，设置明显的标志。英国园林中自然式土岸边的植物配置，多半以草坪为底色，种植大量的宿根球根花卉，引导游人至水边赏花。

2. 石岸

石岸是用天然石块堆砌成的驳岸，可分为规则式和自然式。

（1）规则式石岸。规则式石岸具有线条生硬、枯燥等特点。在岸边种植垂柳和南迎春，使柔细的柳枝和圆拱形的南迎春枝条沿着笔直的石岸壁下垂至水面，以遮挡石岸的丑陋，同时柔软多变的植物枝条及色彩可增添景色与趣味。但一些周长较大的规则式石岸很难被全部遮挡，只能用些花灌木和藤本植物如夹竹桃、南迎春、地锦、薜荔等来进行局部遮挡，通过这种方法稍加改善，增加其活泼气氛（图 7-1-18）。从生态效益角度分析，规则式石岸阻隔了湿地水体与驳岸土壤的联系，减弱了湿地的生态功能。

（2）自然式石岸。自然式石岸线条呈曲线，与原有的岸线完美结合，景观效果更贴近自然，便于游人开展亲水活动。石块与石块之间可形成许多孔洞，这些孔洞既可以种植水生植物，又可以作为水生动物的栖息地，形成一个复合的生态系统（图 7-1-19）。自然式石岸既能满足景观的要求，又能满足生态的要求，是一种非常适合湿地驳岸改造的形式。自然式石岸具有丰富的自然线条和优美的石景，点缀色彩和线条优美的植物，使景色富于变化，配植的植物应有掩有露，遮丑露美，如果不分美丑，全面覆盖，则失去了石岸的魅力。

3. 混凝土岸

混凝土岸是水泥浇筑形成的一种驳岸，一般在城市河道整治中常用，在早期的生态旅游区建设中也较为常见，是规则式驳岸的一种形式。混凝土驳岸一般非常牢固，能满足特定区域的防洪要求。但是混凝土驳岸阻隔了湿地水体与驳岸土壤的接触，减弱了湿地的生态功能，使湿地景观变得单调乏味。在湿地驳岸处理中应尽量避免使用混凝土驳岸。

图 7-1-18 规则式石岸

图 7-1-19 自然式石岸

7.1.5.2 岸边绿化植物的选择

岸边绿化植物首先要具备一定的耐水湿能力，还要符合设计意图中美化的要求，宜选择枝条柔软、分枝自然的树种。适于岸边种植的植物种类很多，如水松、落羽杉、水杉、迎春、垂柳、紫藤、连翘、黄菖蒲、马蔺、萱草等。草本植物及小灌木多用于装饰点缀或遮掩驳岸，大乔木用于衬托水景并形成优美的水中倒影。

7.1.6 堤、岛的植物景观设计

微课：堤、岛的植物景观设计

水体中堤和岛是划分水面空间的主要手段，而堤、岛上的植物景观设计，无论是对水体，还是对整个园林景观，都起到强烈的烘托作用。堤、岛的植物景观不仅增添了水面空间的层次，而且丰富了水面空间的色彩，尤其是倒影，往往成为观赏的焦点。

7.1.6.1 堤的植物景观设计

堤常与桥相连，故是重要的游览路线之一。浙江杭州的苏堤、白堤，北京颐和园的西堤，山东济南大明湖的曾堤都是有名的景点。长度较长的杭州苏堤上植物种类尤为丰富，除红桃、绿柳、碧草的景色外，各桥头配植不同植物，还设置有花坛，打破了单调和沉闷；道路两侧，有重阳木、三角枫、无患子和樟树等，还种植了大量的垂柳、碧桃、桂花和海棠等，树下还配置了八角金盘、六道木等。北京颐和园西堤以杨树、柳树为主，玉带桥以浓郁的树林为背景，更衬出桥身的洁白。济南大明湖的曾堤，杨柳垂荫，百花飘香，堤两侧波涛阵阵，湖水萦岸，“曾堤萦水”为大明湖新八景之一。

7.1.6.2 岛的植物景观设计

岛的类型众多，大小各异。有可游的半岛及湖中岛，也有仅供远眺、观赏的湖中岛。

可游的半岛及湖中岛在植物配植时还要考虑导游路线，不能有碍交通。

不可游的湖中岛不考虑导游路线，植物配植密度较大，要求四面皆有景可赏，但是需要协调好植物与植物之间的关系，如速生与慢生，常绿和落叶，乔木和灌木等，形成相对稳定的植物景观。

山东济南大明湖的历下亭巍立于大明湖中最大的湖中岛上，岛面积约 4 160 m^2。因历下亭是闻名遐迩的海右古亭，所以人们也就习惯将整个小岛及岛上建筑统称为历下亭。整个岛上绿柳环合，花木扶疏，亭台轩廊错落有致，修竹芳卉点缀其间。春天，修竹婆娑，翠柳笼烟；秋日，湖水荡漾，荷花溢香，凉风徐吹，令人心爽，被称作“历下秋风”。

任务实施

（1）调查选定的水体植物景观设计类型和周边环境条件。

（2）调查水景所在地的自然条件、植物类型及植物的生长状况。

（3）将水体植物景观设计形式绘图表示，绘制出平面图及立面图。

（4）完成水体植物景观设计调查报告。

巩固训练

以小组为单位，测量并绘制某公园水体植物景观设计现状图，并对该公园的水体植物景观设计进行分析评价。

评价与总结

对水体植物景物设计内容和任务完成情况进行评价，具体见表 7-1-1。

表 7-1-1　水体植物景观设计评价表

评价类型	考核点	自评	互评	师评
理论知识点评价（20%）	植物与水体的组景方式和基本要求、水体植物景观设计方法和表现技巧			
过程性评价（50%）	水体植物景观分析能力（20%）			
	植物识别能力（10%）			
	工作态度（10%）			
	团队合作能力（10%）			
成果性评价（30%）	报告观点清晰、新颖（10%）			
	报告的完整性（10%）			
	报告的规范性（10%）			
任务总结				

习题

一、多项选择题

1. 水体驳岸按材料可分为（　　）。

A. 土岸　　B. 石岸　　C. 混凝土岸　　D. 木岸

2. 以下植物属于挺水植物的是（　　）。

A. 荷花　　B. 香蒲　　C. 王莲　　D. 水生鸢尾

3. 以下植物属于漂浮植物的是（　　）。

A. 凤眼莲　　B. 浮萍　　C. 王莲　　D. 水生鸢尾

4. 常见的水边的植物景观类型有（　　）。

A. 开敞植被带　　B. 稀疏型林地　　C. 郁闭型密林　　D. 湿地植被带

5. 水体驳岸按形式可分为（　　）。

A. 自然式　　B. 自由式　　C. 规则式　　D. 混合式

二、填空题

1. 水生植物按照生活方式与形态特征可分为________、________、________和________四大类。

2. 请列举三种常见的浮水植物，如________、________和 ________。

三、判断题

1. 自然式土岸曲折蜿蜒，线条优美。植物配植时应结合地形、道路、岸线，有近有远、有疏有密、有断有续、曲曲弯弯、自然有趣地种植。（　　）

2. 当驳岸为土岸时，应选用同一树种、同一规格等距离配置。（　　）

3. 当驳岸为石岸，规则式布置时，植物配置应选用枝条柔垂的植物。（　　）

4. 植物因四季的气候变化而有不同形态和色彩的变化，映于水中，则可产生十分丰富的季相水景。（　　）

5. 林冠线即植物群落配置后的立体轮廓线。植物配置不仅产生郁密的绿色屏障，塑造高低起伏的林冠线，还要注意与园林风格及周围环境相协调。（　　）

项目8　小环境植物景观设计

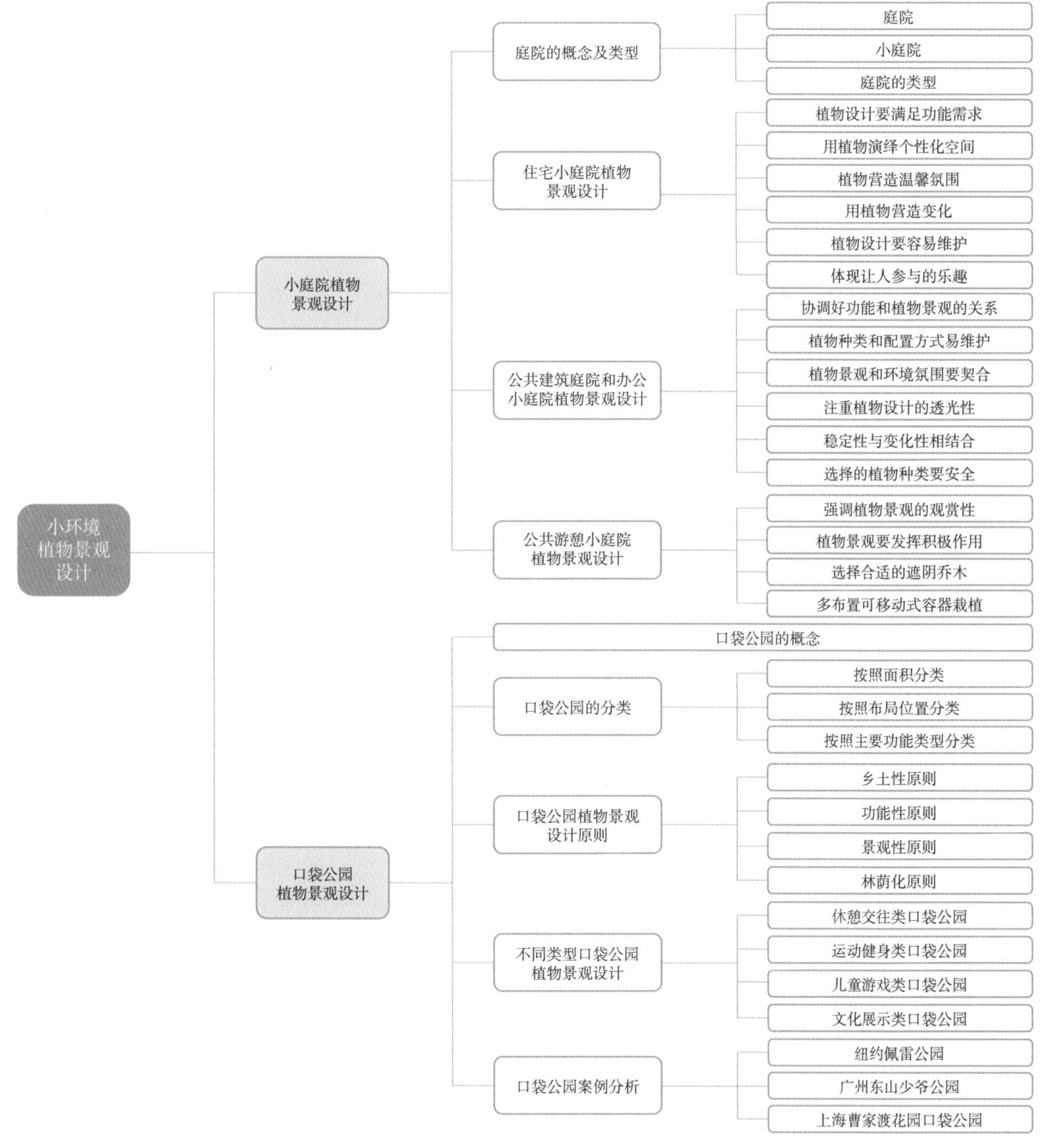

任务 8.1 小庭院植物景观设计

任务要求

通过私家庭院植物景观设计任务的实施，学习庭院的概念及类型、住宅小庭院、公共建筑和办公小庭院及公共游憩小庭院的植物景观设计。

学习目标

➢ 知识目标

（1）了解庭院的概念，掌握庭院的类型。
（2）掌握庭院植物景观设计原则和基本要求。
（3）掌握各类型庭院植物景观设计要点。

➢ 技能目标

（1）能够根据庭院的功能分区合理选择植物。
（2）能够根据庭院植物景观设计要点进行具体庭院的植物景观设计和图纸表达。

➢ 素养目标

（1）培养家国情怀。
（2）建立营造可持续植物景观的意识，培养正确的价值观。
（3）培养严谨的治学态度及精益求精的工匠精神。
（4）树立严格的法律规范意识。
（5）提高口语表达及方案汇报的能力。

任务导入

某私家庭院植物景观设计

图 8-1-1 为华北某私家庭院基地现状图，结合庭院场地信息和功能要求，根据庭院植物景观设计原则及要点，对该庭院进行植物景观设计。

● **任务分析**

首先了解委托方对庭院植物景观设计的要求，研究庭院基地信息和功能要求，根据庭院建筑风格和小气候特点，按照庭院植物景观设计原则和设计要点，完成庭院植物景观设计。

● **任务要求**

（1）植物景观设计方案要满足委托方的要求。
（2）设计方案要与庭院的建筑风格相协调，并满足功能要求。
（3）正确运用庭院植物景观设计方法，植物的选择应适宜当地室外生存条件。
（4）设计方案表达清晰，立意明确，图纸绘制规范。
（5）完成庭院植物景观设计平面图。

● **材料和工具**

绘图纸、绘图工具、测量仪器等。

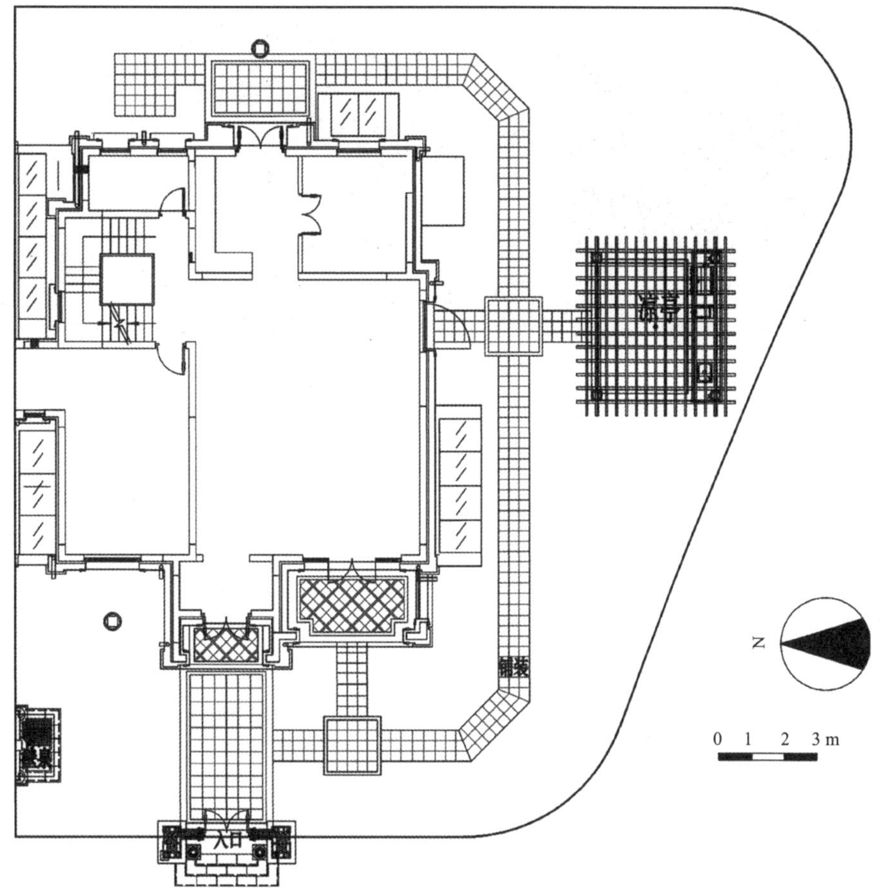

图 8-1-1　某私家庭院基地现状图

知识准备

8.1.1　庭院的概念及类型

8.1.1.1　庭院

庭院是一种历史悠久、应用广泛、形态多样的建筑空间类型。在《辞海》中记载，“庭者，堂阶前也；院者，周垣也”。“庭院”二字合在一起，就构成了庭院的基本概念，即由建筑与墙围合而成的并具有一定景象的室外空间。

起初的庭院只是由四周的墙垣界定，后来其围合方式逐渐演变成以建筑、柱廊和墙垣等为界面，形成围合空间。

随着现代建筑空间的多样性以及实体材料的多样，可以将庭院的概念进一步理解为：庭院是由建筑和墙或实体（植物、小品等）围合的、有明确边界的、内向型的、对外封闭对内开放的空间。庭院相对于建筑而言是外部空间，是外向的、自然地；相对于城市和大自然，则是内向的、依附性的。可以说庭院空间具有内、外双重性。

8.1.1.2　小庭院

小庭院，即小尺度的庭院。这个“小”，一是面积比较小，尺度一般在 1 000 m^2 以内，有别于大面积的绿地型庭院；二是围合度相对较强。小庭院虽小，却需要以小观大。中国传统庭院从来不介意其小。例如，芥子园，芥子园是清初名士李渔的居宅别墅，园子虽然不及三亩，但经李渔的苦心经营，达到“壶中天地”的意境，在中国园林史上有着重要的地位（图 8-1-2）。

图 8-1-2　南京市秦淮区芥子园

8.1.1.3　庭院的类型

从风格上来讲，庭院可以分为中式庭院、日式庭院、法式庭院、意式庭院、美式庭院、英式庭院、地中海式庭院、田园式庭院等。按照植物景观设计的形式又可以分为规则式和自然式。

从使用的类型分为住宅小庭院、公共建筑庭院和办公小庭院、公共休憩小庭院。

（1）住宅小庭院。住宅小庭院非常广泛，数量也很多。除少数豪宅之外，住宅庭院的面积都不大，住宅小庭院和人们的生活息息相关。

（2）公共建筑庭院和办公小庭院。公共建筑庭院和办公小庭院包括餐厅、茶室、图书馆、医院、学校、银行、办公楼等建筑的庭院。人们工作、学习和就餐等事务性的活动与这类庭院相关。

（3）公共游憩小庭院。公共游憩小庭院是指被建筑、围墙等围合的小块空地，被开辟为开放性的休憩用庭院，这类庭院面积一般较小，人流量大，一般供人作短时休息、停留、等候之用。

8.1.2　住宅小庭院植物景观设计

微课：住宅小庭院植物景观设计

住宅小庭院是人们日常游憩的场所，情感寄托的地方，同时承载着家庭生活中的许多活动，比如散步、就餐、晾晒、园艺活动、室外聚会、晒太阳、玩耍等。

8.1.2.1　植物设计要满足功能需求

住宅小庭院有很多功能，植物设计要以实现功能为宗旨，为人们的生活服务。根据需要选择适宜的植物种类和种植形式，营造舒适的生活和休闲空间。例如，选择耐踩踏的草坪供儿童玩耍；用高大浓密的植物形成小庭院的边界，一定程度上代替了围墙，同时维护居家生活的私密感。

8.1.2.2　用植物演绎个性化空间

住宅小庭院的风格可以多样化，其主导因素是家庭成员的喜好、气质和实际需求，次要因素是建筑及室内装修的风格。

植物是个性化的一种表达要素，以其特殊的形体、色彩、香味、文化内涵等特征可以造就小庭院景观的独特空间和氛围，体现主人风格。比如，以竹子为主塑造的“竹园”、以芳香植物为特色的庭院等。

8.1.2.3　植物营造温馨氛围

住宅小庭院要营造亲切、温馨的氛围。所选择的植物的形态、体量、色彩要亲切宜人，如开花的小灌木、有香味的植物都是很好的选择。

8.1.2.4　用植物营造变化

用植物的四季变化、生长变化给小庭院带来变化的景观，所以，植物布置要讲究季相景观。植物

不宜布置过满、过于死板，需要留有空间供人们经营、发展、更替、改变。

8.1.2.5　植物设计要容易维护

大多数住宅庭院需要一些能自然生长、抗性好的植物作为植物景观的主角。人们对庭院植物的要求不仅要时时赏心悦目，而且要节水、少打药、少施肥，并具有较好的生态稳定性。一个自然式的小庭院，尽量多用本地植物和已经长期引进的植物，即与自然环境和地域环境相匹配，可减少许多维护。

8.1.2.6　体现让人参与的乐趣

植物设计要考虑布置园艺爱好者的家庭实践对象，如适当地换植、修剪、修整。在住宅小庭院中，可以在小庭院中种植果树、开辟小块菜地，与传统庭院的功能一脉相承，实现人们的田园梦想。

8.1.3　公共建筑庭院和办公小庭院植物景观设计

微课：公共建筑庭院和办公小庭院植物景观设计

公共建筑庭院和办公小庭院包括博物馆、酒店、茶室、图书馆、医院、学校、银行等建筑的小型庭院。这类小庭院与人们工作、学习、办事等事务性活动相关，是现代城市中人们的交往空间之一，是人们赏景、聚集、交流的场所。

8.1.3.1　协调好功能和植物景观的关系

这类小庭院往往有较多的功能使用需求，如供行人穿越、地面停车、停留休息等，植物景观需发挥积极作用。

供行人穿越的路径要简明、引导性强，不宜用植物做太多遮蔽和空间分隔，但又要营造一定的趣味。地面停车场可考虑用大树遮荫。可用植物简单围合出一些具有半私密性的空间，布置坐凳，供人短暂休憩和交流。植物可以影响人的行为心理和情绪，利用植物的形态、浓密、高矮等差异围合成各种类型的空间，满足人们的不同需求。这类小庭院内，一般以静观为主，需布置观赏性强的植物，供人们赏姿、闻香、听声。

8.1.3.2　植物种类和配置方式易维护

公共建筑庭院和办公小庭院的使用强度较大，人流量较多，设计的植物景观要容易维护，不易破坏。

8.1.3.3　植物景观和环境氛围要契合

植物景观和特殊的环境氛围要契合，如图书馆中庭需要塑造清雅的环境、医院小庭院需要塑造宁静可利于病人休息康复的环境、校园庭院需要塑造开放的户外学习氛围。

例如，上海市实验学校树桌花园位于校园的心脏位置，是被教学楼、综合楼、图书馆和连廊等建筑围合的一处正方形的庭院。设计以原有场地保留下的 11 棵普通的树木和树下白色书桌为主要元素，被称为树桌花园。11 棵树木形成绿意盎然的上层覆盖，延续了校园的记忆，同时将室内的学习空间延续到了室外，形成一个更为开放环境氛围的户外学习空间（图 8-1-3）。

图 8-1-3　上海市实验学校树桌花园

8.1.3.4 注重植物设计的透光性

不宜选过于荫蔽的植物，重视阳光的积极作用；植物不能把小庭院的阳光都遮蔽掉。在阳光照射强烈的地方需要做到夏天是封闭的，冬天是开放的。

8.1.3.5 稳定性与变化性相结合

植物景观需要有稳定的格局和氛围，融为整体环境的一部分；同时，也需要季相、形态的变化给环境注入源源不断的活力。

8.1.3.6 选择的植物种类要安全

由于使用这类小庭院的人较多，植物选择必须保证其安全性，其植物植株不能有毒、不能有易伤人的刺，其花粉不宜使人过敏，最好没有飞絮、茸毛等。

8.1.4 公共游憩小庭院植物景观设计

微课：公共游憩小庭院植物景观设计

公共休憩小庭院，即被建筑、围墙等围合的小块空地，被开辟为开放性的休憩用庭院。这类庭院面积一般较小，人流量很大，是人们短时间休息、停留、等候的场所。

8.1.4.1 强调植物景观的观赏性

在进行公共游憩庭院的植物景观设计时，宜用植物“软化”周边环境，以便给人们带来轻松、休闲、愉悦的感受。突出植物的形态特征，展示植物绚丽的色彩和丰富的姿态等。

8.1.4.2 植物景观要发挥积极作用

公共游憩小庭院一般限制条件较多，比如铺装面积大、土层薄、地面坡度问题等，在进行植物设计时，要注意植物布置要与之相适应。植物布置要充分发挥其灵活的优势，选用的植物应能适应场地的不利条件并发挥积极的作用，如植物在场地中要能阻隔噪声、改善场地小气候等。

8.1.4.3 选择合适的遮阴乔木

这类小庭院通常有较大面积的铺装场地，在进行植物设计时要选择适宜的庭荫树进行遮荫，为停留休息的人们提供舒适的休憩环境。

8.1.4.4 多布置可移动式容器栽植

在公共游憩小庭院空间中可多布置可移动式容器栽植，它是小庭院中富有表现力的植物造景形式。可移动式容器栽植不受场地限制，可以在庭院中与墙壁、台阶、灯柱、坐凳等相结合，营造丰富的景观。

在设计时可以采用花钵、花箱、观花吊篮等丰富的造景形式，将植物的美多层次展现；还可以根据需要经常更换植物、更换容器，随季节的变化选用合适的容器栽植，在很大程度上满足植物造景的视觉需求。

任务实施

（1）了解委托方的需求。通过与委托方交流，了解委托方对植物景观的具体要求、喜好、预期的效果以及造价等相关内容。同时获取基地的测绘图、规划图及地下管线等图纸。

（2）研究分析。获取基地的自然状况、植物状况、人文历史资料等相关资料，并对基地现状进行分析，包括项目地的自然环境（地形、土壤、光照、植被等）分析、环境条件分析、景观定位分析、服务对象分析等。

（3）设计构思。在综合分析的基础上，确定主题或风格。进一步进行功能分析，明确造景设计目标，选择植物种类（表 8-1-1）。

表 8-1-1　植物选择列表

类别	植物
常绿乔木	大叶女贞、云杉、多杆女贞等
落叶乔木	银杏、红枫、五角枫、樱桃、朴树、红梅、柿树、紫薇、西府海棠等
藤本植物	紫藤
灌木及地被	紫荆、红叶石楠、金山绣线菊、红王子锦带、瓜子黄杨、大叶黄杨、金边黄杨、阔叶十大功劳、火棘、龟甲冬青等
花卉	时令草花、月季等

（4）确定设计方案，绘制植物种植设计平面图。详细设计阶段应该从植物的形状、色彩、枝干、季相变化、生长速度、生长习性等多个方面综合分析，以满足设计方案中各种要求。对照设计意向书，结合现状分析、功能分区、初步设计阶段成果，进行设计方案的修改和调整，最后做出种植设计平面图（图 8-1-4），并撰写设计说明，编制苗木统计表。

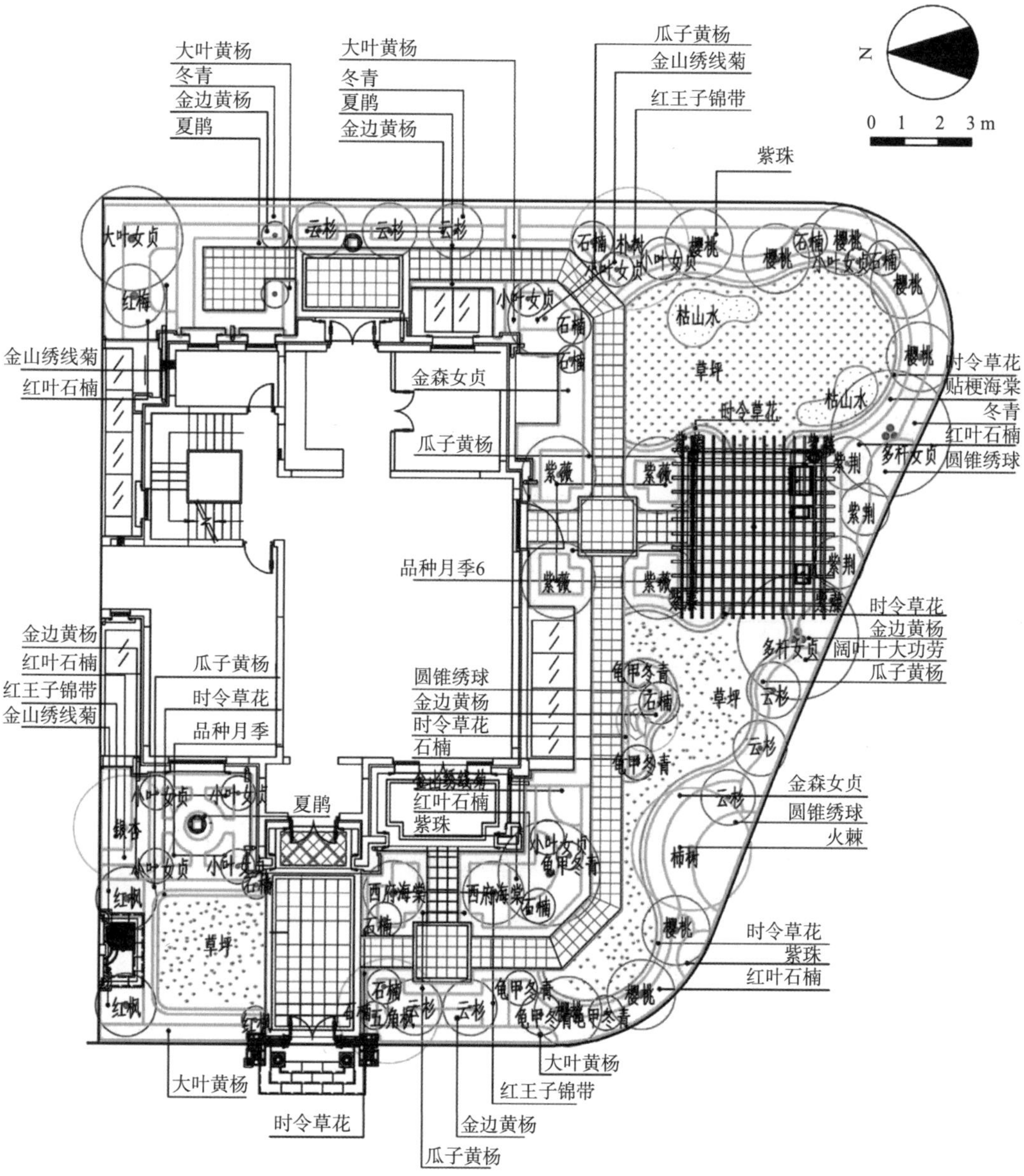

图 8-1-4　某私家庭院植物种植设计平面图

巩固训练

图 8-1-5 所示为华北地区某私家庭院基地现状图，根据基地现状条件和对项目的理解，利用小庭院植物景观设计基本方法和基本设计流程进行植物景观设计，完成该庭院的植物景观设计平面图。

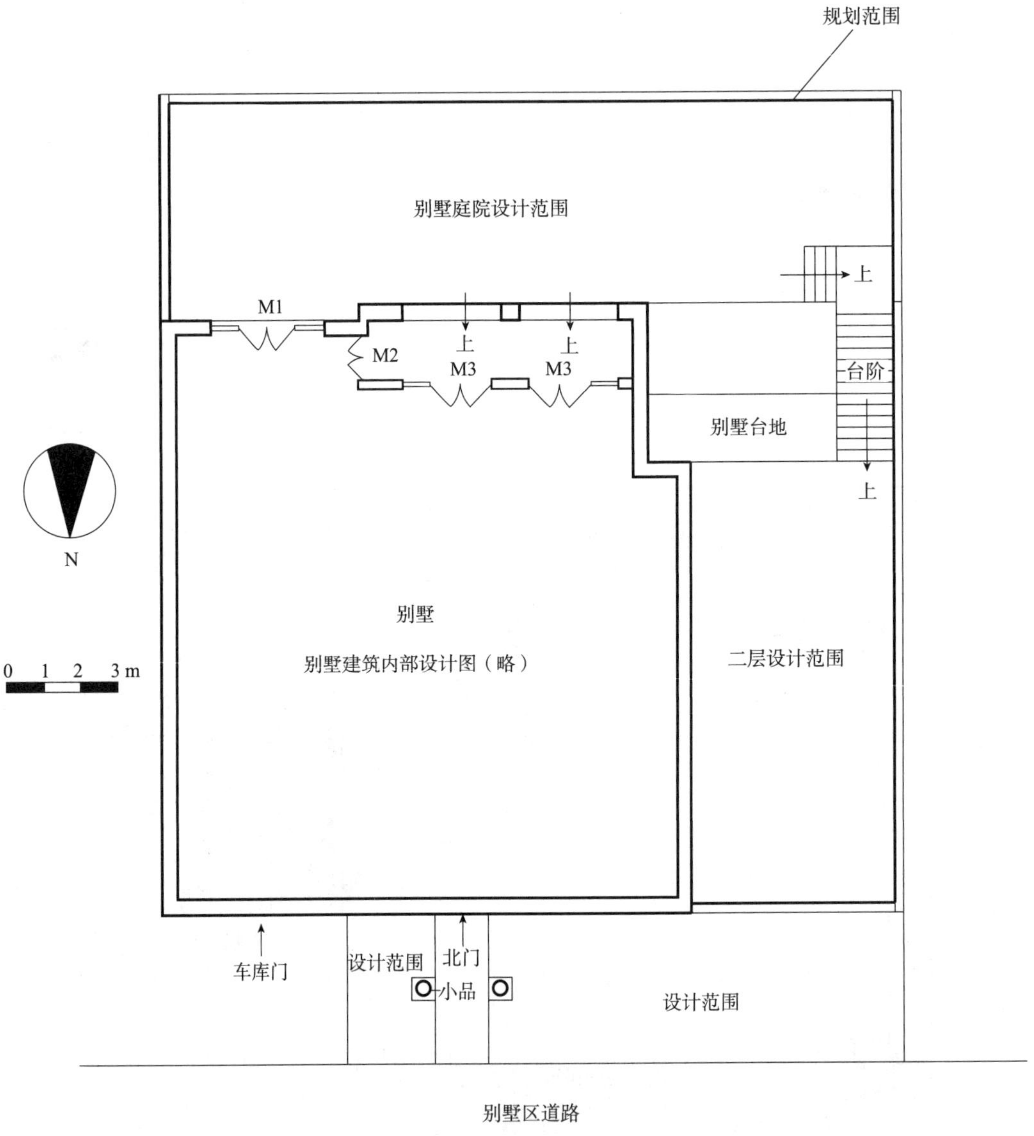

图 8-1-5　私家庭院基地现状图

评价与总结

对庭院植物设计内容学习和任务完成情况进行评价，具体见表 8-1-2。

表 8-1-2　庭院设计评分表

作品名：　　　　　　　　　　　　姓名：　　　　　　　　　　　　学号：

考核指标	标准	分值 / 分	等级标准				得分
			优	良	及格	不及格	
立意构思	设计风格与庭院建筑相协调，立意构思新颖、巧妙	20	15～20	10～14	5～9	0～4	
植物配置	植物选择能适应室外环境、配置合理，植物景观主题突出，季相分明	20	15～20	10～14	5～9	0～4	
方案可实施性	在保证功能的前提下，可实施性强	8	7～8	5～6	3～4	0～2	
设计图纸表现	设计图纸美观大方，能够准确表达设计构思，符合制图规范	15	12～15	9～11	5～8	0～4	
设计说明	设计说明能够较好地表达设计构思	7	6～7	4～5	2～3	0～1	
方案的完整性	包括植物种植平面图、立面图、设计说明、苗木统计表等	15	12～15	9～11	5～8	0～4	
方案汇报	思路清晰，语言流畅，能准确表达设计图纸，PPT 美观大方，答辩准确合理	15	12～15	9～11	5～8	0～4	
总分							
任务总结							

任务 8.2 口袋公园植物景观设计

任务要求

通过街头口袋公园植物景观设计任务的实施，学习口袋公园的概念、口袋公园的分类、口袋公园植物景观设计的原则和不同类型口袋公园的植物景观设计，并对口袋公园的案例进行分析。

学习目标

➢ 知识目标

（1）掌握口袋公园的概念及分类。

（2）掌握口袋公园植物景观设计原则和基本要求。

（3）掌握各类型口袋公园植物景观设计要点。

➢ 技能目标

（1）能够根据口袋公园场地特征合理选择植物。

（2）能够根据口袋公园植物景观设计要点进行具体口袋公园的植物景观设计和图纸表达。

➢ 素养目标

（1）培养建设美好家国的情怀。

（2）建立营造可持续植物景观的意识，培养正确的价值观。

（3）培养严谨的治学态度及精益求精的工匠精神。

（4）树立严格的法律规范意识。

（5）提高口语表达及方案汇报的能力。

任务导入

某街头口袋公园植物景观设计

图 8-2-1 为华北地区某街头口袋公园的景观设计平面图，该口袋公园位于城市道路交叉口，紧邻居住区。请根据口袋公园的周围环境完成其植物景观设计。

● **任务分析**

首先对口袋公园周边环境、绿地的功能以及服务对象进行分析，根据该口袋公园的功能要求以及植物景观设计的原则和方法，选择合适的植物种类和植物配置形式进行植物景观设计。

● **任务要求**

（1）要求植物配置符合植物景观设计原则和方法，满足景观和功能要求。

（2）选择适宜当地室外生存条件的植物。

（3）立意明确，风格独特。

（4）完成口袋公园景观设计平面图，图纸绘制规范，编制设计说明书。

● **材料和工具**

测量仪器、绘图工具、绘图板、计算机等。

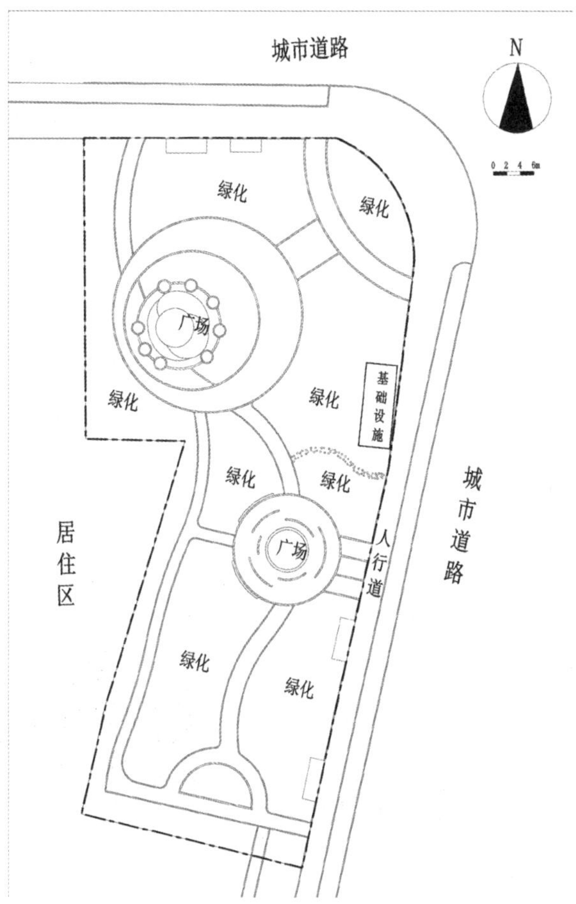

图 8-2-1　某街头口袋公园景观设计平面图

知识准备

8.2.1　口袋公园的概念

“口袋公园”（Vest-pocket Park）概念最早是由美国第二代现代景观设计师罗伯特·泽恩的公司于 1963 年 5 月在纽约公园协会组织的主题为“纽约的新公园”展览会上提出，其原型是散布在高密度城市中心区的斑块状分布的小公园。这种公共开放的户外空间游离于车行和步行交通流线，尺度宜人，远离噪声。

口袋公园是面向公众开放，规模较小，形状多样，具有一定游憩功能的公园绿化活动场地，面积一般在 400 ～ 10 000 m^2，类型包括小游园、小微绿地等。口袋公园是城市绿色空间的组成部分，是城市公园绿地的有益补充，具有选址灵活、形式多样、实用便民等特点。

8.2.2　口袋公园的分类

8.2.2.1　按照面积分类

《江苏省口袋公园建设指南（试行 2022）》中将口袋公园按照面积分为微型、小型、中型和大型四类（表 8-2-1）。

表 8-2-1　口袋公园按照面积分类

类型	面积 S/m^2
微型	$100 \leqslant S < 400$
小型	$400 \leqslant S < 2\,000$
中型	$2\,000 \leqslant S < 5\,000$
大型	$5\,000 \leqslant S < 10\,000$

8.2.2.2　按照布局位置分类

根据常见布局位置分类，可以分为街角、街区中部、跨越街区等不同的类型，具体建设形态受周边要素的影响，可以呈现不规则的特征，原则是地尽其用，最大化地利用现有空间资源，优化人居环境质量。

1. 位于街角的口袋公园

该口袋公园位于两条街道的交叉口，供行人取近道横穿街角，是利于提供公共休憩的场地（图 8-2-2）。

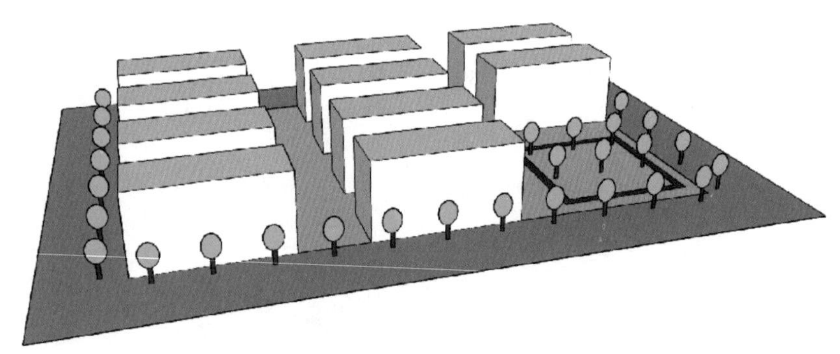

图 8-2-2　位于街角的口袋公园

2. 位于街区中部的口袋公园

这类口袋公园一般只有一个面向街道的出入口，其长宽比宜控制在 2.5∶1 ～ 4∶1，利于创造一个完整安静的场所，适合老年人休闲、儿童游戏、运动健身等活动需求（图 8-2-3）。

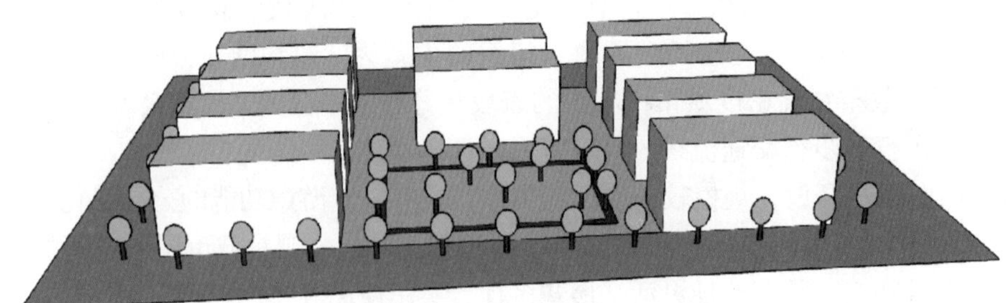

图 8-2-3　位于街区中部的口袋公园

3. 跨越街区的口袋公园

穿越街区，连接两条街道，能够为人们的出行、购物提供一个很好的步行捷径，将相邻街区有机串联起来（图 8-2-4）。

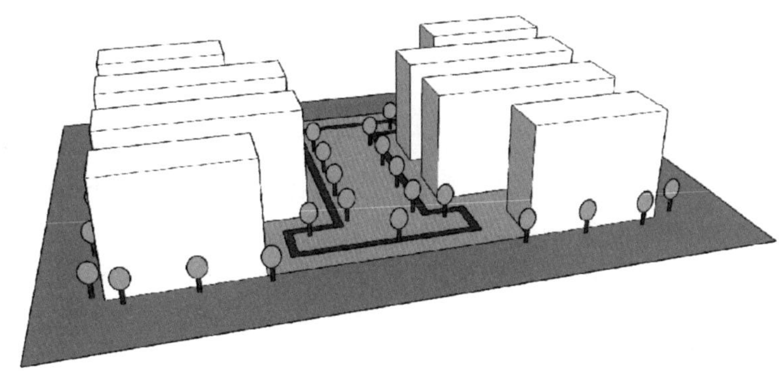

图 8-2-4　跨越街区的口袋公园

8.2.2.3　按照主要功能类型分类

根据主要功能类型，口袋公园的空间可以进一步划分为休憩交往、运动健身、儿童游戏和文化展示四类。

1. 休憩交往类

休憩交往类口袋公园为周边就业人员及居住市民提供休憩、停留的舒适空间，营造社会交往的公共平台，结合绿地景观给人们带来视觉上的放松和与自然界的接触空间。

2. 运动健身类

运动健身类口袋公园为周边居民提供适合的运动场所和健身器材，满足人们日常的运动需求，缓解人们的生活节奏，为人们提供活动、休闲、放松的空间。

3. 儿童游戏类

儿童游戏类口袋公园为儿童提供游乐场地及设施，创造符合儿童心理特点和使用需求的场所，提供便捷、有趣且安全性强的儿童专属活动空间。

4. 文化展示类

文化展示类口袋公园通常结合城市历史人物和事件，创造纪念高尚品质和时代精神等的城市公共空间，满足市民精神需求的同时，更能提高城市文化形象和环境品质。

8.2.3　口袋公园植物景观设计原则

8.2.3.1　乡土性原则

植物选择应体现乡土性，凸显地方特色，植物配置应兼顾生态效益和景观效果。严格保护古树名木、大树及乡土植被群落。可结合地方特色，种植主题性植物，将植物与科教结合，寓教于乐，增加趣味性。

8.2.3.2　功能性原则

植物种植设计应与场地空间的功能相匹配，强化“适地适树”。结合光照、温度、湿度、降水等气候条件及土壤等自然条件，因地制宜选择抗风、耐旱、耐寒、耐盐碱、耐水湿等环境适应性强的植物，避免种植对使用功能及使用人群产生危害的植物。

8.2.3.3　景观性原则

植物组合应注重乔木、灌木、地被的合理搭配，应用多样化的乡土适生植物，营造丰富的植物景观；应注重开合有序、疏密有致，步移景移、自然生态。常绿树木与落叶树种的比例合宜，花灌木与宿根地被增色添彩，地带性季相特色显著，植物景观多姿多彩。

8.2.3.4　林荫化原则

要系统化设计和建设林荫化的步行、休憩活动、停车等空间，选择乡土适生落叶阔叶大乔木，形成林荫规模，做到夏可蔽日、秋可观叶、冬可享受阳光。

8.2.4 不同类型口袋公园植物景观设计

8.2.4.1 休憩交往类口袋公园

休憩交往空间需要兼顾公共性和私密性，提供市民休憩停留的私密空间，同时又能够增加社会交往的机会。这一类公园通常需要通过铺装变化营造场地，布置座椅等休憩设施，增加适当的互动设施，通过植物庇荫和分隔空间，并注重夜晚的灯光设计。

这类空间的植物景观设计首先应该考虑空间，塑造空间归属感，营造宜人的空间视觉效果，宜用植物"软化"周边环境，给人们带来轻松、休闲、愉悦之感。在此基础上营造私密性植物景观空间，满足人们的安全感。

8.2.4.2 运动健身类口袋公园

运动健身空间需要兼顾运动和休息功能。运动区域需要提供专业安全的场地和器械，休息区域提供休息和物品存放的设施。与此对应，地面铺装需要安全、实用且具有辨识度。满足人们的运动休闲需求，为他们提供适合的运动场地和空间、可调节的运动设施，保证其能够自主、安全、方便地通行和使用。

对运动健身活动场地的植物设计时，先对场地进行空间细分，依据场地位置选择不同的植物配置形式。场地入口可营建标识性复层群落和特色植物组团。在场地的四角可以构建复层群落，适当密植植物，营造围合感，阻隔车辆、屏蔽噪声，减少活动场地对社区环境的影响。场地西北角的植物应遮挡冬季寒风；场地西南角植物需要遮挡夏季强光照。在场地的西侧和南侧设计的植物要遮挡夏日强日照和西晒，以半开敞群落、开敞乔草群落为主，辅以小乔木和灌木组团。场地内部宜种植落叶大乔木，夏季遮荫，冬季透光。

8.2.4.3 儿童游戏类口袋公园

儿童游戏空间需要兼顾实用性、趣味性、安全性。划出固定的区域提供儿童活动空间，一般均为开敞式，充分顾及亲子互动、家长看护的需求，设置各式的娱乐及休息设施。儿童活动的空间尤其强调安全性需求，应全方位防护，力求为儿童提供便捷、有趣且安全性强的专属活动空间。地面铺装柔性耐用、防滑透水、具有丰富的色彩形式。植物设计需要注意安全性、趣味性、参与性和开敞性。

1. 安全性

选择质地柔软、无毒、无刺、无飞絮、不易诱发过敏的植物。不宜种植对儿童健康和安全有害的植物，如有刺的玫瑰、月季、小檗、枸骨等，有飞毛的悬铃木、杨、柳，有毒的夹竹桃、乌头等。还应避免种植有黏液或沾污性浆果的植物。

2. 趣味性

寓教于乐，儿童容易被有趣的事物所吸引。在儿童活动场地种植一些形态奇特、有趣或富于传说故事的植物以激发儿童的想象力、拓宽他们的知识面、增进他们对自然的热爱。配置时选择一些生活习性特别、花形奇特、花色艳丽、叶色丰富、姿态优美的植物，选择有触觉、味觉、视觉、嗅觉感受的植物材料，增加体验、感受和认识自然的机会，如桂花、紫薇、碰碰香等。

3. 参与性

选用暖色调植物，选择叶色或花色鲜艳明快的种类，激发活动热情，营造儿童容易兴奋投入的游憩空间。

4. 开敞性

设计的植物不阻挡视线，保证视线开敞，使儿童在家长视野范围内活动。

8.2.4.4 文化展示类口袋公园

文化展示空间需要兼顾文化展示与特色营造，结合所处地段的历史文化环境，作为城市文化的展

示窗口。这类公园营造过程可以充分利用传统空间、历史文脉与现代市民文化元素，避免千篇一律，千园一面，通过主题性小型文化公园空间的建设，为其赋予生命与活力，丰富城市环境体验。

植物宜选择当地适合种植的乡土树种，并配合多种配置形式，以达到丰富的植物景观效果，可结合公园文化主题选择富含文化色彩和象征意义的植物。例如，竹子象征刚正不阿的高尚气节；牡丹有雍容华贵之意；松柏象征长寿不朽，具有坚毅挺拔的精神品质；莲花代表高贵、清廉，象征着神圣等，都体现了植物的文化色彩。

8.2.5　口袋公园案例分析

8.2.5.1　纽约佩雷公园

佩雷公园是纽约口袋公园创立者、美国景观设计师罗伯特·泽恩的代表作，是一个休憩交往类口袋公园，面积约 390 m^2（15.2 m × 30.4 m）。公园位于商店、办公、酒店集中区域，与曼哈顿街道垂直相交，对面有广受欢迎的现代艺术博物馆。公园夹于高楼之间，西面开敞、向阳，被人们亲切地称呼为“躲避城市喧嚣的绿洲”(图 8-2-5)。

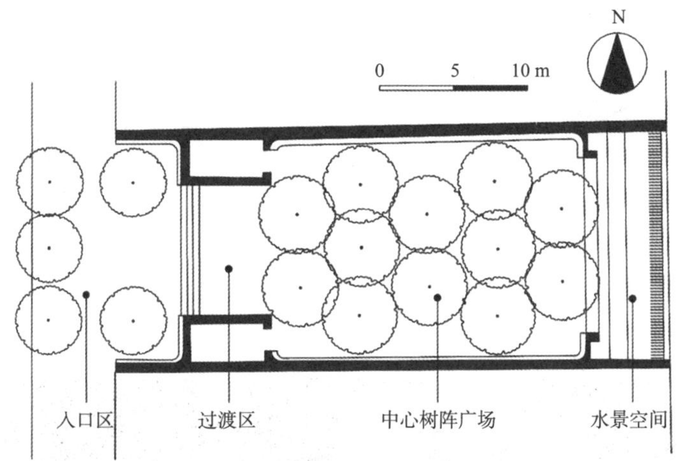

图 8-2-5　佩雷公园平面图（参考网络图片绘制）

设计师在有限的地面空间种植了 12 棵皂荚树，由于该树的分支点高，既可以保证地面空间不会被过多侵占，又能将绿色填满顶部，使顶面空间得到最大化利用。这样有太阳时，太阳光就会透过树梢，形成光斑，不仅使公园的光线柔和，也让公园的色调丰富了起来。除了种树以外，两侧的墙体种满了爬山虎，这样可以尽可能地增大绿化面积。口袋公园内设置了很多可移动的铁艺桌椅，地面为硬质铺装，使得该口袋公园有能力承载巨大的游客量，满足更多的人使用（图 8-2-6）。

图 8-2-6　佩雷公园实景

8

8.2.5.2　广州东山少爷公园

东山少爷公园位于广州市越秀区新河浦历史文化街区内南边，是东山口商业活力轴与居民生活轴的交汇点，也是公交站点的始发点和终点，更是人们搭乘地铁前往新河浦历史保护片区必经的城市公共节点，面积 898 m^2。

东山少爷社区公园场地流线由枯燥的直线变为更富有探索性趣味的曲线（图 8-2-7、图 8-2-8）。在设计时保留了原有景观树木，进行了适当梳理，将草坪设置为另一个高程来突出草坪，把草坪托举在亮眼的不锈钢圈上，精致地“捧”到了人们眼前。树池坐凳作为开放的城市公共家具，也是空间围合道具，同时是行走限定的“栏杆”，也是儿童可以踩踏奔跑的“赛道”。公园中的树木起到了非常重要的空间限定作用，在天气晴朗的日子，阳光有层次地透过枝干分明的小叶榄仁，斑驳撒落于地面，人在下部活动，视野通畅，光线经过叶子过滤形成自然美丽的光影图案，空气流畅而不急速，一份舒适而静谧的感觉油然而生（图 8-2-9）。

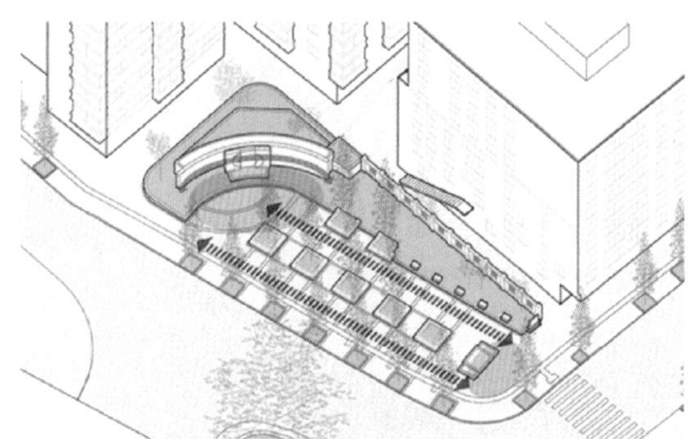

图 8-2-7　原有方案（来自网络）

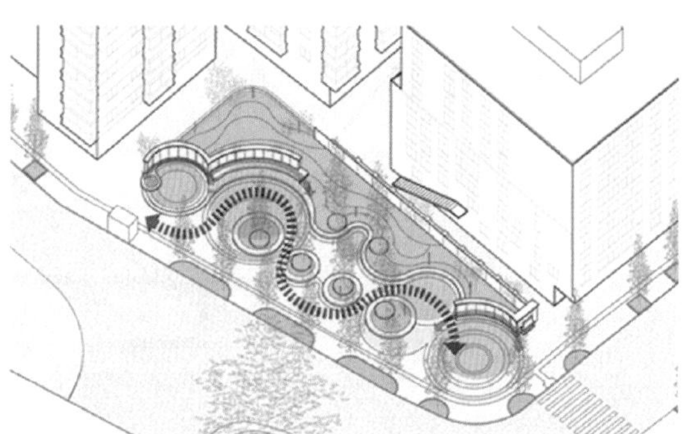

图 8-2-8　改造后方案（来自网络）

图 8-2-9　东山少爷公园景观

8.2.5.3　上海曹家渡花园口袋公园

曹家渡花园位于上海市静安区康定路余姚路路口，原名康余绿地，于 2003 年建成，占地约 3 000 m^2。最初的设计由日本设计师星野嘉郎设计，经年历久整体空间呈现老态。核心问题是当初偏传统园林的具体节点与路径营造，以及大量曲线景墙构成的复杂内向空间，与当代的市民日常体验需求并不相符。场地内大量常绿大乔木下的中下木层次生长态势较差，也需进行整体优化。

改造后的花园保留了原有大树，放弃场地中偏园林的复杂折线手法，简化和梳理统治整体空间的大量曲线空间，结合曲线空间将场地中隐含的“鹦鹉螺”曲线用更简洁的方式再现出来，并结合“鹦鹉螺”曲线布局停留、休憩空间，使功能空间景观化，融入整体景观结构（图 8-2-10）。

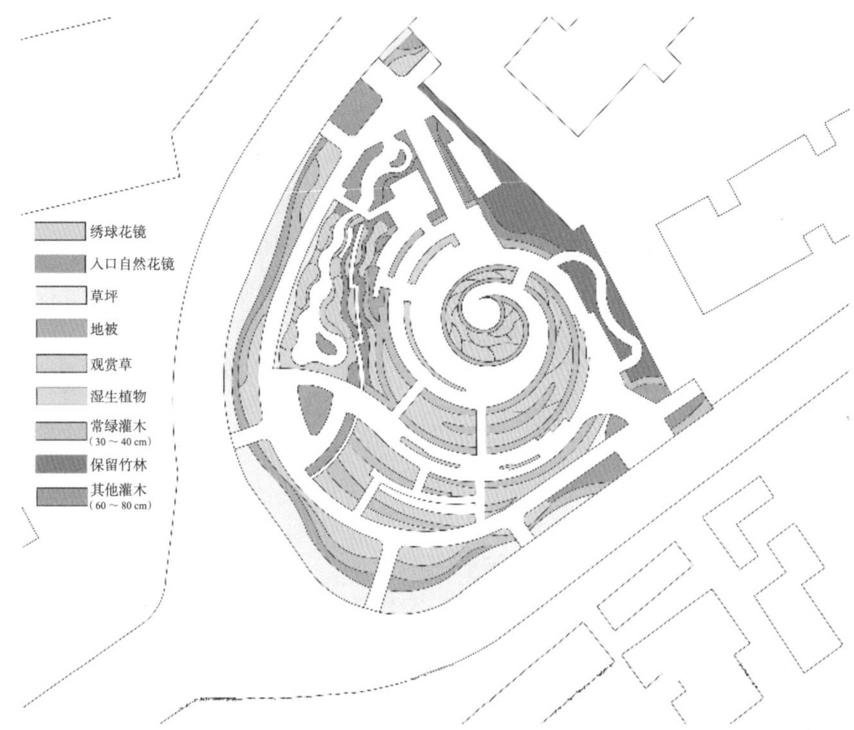

图 8-2-10　曹家渡花园口袋公园平面图（参考网络图片绘制）

植物景观设计放弃了传统园林造景式的绿化搭配方式和缺乏主干结构的点景式花境做法，而转向匹配“鹦鹉螺”曲线空间结构的绿化配置。将下层绿化分为常绿骨架和具有表现能力的花草境两个类型，选用半耐荫的绣球作为主要的花境植物（图 8-2-10）。改造后的曹家渡花园成了上海都市核心区鲜见的超大型一体化花境，不仅特征鲜明，绿化景观结构稳定、层次丰富，也便于后期养护和管理（图 8-2-11）。

图 8-2-11　曹家渡花园口袋公园景观

任务实施

（1）场地分析。调查口袋公园的区域环境及功能要求，该口袋公园位于城市主道路交叉口，紧邻居住区，人流量较大。场地中有供驻足休憩的广场等设施。

（2）选择适宜的植物。了解口袋公园所在地的气候、土壤、地形等环境因子及当地植物生长状况，选择配置的植物种类。在选择植物时，乔木和灌木、常绿和落叶相互搭配，同时要注意季相特色。可以考虑的植物有银杏、红枫、白蜡、樱花、白皮松、紫叶李、国槐、栾树、大叶女贞、金银木、珍珠梅、紫荆、丁香、西府海棠、鹅掌楸、五角枫、黄刺玫等。

（3）确定植物配置方案。在选择植物的基础上，结合所学的乔灌木景观设计方式，选择合适的植物配植形式，确定植物配置方案，并绘制植物景观设计图（图 8-2-12）。撰写设计说明，编制植物名录表。

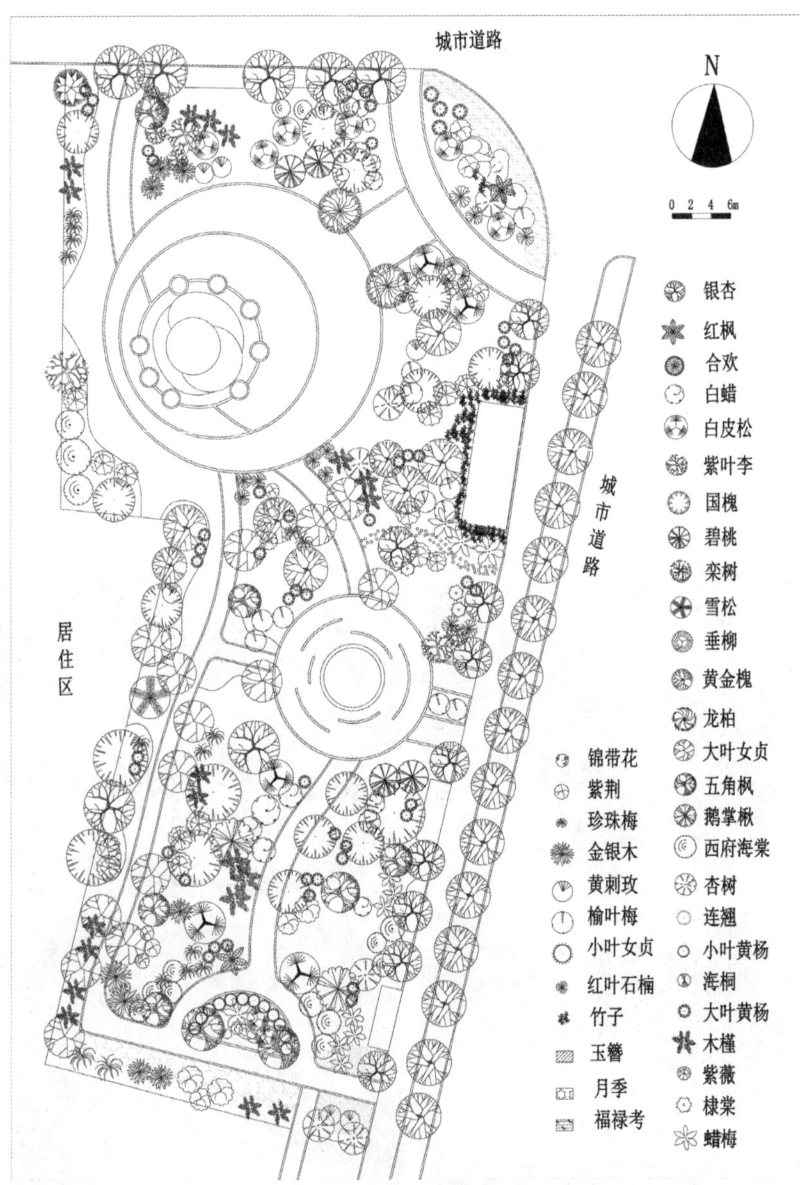

图 8-2-12　街头口袋公园植物景观初步设计平面图

8

巩固训练

某街头小游园植物景观设计

图 8-2-13 为华东地区某城市街头小游园的景观设计平面图，根据小游园的周围环境和功能，利用所学的植物景观设计的原则和方法，选择合适的植物种类和植物配置形式，完成口袋公园的植物景观设计。

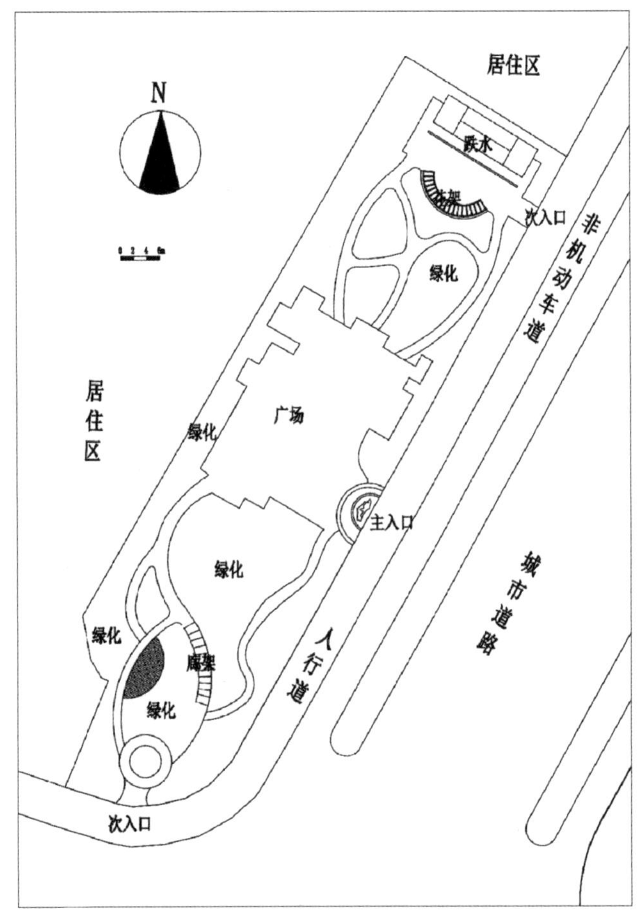

图 8-2-13　街头小游园景观设计平面图

评价与总结

根据任务完成情况，对口袋公园植物景观设计进行评价（表 8-2-2）。

表 8-2-2　口袋公园植物景观设计评分表

作品名：　　　　　　　　　　　　姓名：　　　　　　　　　　　　学号：

考核指标	标准	分值/分	等级标准				得分
			优	良	及格	不及格	
立意构思	设计风格与场地相协调，立意构思新颖、巧妙	20	15～20	10～14	5～9	0～4	
植物配置	植物选择能适应室外环境、配置合理，植物景观主题突出，季相分明	20	15～20	10～14	5～9	0～4	
方案可实施性	在保证功能的前提下，可实施性强	8	7～8	5～6	3～4	0～2	
设计图纸表现	设计图纸美观大方，能够准确表达设计构思，符合制图规范	15	12～15	9～11	5～8	0～4	
设计说明	设计说明能够较好地表达设计构思	7	6～7	4～5	2～3	0～1	
方案的完整性	包括植物种植平面图、立面图、设计说明、苗木统计表等	15	12～15	9～11	5～8	0～4	
方案汇报	思路清晰，语言流畅，能准确表达设计图纸，PPT 美观大方，答辩准确合理	15	12～15	9～11	5～8	0～4	
总分							
任务总结							

习题

一、填空题

1. 从风格来讲，庭院可以分为________、________、________、________、________等。

2. 口袋公园按照面积可分为________、________、________和________四类。

3. 口袋公园根据常见布局位置分类，可以分为________、________、________等不同的类型。

4. 根据主要功能类型，口袋公园的空间可以进一步划分为________、________、________和________四类。

5. 按照植物景观设计的形式，小庭院可以分为________和________。

二、判断题

1. 公共建筑和办公小庭院内，人们一般以静观为主，需布置观赏性强的植物，供人们赏姿、闻香、听声。（　　）

2. 植物是个性化的一种重要表达要素，以其特殊的形体、色彩、香味、文化内涵等特征可以造就小庭院景观的独特的空间和氛围。（　　）

3. 在进行庭院植物景观设计时，不宜选过于荫蔽的植物，重视阳光的积极作用；植物不能把小庭院的阳光都遮蔽掉。在阳光照射强烈的地方需要做到夏天是封闭的，冬天是开放的。（　　）

4. 儿童游戏空间需要兼顾实用性、趣味性、安全性。划出固定的区域提供儿童活动空间，一般均为封闭式，充分顾及亲子互动、家长看护的需求，设置各式的娱乐及休息设施。（　　）

5. 休憩交往空间需要兼顾公共性和私密性，提供市民休憩停留的私密空间，同时有能够增加社会交往的机会。（　　）

参考文献

[1] [明] 计成 . 园冶注释 [M]. 2 版 . 陈植，注释 . 北京：中国建筑工业出版社，1988.
[2] 陈俊愉，程绪珂 . 中国花经 [M]. 上海：上海文化出版社，1990.
[3] 车生泉，郑丽蓉 . 园林植物与建筑小品的配置 [J]. 园林，2004（12）：16-17.
[4] 刁慧琴，居丽 . 花卉布置艺术 [M]. 南京：东南大学出版社，2001.
[5] 杭州市园林管理局 . 杭州园林植物配置 [M]. 北京：城市建设杂志社，1981.
[6] 胡长龙 . 园林规划设计 [M]. 北京：中国农业出版社，1995.
[7] 胡长龙，戴洪，胡桂林 . 园林植物景观规划与设计 [M]. 北京：机械工业出版社，2010.
[8] 黄清俊 . 小庭院植物景观设计 [M]. 北京：化学工业出版社，2011.
[9] 金煜 . 园林植物景观设计 [M]. 2 版 . 沈阳：辽宁科学技术出版社，2015.
[10] 李尚志 . 水生植物造景艺术 [M]. 北京：中国林业出版社，2000.
[11] 李宇宏 . 景观设计方法与案例系列——城市小公园 [M]. 北京：中国电力出版社，2019.
[12] 刘彦红，刘永红，吴建中，等 . 植物景境设计 [M]. 上海：上海科学技术出版社，2010.
[13] 芦建国 . 种植设计 [M]. 北京：中国建筑工业出版社，2008.
[14] 苏雪痕 . 植物造景 [M]. 北京：中国林业出版社，1994.
[15] 王浩 . 道路绿地景观规划设计 [M]. 南京：东南大学出版社，2003.
[16] 吴涤新 . 花卉应用与设计 [M]. 北京：中国农业出版社，1994.
[17] 熊运海 . 园林植物造景 [M]. 北京：化学工业出版社，2009.
[18] 颜素珠 . 中国水生高等植物图说 [M]. 北京：科学出版社，1983.
[19] 尹吉光 . 图解园林植物造景 [M]. 2 版 . 北京：机械工业出版社，2011.
[20] 臧德奎 . 园林植物造景 [M]. 2 版 . 北京：中国林业出版社，2014.
[21] 臧德奎 . 攀缘植物造景艺术 [M]. 北京：中国林业出版社，2002.
[22] 赵世伟 . 园林植物种植设计与应用 [M]. 北京：北京出版社，2006.
[23] 朱仁元，金涛 . 城市道路·广场植物造景 [M]. 沈阳：辽宁科学技术出版社，2003.
[24] 朱钧珍 . 中国园林植物景观风格的形成 [J]. 中国园林，2003，19（9）：33-37.
[25] 朱钧珍 . 中国园林植物景观艺术 [M]. 北京：中国建筑工业出版社，2003.
[26] 朱红霞 . 园林植物景观设计 [M]. 2 版 . 北京：中国林业出版社，2021.
[27] 周维权 . 中国古典园林史 [M]. 3 版 . 北京：清华大学出版社，2008.
[28] 周厚高 . 芳香植物景观 [M]. 贵阳：贵州科技出版社，2007.